职业教育机械类改革创新系列教材

# 数控车削加工项目教程

朱　晶　郑晓庆　潘克江　主编
郝　明　刘军壮　赵　洋　副主编

化学工业出版社
·北京·

## 内 容 简 介

《数控车削加工项目教程》的编写基于真实数控车床操作岗位的数控车床加工与实训，项目任务、生产工艺和工艺卡均来自生产制造一线的生产实际——全技能液压刀架的数控车削零件加工过程，本书按照生产制造一线的数控车岗位要求来构建学习任务，确立学习内容，通过生产制造一线的零件生产与加工过程来确立教学项目，零件加工完成后按照企业的相关标准进行验收评价。本书通过7个项目涵盖了数控车削加工的基本知识与液压刀架零件生产与加工过程。本书加工环节的项目任务包括任务要求、任务准备、相关知识、任务实施、任务检测、工作评价与鉴定6个步骤。

本书可作为高职高专、中等职业院校机电、数控、模具等专业的教学用书，也可以作为零基础的数控车削技能学习者培训用书和具备中级数控车削技能的专业人员参考用书。

**图书在版编目（CIP）数据**

数控车削加工项目教程 / 朱晶，郑晓庆，潘克江主编. --北京 ：化学工业出版社，2024. 8. -- ISBN 978-7-122-45952-7

Ⅰ. TG519.1

中国国家版本馆 CIP 数据核字第 2024RS9868 号

责任编辑：杨　琪　葛瑞祎　　　装帧设计：张　辉
责任校对：张茜越

出版发行：化学工业出版社
（北京市东城区青年湖南街 13 号　邮政编码 100011）
印　　装：大厂聚鑫印刷有限责任公司
787mm×1092mm　1/16　印张 14　字数 345 千字
2024 年 8 月北京第 1 版第 1 次印刷

购书咨询：010-64518888　　　售后服务：010-64518899
网　　址：http://www.cip.com.cn
凡购买本书，如有缺损质量问题，本社销售中心负责调换。

**定　　价：42.80 元**

# 前言

本书以岗位需求为导向，以数控车工职业技能实践为主线，以任务训练为主体的原则编写，着力促进知识传授与生产实践紧密结合，按照技能形成的过程设计项目和任务。

本书内容以中华人民共和国人力资源和社会保障部颁发的《车工》国家职业标准和教育部职业教育与成人教育司颁发的《数控技术专业教学指导方案》为指导，在总结近年来中高等职业学校数控车床编程与操作教学经验的基础上编写而成，力求突出职业教育的特色，紧密联系生产实际。本书在内容的选择、安排和编写上，坚持以“必需、够用、可教”为原则，突出体现培养技能型人才的特点。强调学生对基本技能的掌握，提高学生的基本专业素质，为学生从事工作和继续学习奠定良好的基础。通过对本书的学习，学生能够掌握数控车床加工的基本知识，能够熟练地对典型的数控车削类零件进行加工工艺分析，掌握一般典型零件的数控车削编程技术，具备对较复杂零件进行数控车削加工的技能，具备考取数控车床操作工中级职业资格证书的能力。

本书是国家重点研发计划《面向中小企业的自主软件生态系统平台研发》资助项目，可作为高职高专、中等职业院校数控、模具、机械制造专业的专业基础课教材，也可供其他相关专业（如机械、机电等专业）学生及相关工程技术人员参考使用。本书由青岛工程职业学院朱晶、郑晓庆、潘克江担任主编，青岛工程职业学院郝明、刘军壮、赵洋担任副主编，参与编写的教师还有：青岛工贸职业学院孙潘罡、莱西职业中等专业学校姜晓飞、山东省轻工工程学校贺文雪、青岛高新职业学校王伦胜、济南工程职业技术学院杨向飞。

由于作者水平有限，加之时间仓促，书中疏漏之处在所难免，敬请广大读者提出宝贵意见。

编　者

# 目 录

## 项目一 认识数控车床 1

# 项目一　认识数控车床

## 项目引入

数控车床（如图 1-1）是一种自动化加工工具，能够通过预先编写好的程序来控制加工过程。它通常由工件夹持装置、切削工具、主轴、伺服电机、刀架、控制系统等部分组成。数控车床的主要工作原理是将设计好的CAD图纸或CAM程序输入到数控系统中，数控系统通过解读程序生成控制指令，控制伺服电机运动，从而驱动刀具切削工件。数控车床可以实现高精度加工、高速切削和多种复杂形状的加工操作。与传统车床相比，数控车床具有更高的自动化程度、更广泛的适用性和更高的生产效率。数控车床广泛应用于机械加工、航空航天、汽车制造、模具制造、医疗设备生产等产业中。

图 1-1　数控车床

## 项目目标

认识数控车床，掌握数控车床的基本操作及编程基础。

## 知识目标

1. 掌握数控车床的定义及基本类型。
2. 掌握数控车床型号代码的含义。
3. 掌握数控车床 FANUC 0i-TC 系统控制面板各个按键的功能。
4. 掌握数控车床的坐标系统与编程方式。
5. 掌握 FANUC 0i-TC 数控系统 G 指令。
6. 掌握 M、F、S、T 指令的功能。
7. 了解几种数控车床控制面板的特点。

## 技能目标

1. 能够对数控车床进行简单的分类。
2. 能够说出各种数控车床型号代码的含义。
3. 能够熟练操作数控车床 FANUC 0i-TC 系统控制面板。
4. 知道数控车床的坐标系统与编程方式。
5. 能够分清 FANUC 0i-TC 数控系统哪些 G 代码是模态指令，哪些是非模态指令。
6. 熟练使用 M、F、S、T 指令编程。
7. 能够正确操作数控车床 FANUC 0i-TC 系统控制面板各个按键。

## 思政目标

1. 培养学生独立思考的能力。
2. 具有安全文明生产和遵守操作规程的意识。
3. 培养学生细心观察及动手能力。

# 知识点一　数控车床结构及特点

## 一、数控车床的定义

数控即数字控制（Numerical Control，简称 NC），是用数字化信号进行自动控制的技术。采用数字化控制技术控制的车床称为数控车床，也称为 NC 车床。随着数控技术的发展，现代数控系统采用微处理器或者专用计算机来实现全部或者部分数控功能称为计算机数控（Computer Numerical Control）系统，简称 CNC 系统，具有 CNC 系统的车床称为 CNC 车床。如图 1-2 所示为卧式数控车床外形。

图 1-2　卧式数控车床

## 二、数控车床型号代码的含义

根据数控车床加工零件的尺寸、轮廓特征等不同，生产厂商会提供各种型号的数控车床，通过规格型号展示机床的基本信息，例如常见的 CKA6150 型和 CJK6140A 型数控车床，其型号的具体含义如图 1-3、图 1-4 所示。

## 三、数控车床的基本结构

数控车床种类繁多，但其主体结构均由车床床身、主轴箱、刀架进给系统、冷却润滑系统及数控系统组成。按照主轴的配置形式可分为卧式数控车床和立式数控车床，如图 1-5 为卧式数控车床的基本结构、图 1-6 为立式数控车床的基本结构。

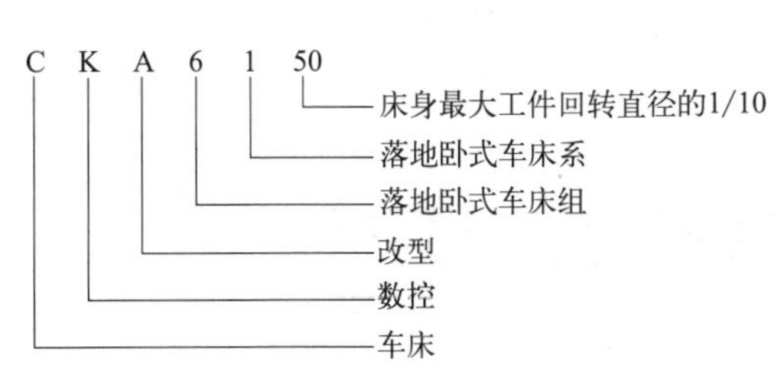


图 1-3　CKA6150 型数控车床各代码的含义说明

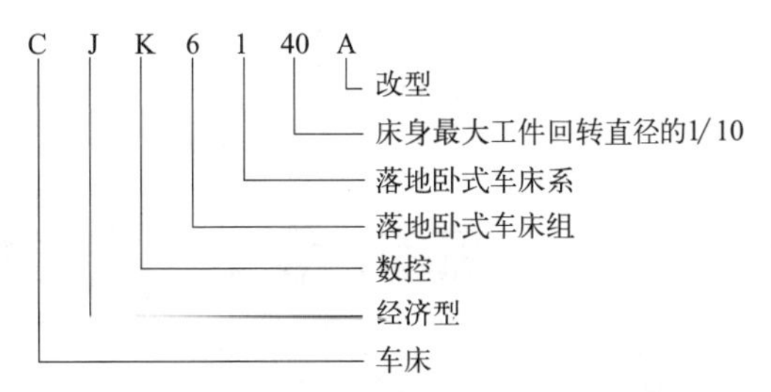


图 1-4　CJK6140A 型数控车床各代码的含义说明

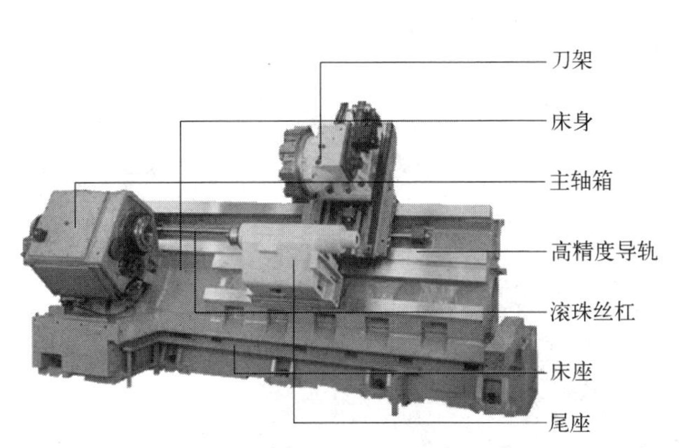


图 1-5　卧式数控车床的基本结构

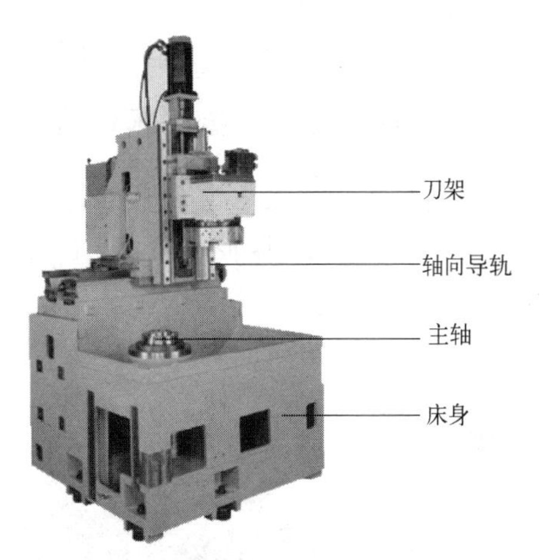


图 1-6　立式数控车床的基本结构

## 四、数控车床的加工特点

数控车床是使用最广泛的数控机床之一，主要用于加工轴类、盘类等回转体零件。它能够通过程序控制自动完成内外圆柱面、锥面、圆弧、螺纹等的切削加工，并能进行切槽、钻孔、扩孔、铰孔等加工。由于数控车床在一次装夹中能完成多个表面的连续加工，因此提高了加工质量和生产效率，特别适用于形状复杂的回转类零件的加工。现代数控车床通常具备如下特点：

### 1. 节省调整时间

现代数控车床采用快速夹紧卡盘、快速夹紧刀具和快速换刀机构，从而减少了调整时间。现代数控车床具有刀具补偿功能，节省了刀具补偿的计算和调整时间。工件自动测量系统节省了测量时间并提高了加工质量。由程序或操作面板输入指令来控制顶尖架的移动，节省了辅助时间。

### 2. 操作方便

现代数控车床采用倾斜式床身有利于切屑流动，调整夹紧压力、顶尖压力和滑动面润滑油的供给，便于操作者操作机床。现代数控车床采用高精度伺服电动机和滚珠丝杠间隙消除装置，使进给机构速度快，并有良好的定位精度。采用数控伺服电动机驱动数控刀架，实现换刀自动化。具有程序存储功能的现代数控车床控制装置，可根据工件形状把粗加工的加工条件附加在指令中，进行内部运算，自动计算出刀具轨迹。

### 3. 效率高

现代数控车床采用机械手和棒料供给装置，省力又安全，并提高了自动化程度和操作效率，具有复合加工能力。加工合理化和工序集中化的数控车床可完成高速度、高精度的加工，达到复合加工的目的。

# 知识点二　数控车床的控制面板

数控车床的控制面板主要控制车床的运行方式、运行状态，其操作会直接引起车床相应部件的动作。数控车床的所有动作指令都是通过车床控制面板输入执行的，熟悉控制面板上所有按钮的功能并能熟练操作控制面板是操作数控车床的基础。

## 一、数控车床控制面板种类

不同数控系统的数控车床控制面板都会有所不同，常见的几种数控车床控制面板如图1-7 FANUC数控车床控制面板、图1-8 华中数控世纪星控制面板、图1-9 广州数控980TD控制面板所示。

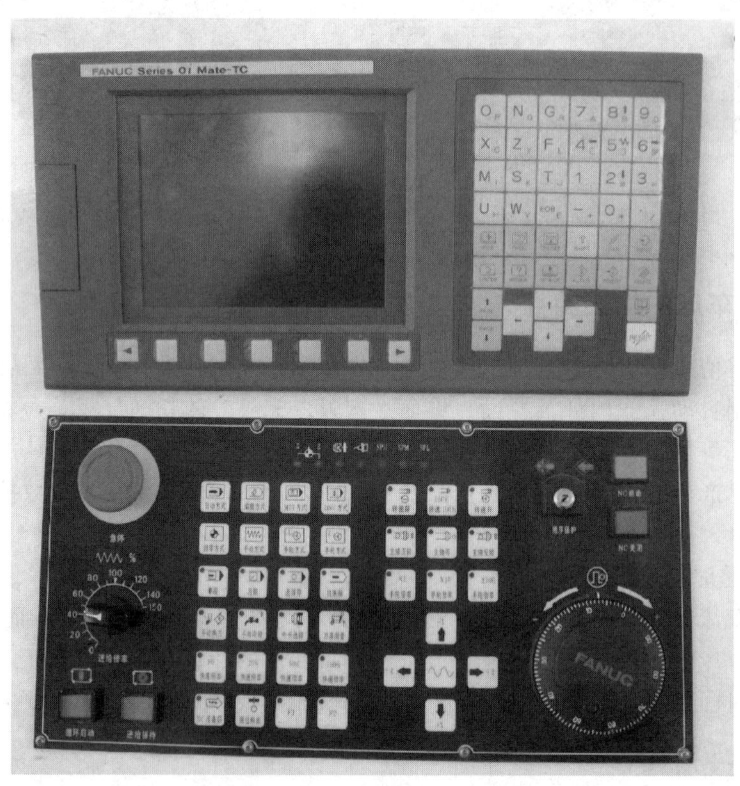


图1-7　FANUC数控车床控制面板

## 二、FANUC 0i-TC数控系统控制面板

### 1. 系统控制面板

FANUC 0i-TC数控系统控制面板主要由系统控制面板和机床操作面板两大部分组成，系统控制面板主要完成数控系统的各项操作任务，机床操作面板主要用来控制机床的各项动作。数控系统MDI键盘的结构及名称如图1-10所示。

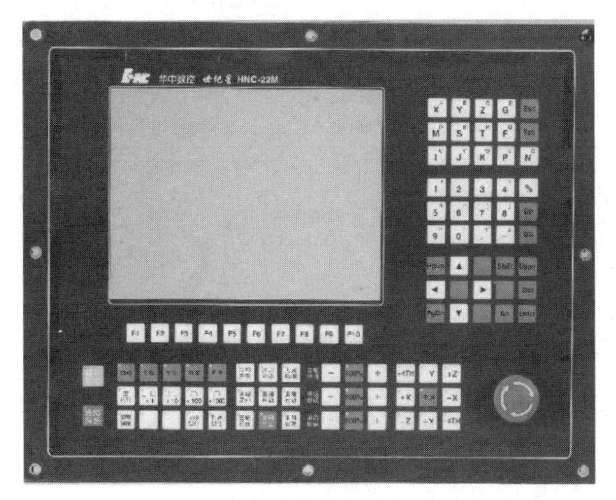

图 1-8　华中数控世纪星控制面板

图 1-9　广州数控 980TD 控制面板

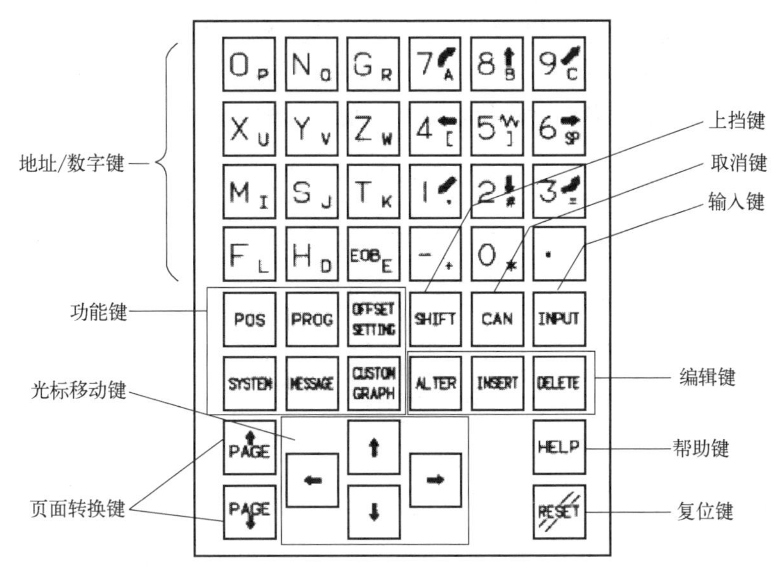


图 1-10　FANUC 0i-TC 数控系统 MDI 键盘的结构及名称

MDI 键盘功能键用于选择各种显示界面。每一主菜单下又细分为一些子菜单，选择子菜单通过软件完成。软件功能显示在液晶屏的最下端。最左端的软件用于从子菜单返回主菜单的初始状态，最右端的软件用于选择同级菜单的其他菜单内容。MDI 键盘的说明如表 1-1 所示。

**表 1-1　MDI 键盘（不含功能键）的说明**

| 键 | 名称 | 功能说明 |
| --- | --- | --- |
| RESET | 复位键 | 按下此键，复位 CNC 系统。包括取消报警、主轴故障复位、中途退出自动操作循环和中途退出输入、输出过程等 |
| ↑ ← → ↓ | 光标移动键 | 移动光标至编辑处 |

续表

| 键 | 名称 | 功能说明 |
| --- | --- | --- |
| PAGE | 页面转换键 | CRT 画面向前变换页面<br>CRT 画面向后变换页面 |
| O N G 7 8 9<br>X Y Z 4 5 6<br>M S T 1 2 3<br>F H EOB - 0 . | 地址/数字键 | 按下这些键，输入字母、数字和其他字符 |
| INPUT | 输入键 | 用于参数或偏置值的输入<br>启动 I/O 设备的输入<br>MDI 方式下的指令数据的输入 |
| ALTER | 修改键 | 修改存储器中程序的字符或符号 |
| INSERT | 插入键 | 在光标后插入字符或符号 |
| CAN | 取消键 | 取消已输入缓冲器的字符或符号 |
| DELETE | 删除键 | 删除存储器中程序的字符或符号 |
| SHIFT | 上挡键 | 用于面板上编辑区同一按钮上小字母的输入 |
| HELP | 帮助键 | 用于获取帮助信息 |

功能键用于选择显示的屏幕（功能）类型。功能键名称及说明如表 1-2 所示。

**表 1-2 功能键名称及说明**

| 键 | 名称 | 功能说明 |
| --- | --- | --- |
| POS | 坐标键 | 按此键显示位置画面 |
| PROG | 程序键 | 按此键显示程序画面 |
| OFFSET SETTING | 偏置键 | 按此键显示刀补/设定(SETTING)画面 |
| SYSTEM | 系统键 | 按此键显示系统画面 |
| MESSAGE | 信息键 | 按此键显示信息画面 |
| CUSTOM GRAPH | 图形显示键 | 按此键显示用户图形显示画面 |

### 2. 数控系统操作面板

FANUC 数控系统机床操作面板因机床厂家的不同而不同，但其基本功能和用途大致相同，都是对数控车床进行开/关机、手动、手轮进给、编辑、自动加工等基本操作和控制。下面以常见的沈阳机床厂生产的 FANUC 0i-TC CA6140 型数控车床为例，介绍车床上各按钮的名称及功能，如图 1-11、表 1-3 所示。

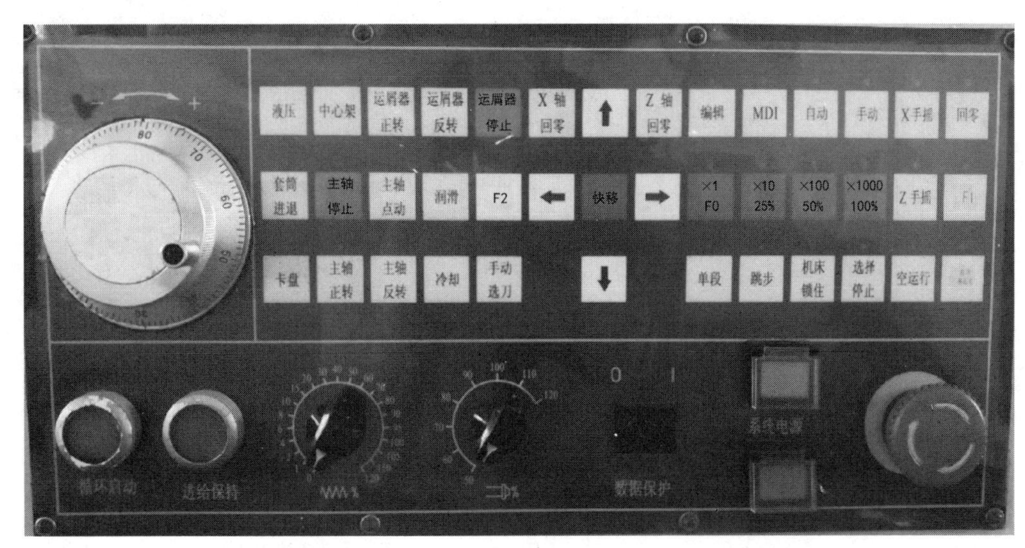


图 1-11　FANUC 0i-TC 数控系统操作面板结构

**表 1-3　机床操作面板按钮名称及功能**

| 按钮及名称 | | 功能 |
|---|---|---|
| 机床控制按钮/手轮 | 系统启动 | 车床主电源开启后，按下此按钮，车床 CNC 装置开始通电，5～10s 后，CRT 显示初始画面，等待操作。当急停按钮按下时，CRT 将显示报警 |
| | 系统停止 | 车床完成工作后，需先按下此按钮，系统断电，关闭机床主电源。若按相反方式切断电源使其停止，有可能损坏 CNC 装置 |
| | 紧急停止 | 按下此按钮，断开伺服驱动器电源，使车床紧急停止，此时 CRT 显示报警。顺时针旋转此按钮，紧急停止按钮释放，报警信息将从 CRT 上消失 |
| | 手轮(手摇脉冲发生器) | 在手轮方式下执行选定轴的手轮进给操作 |
| 循环启动开关 | 循环启动 | MDI 或自动方式下，绿色为循环启动，红色为进给保持 |

续表

| 按钮及名称 | | 功能 |
|---|---|---|
| 工作方式 | 手动 | 手动方式也称 JOG 方式，通过 $X$、$Z$ 轴方向移动按钮，实现两轴各自的连续移动，并通过进给倍率开关选择连续移动的速度，而且还可以按下快速按钮实现快速连续移动 |
| | 自动 | 选择好要运行的加工程序，设置好刀具补偿。在防护门关好的前提下，按下自动按钮，机床就按加工程序运行。若要使机床暂停，则按下进给保持按钮。如有意外事件发生，按下急停按钮 |
| | MDI | MDI 方式也称手动数据输入方式，它可以从 CRT/MDI 操作面板输入一个程序段的指令，并执行该程序段的功能 |
| | 编辑 | 在程序保护开关通过钥匙接通的条件下，可以编辑、修改、删除或传输零件的加工程序 |
| | 手摇 | 手轮/单步方式，只有在这种方式下，手摇脉冲发生器（手轮）才起作用，通过轴选择开关，选择 $X$、$Z$ 方向，同时选择好手轮的倍率（×1、×10、×100、×1000）。在这种方式下，也能实现单步移动功能 |
| | 回零 | 机床工作前，一般需返回参考点。选择回零方式，按下 $X$ 、$Z$ “→”按钮后，用快速移动速度回零点之后，用一定速度移向参考点。机床回零时，要求先回 $X$ 轴再回 $Z$ 轴，防止刀架碰撞尾座 |
| 操作选择 | 单段 | 按下此键，灯亮，执行一个程序段，机床停止进给；按循环启动按钮后，再执行下一个程序段 |
| | 跳步 | 按下此键，灯亮，当程序运行到前面带有跳选符号“/”的程序段时就跳过；灯灭时，程序跳选无效 |
| | 选择停止 | 按下此键，灯亮，当程序运行遇到 M01 指令时，车床处于程序停止状态 |

续表

| 按钮及名称 | | 功能 |
| --- | --- | --- |
| 操作选择 | 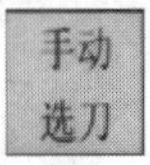 手动选刀<br>换刀 | 在手动方式下，按下此键，实现换刀功能，按一下换刀一次 |
| |  冷却<br>冷却 | 按下此键，灯亮，切削液可通过冷却管道流出；当此键关闭时，切削液的开关可通过程序中的指令 M08 和 M09 来控制 |
| 主轴手动控制 |  主轴正转<br>正转 | 在手动(JOG)方式下，主轴处于夹紧状态时，按下此键，主轴正转启动(必须具有 S 值) |
| |  主轴停止<br>停止 | 在手动(JOG)方式下按下此键，主轴停转 |
| |  主轴反转<br>反转 | 在手动(JOG)方式下，主轴处于夹紧状态时，按下此键，主轴反转启动(必须具有 S 值) |
| 手轮移动量与快速移动倍率 |  ×1 F0 ×10 25% ×100 50% ×1000 100%<br>快速/手轮倍率 | 手动方式或自动方式下，设定坐标轴快速移动倍率，共有四种：F0、25%、50%和 100%。当选择手摇方式时，手轮每旋转一格，相应轴的移动量有 1μm、10μm、100μm 三种选择 |
| 主轴转速倍率 |  SPINDLE OVERRIDE<br>主轴倍率 | 进行主轴当前转速的快调节。此功能在任何状态下均起作用 |
| 进给倍率 |  进给倍率 | 在手动及程序执行状态下，调整各进给轴运动速度的倍率。当进给倍率切换到“0”时，CRT 上将出现 FEED ZERO 的警示信息 |

# 知识点三 数控车削编程指令及功能

## 一、数控车床的坐标系统与编程方式

### 1. 数控车床坐标系统

数控车床及其坐标系统如图 1-12 所示。

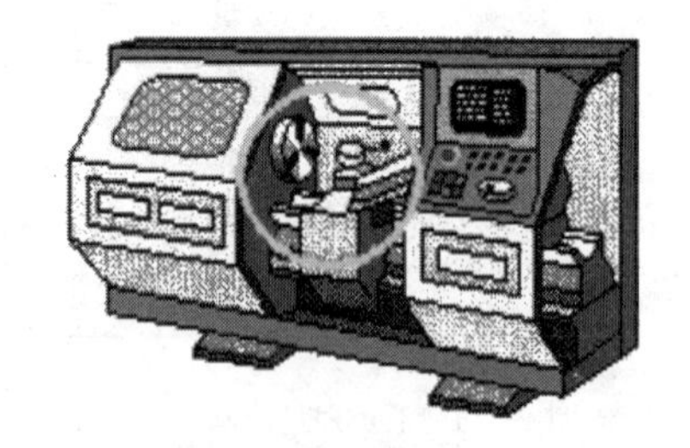

(a) 前置刀架数控车床

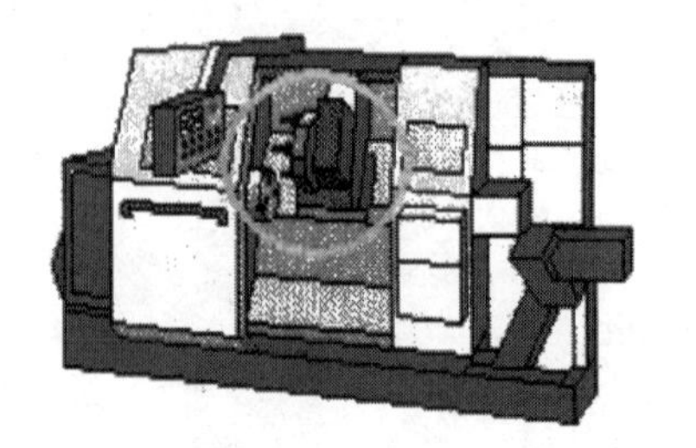

(b) 后置刀架数控车床

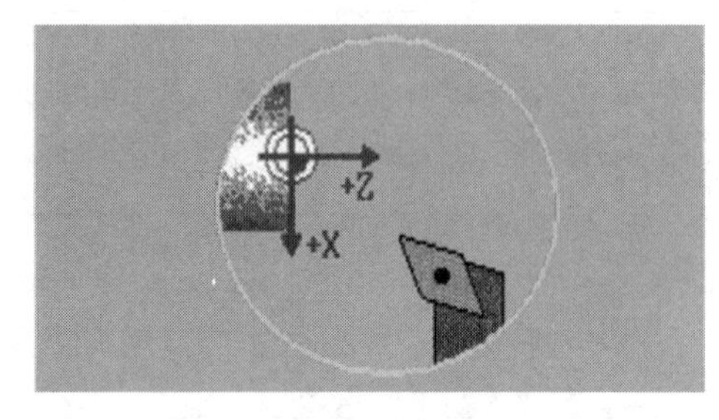


(c) 前置刀架数控车床的坐标系统

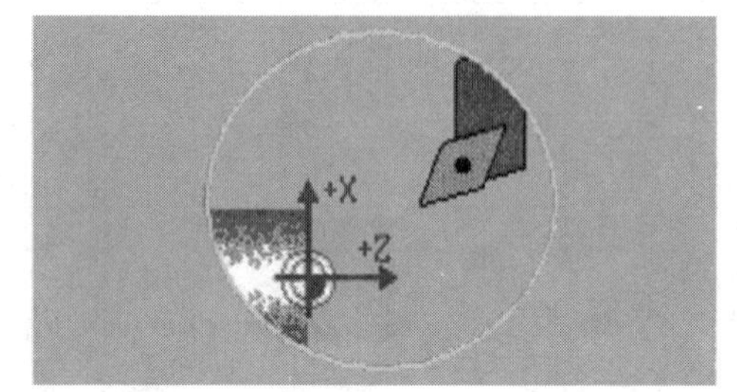


(d) 后置刀架数控车床的坐标系统

图 1-12 数控车床及其坐标系统

数控车床的机床原点为主轴回转中心与卡盘后端面的交点，如图 1-13 所示 $O$ 点，参考点也是机床上一个固定的点，这个点一般取工件和刀具的最远点，通常用来作为刀具交换的位置，如图中 $O'$点。

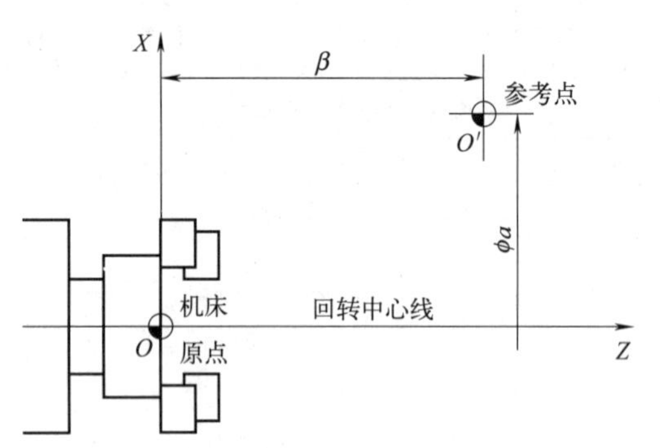


图 1-13 数控车床机床原点和参考点

2. 数控车床的编程方式

（1）绝对坐标编程和增量坐标编程 数控车床的坐标允许在一个程序段中，根据图纸标注尺寸，可以是绝对坐标编程或增量坐标编程，也可以是二者的混合编程。绝对坐标编程用 X、Z 表示，增量坐标编程用 U、W 表示。

（2）直径编程与半径编程 由于回转体零件图纸尺寸的标注和测量都是直径值，因此，为了提高径向尺寸精度和便于编程与测量，$X$ 向脉冲当量取为 $Z$ 向的一半。数控车床直径方向用绝对坐标编程时，X 以直径值表示。用增量坐标编程时，以径向实际位移量的 2 倍编程，并附上方向符号（正向省略）。

## 二、程序的结构与格式

### 1. 程序的结构

一个完整的程序由程序号、程序内容和程序结束三部分组成。

程序号：O1234；

程序内容：N01 T0101；

N02 M03 S1000；

N03 G00 X100 Z100；

…

程序结束指令：N10 M30；

（1）程序号　在程序的最前端，由地址码和 1～9999 范围内的任意数字组成，在 FANUC 系统中一般地址码为字母 O，其他系统用 P 或%等。

（2）程序内容　是整个程序的主要部分，它由若干程序段组成。

（3）程序结束　一般用辅助功能代码 M02 或 M30 等来表示。

**2. 程序段格式**

程序段格式是指一个程序中的字、字符和数据的书写规则。它由程序段号字、数据字和程序段结束符组成。该格式的特点是对一个程序段中字的排列顺序要求不严格，数据的位数可多可少，与上一个程序段相同的字可以不写。字地址可变程序段格式如下：

N__　G__　X__　Z__　F__　S__　T__　M__　LF

**3. 程序段内容字说明**

N 为程序段号字，程序段的编号，由地址码和后面的若干位数字表示。G 为准备功能字，G 功能是控制数控机床进行操作的指令。X、Z 为尺寸字，尺寸字由地址码、“+”“−”符号及绝对值或增量值构成，地址码有 X、Z、U、W、R、I、K 等。F 为进给功能字，表示刀具运动时的速度。S 为主轴转速功能字，表示主轴的转速。T 为刀具功能字，表示刀具所处的位置。M 为辅助功能字，表示一些机床的辅助动作指令。LF 为程序段结束符，写在每段程序之后，表示程序段结束，FANUC 系统结束符为“；”。

## 三、FANUC 0i-TC 数控系统 G 指令

G 指令又称准备功能指令，用来规定刀具和零件的相对运动轨迹、车床坐标系、刀具补偿和固定循环等多种操作。G 指令分为模态指令和非模态指令。模态指令又称续效指令，一经程序段中指定，便一直有效，直到以后程序段中出现同组另一指令或被取消时才失效。编写程序时，与上段相同的模态指令可省略不写。不同组模态指令编在同一程序段内，不影响其续效。非模态指令只是在改指令的程序段中有效。数控系统 G 指令如表 1-4 所示。

表 1-4　FANUC 0i-TC 数控系统 G 指令

| G 指令 | 组 | 功能 | 模态 |
|---|---|---|---|
| G00 | 01 | 点定位 | ◆ |
| G01 | 01 | 直线插补 | ◆ |
| G02 | 01 | 顺时针圆弧插补 | ◆ |
| G03 | 01 | 逆时针圆弧插补 | ◆ |
| G04 | 00 | 暂停 | |
| G20 | 06 | 英寸输入 | ◆ |
| G21 | 06 | 毫米输入 | ◆ |
| G22 | 09 | 存储行程检查接通 | ◆ |
| G23 | 09 | 存储行程检查断开 | ◆ |
| G27 | 00 | 返回参考点检查 | |
| G28 | 00 | 返回参考位置 | |
| G32 | 01 | 螺纹切削 | ◆ |
| G34 | 01 | 变螺距螺纹切削 | ◆ |
| G40 | 07 | 刀具半径补偿取消 | ◆ |
| G41 | 07 | 刀具半径左补偿 | ◆ |
| G42 | 07 | 刀具半径右补偿 | ◆ |
| G50 | 00 | 坐标系统设定或最大主轴速度设定 | |
| G70 | 00 | 精加工复合循环 | |

续表

| G 指令 | 组 | 功能 | 模态 |
|---|---|---|---|
| G71 | 00 | 内外径粗车复合循环 | |
| G72 | 00 | 端面粗车复合循环 | |
| G73 | 00 | 多重车削循环 | |
| G74 | 00 | 排屑钻端面孔 | |
| G75 | 00 | 外径/内径钻孔 | |
| G76 | 00 | 多头螺纹循环 | |
| G80 | 10 | 固定钻循环取消 | ◆ |
| G83 | 10 | 钻孔循环 | ◆ |
| G84 | 10 | 攻螺纹循环 | ◆ |
| G85 | 10 | 正面镗循环 | ◆ |
| G87 | 10 | 侧钻循环 | ◆ |
| G88 | 10 | 侧攻螺纹循环 | ◆ |
| G89 | 10 | 侧镗循环 | ◆ |
| G90 | 01 | 外径/内径车削循环 | ◆ |
| G92 | 01 | 螺纹切削循环 | ◆ |
| G94 | 01 | 端面车削循环 | ◆ |
| G96 | 02 | 主轴恒线速度控制 | ◆ |
| G97 | 02 | 主轴恒线速度控制取消 | ◆ |
| G98 | 05 | 每分进给 | ◆ |
| G99 | 05 | 每转进给 | ◆ |

注：G 功能按组别可区分为两类，属于“00”组别者，为非模态指令；属于“非 00”组别者，为模态指令。

## 四、M 指令

辅助功能字由地址字符 M 后接两位数字组成，亦称 M 功能。它用来指定数控机床辅助装置的接通和断开，表示机床的各种辅助动作及其状态。常用的辅助功能编程指令如表 1-5 所示。

**表 1-5 常用的辅助功能编程指令**

| 代码 | 功能 | 模态 | 代码 | 功能 | 模态 |
|---|---|---|---|---|---|
| M00 | 程序停止 | | M08 | 1 号冷却液开 | ◆ |
| M01 | 选择停止 | | M09 | 冷却液关 | ◆ |
| M02 | 程序结束 | | M41 | 主轴低速度范围 | |
| M03 | 主轴顺时针转动 | ◆ | M42 | 主轴中速度范围 | |
| M04 | 主轴逆时针转动 | ◆ | M43 | 主轴高速度范围 | |
| M05 | 主轴停止 | ◆ | M98 | 子程序调用 | ◆ |
| M06 | 换刀 | | M99 | 子程序调用返回 | ◆ |
| M07 | 2 号冷却液开 | ◆ | M30 | 程序结束并返回 | ◆ |

### 1. 程序停止指令 M00

当执行 M00 指令时，将暂停执行当前程序，以方便操作者进行刀具和工件的尺寸测量、工件调头、手动变速等操作。暂停时，主轴停转、进给停止，而全部现存的模态信息保持不变，若继续执行后续程序，按“循环启动”按钮。

### 2. 选择停止指令 M01

该指令的作用与 M00 指令相似，不同的是必须在操作面板上预先按下“选择停止”按键，当执行完 M01 指令程序段之后，程序停止，按“循环启动”按钮之后，继续执行下一段程序；如果不预先按下“选择停止”按键，则会跳过该 M01 指令程序段，即 M01 指令无效。

3. **程序结束指令 M02**

执行 M02 指令后，主程序结束、切断机床所有动作，并使程序复位。执行程序的光标在原来位置保持不变。

4. **主轴正转、反转、停止指令 M03/M04/M05**

M03、M04 指令可使主轴正转、反转，M05 指令可使主轴停止转动。

5. **程序结束并返回指令 M30**

在完成程序段的所有指令后，使主轴停转、进给停止和冷却液关闭，将程序指针返回到第一个程序段并停下来。

## 五、F、S、T 指令

1. **进给量指令**

指令格式：F __。

指令功能：F 指令表示进给功能。

指令说明：F 表示主轴每转进给量，单位为 mm/r；也可以表示进给速度，单位为 mm/min。其量纲通过 G 指令设定。

2. **每转进给指令**

指令格式：G99 F __。

F 后面的数字表示的是每转进给量：mm/r。例：G99 F0.2 表示进给量为 0.2mm/r。

3. **每分进给指令**

指令格式：G98 F __。

F 后面的数字表示的是每分钟进给量：mm/min。例：G98 F100 表示进给量为 100mm/min。

4. **主轴转速指令**

指令格式：S __。

指令功能：S 指令表示主轴转速功能。

指令说明：S 表示主轴转速，单位为 r/min；也可以表示切削速度，单位为 m/min。其量纲通过 G 指令设定。

5. **恒线速控制指令**

编程格式：G96 S __。

S 后面的数字表示的是恒定的线速度：m/min。例：G96 S150 表示切削点线速度控制在 150m/min。

对图 1-14 中所示的零件，为保持 $A$、$B$、$C$ 各点的线速度在 150m/min，则各点在加工时的主轴转速分别为：

$A$：$n=1000\times150\div(\pi\times40)=1193$r/min

$B$：$n=1000\times150\div(\pi\times60)=795$r/min

$C$：$n=1000\times150\div(\pi\times70)=682$r/min

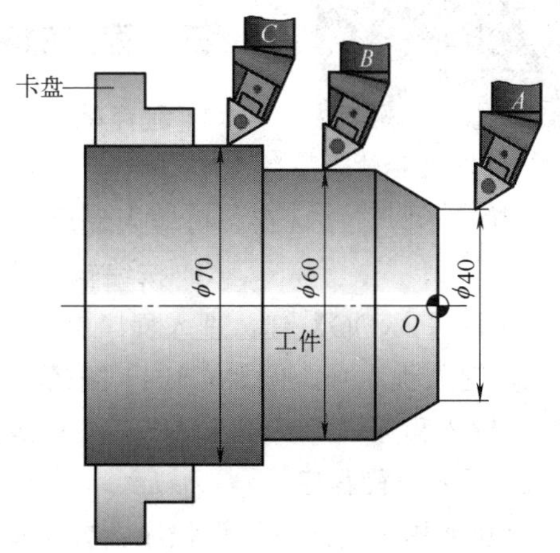


图 1-14　恒线速切削方式

6. **恒线速取消指令**

编程格式：G97 S __。

S后面的数字表示恒线速度控制取消后的主轴转速，如S未指定，将保留G96的最终值。例：G97 S3000表示恒线速控制取消后主轴转速为3000r/min。

7. **刀具指令**

指令格式：T ××××。

指令功能：T表示刀具地址符，T后面前两位数表示刀具号，后两位数表示刀具补偿号。通过刀具补偿号调用刀具数据库内刀具补偿参数。

例：T0303表示选用3号刀具及3号刀具长度补偿值和刀尖圆弧半径补偿值。T0300表示取消刀具补偿。

# 知识点四 数控车床的基本操作

## 一、开机操作

先将电柜箱开关闭合，再将数控车床的总电源由“OFF”打到“ON”位置，电源指示灯亮。检查风扇电机是否旋转，打开数控系统总电源开关，按下主机控制面板上的的系统电源开启按钮，启动数控装置，旋转打开急停开关。

## 二、数控车床回参考点

① 按主机控制面板上的车床回参考点方式选择键，选择车床回参考点方式。

② 选择速度倍率，降低快速运行速度。

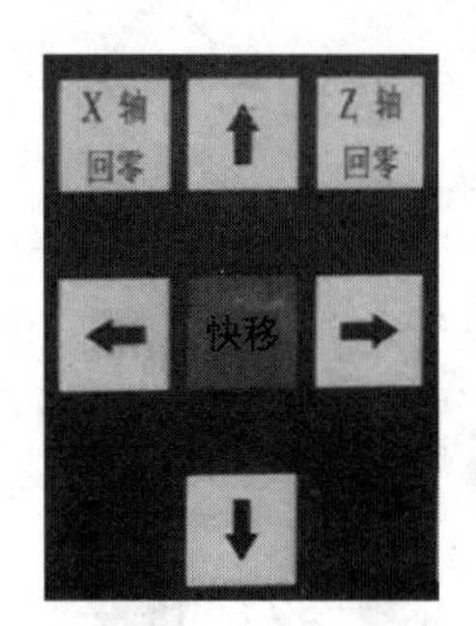

图1-15 坐标轴选择控制按键

③ 选择要返回参考点的轴和方向。坐标轴选择开关转换到$X$轴，按返回参考点后，指示灯亮。$Z$轴返回参考点方法同$X$轴。坐标轴选择控制按键返回$Z$轴参考点，指示灯亮。坐标轴选择如图1-15所示。

## 三、程序的输入和编辑

1. **程序输入**

在FANUC 0i-TC数控系统中，新建程序首先要输入程序号并保存，再输入程序字，具体操作步骤如下。

① 按编辑方式选择键，进入EDIT方式。

② 按【PROG】键，进入程序编辑画面。

③ 键入程序号，例如O1011按【INSERT】键，用来保存程序号。以后在每个程序段的后面输入程序，都要用【INSERT】键保存，如图1-16所示。

2. **插入一段程序**

该功能用于输入或编辑程序，方法如下：

① 调出需要编辑或输入的程序。

② 使用【PAGE】键和光标移动键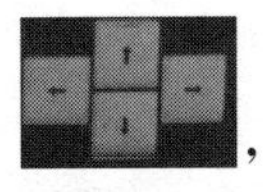，将光标移动到插入位置的前一个字符下。

③ 键入需要插入的内容，按【INSERT】键输入被插入的词。

**3. 删除一段程序**

① 调出需要编辑或输入的程序，使用【PAGE】键和光标移动键将光标移动到需要删除内容的第一个字符下。

```
程序                              O1011
O1011 ;
G40 G97 G99 ;
M03 S800 ;
T0101 ;
G00 X42. Z2. ;
G01 X36. F0.2 ;
Z-45. ;
G00 X42. ;
Z2. ;
G01 X32. ;
Z-45. ;
G00 X42. ;
Z2. ;
G01 X28. ;
Z-45. ;
G00 X42. ;
Z2. ;
>_
                                编辑方式
◀( 地址值 )( 程序 )( 目录 )( U 盘 )
```

图 1-16　输入程序

② 按【DELETE】键删除。

③ 不键入任何内容直接按【DELETE】键将删除光标所在位置的内容。键入一个程序号后按【DELETE】键的话，指定程序号的程序将被删除。

④ 当输入内容在输入缓存区时，使用【CAN】键可以从光标所在位置起一个一个地向前删除字符。程序段结束符“;”使用【EOB】键输入。

## 四、 MDI 方式下执行可编程指令

MDI 方式下可以从 CRT/MDI 面板上直接输入并执行单个程序段，被输入并执行的程序段不被存入程序存储器。例如在 MDI 方式下输入并执行程序段 X40.0 Z-26.7；操作方法如下：

① 将方式选择开关置为 MDI。

② 按【PROG】键使 CRT 显示屏显示程序页面。

③ 依次按 X、4、0 键。

④ 按【INSERT】键输入。

⑤ 按 Z、—、2、6、.、7 键。

⑥ 按【INSERT】键输入。

⑦ 按循环启动按钮使该指令执行。

在 MDI 方式下按下循环启动按钮，当系统执行到程序段结束符“;”时，系统自动清空临时程序。

## 五、手动操作

**1. 手动连续（JOG）进给**

在手动方式下，按下机床操作面板上的进给轴和方向选择开关，机床沿选定轴的选定方向移动。手动连续进给可用手动连续进给速度倍率刻度盘调节，手动操作通常一次移动一个轴。

按下快速移动倍率开关 ，以快速移动速度移动机床，此功能称为手动快速移动。

**2. 手轮移动**

选择手摇方式，可用操作面板上手摇脉冲发生器连续旋转来控制机床实现连续不断地移

图 1-17　手摇脉冲发生器

动，当手摇脉冲发生器旋转一个刻度时，刀具移动相应的距离，刀具移动的速度由移动倍率开关确定，手摇脉冲发生器如图 1-17 所示。

## 六、自动运行方式下执行加工程序

### 1. 启动运行程序

首先将方式选择开关置于“自动运行”，然后选择需要运行的加工程序，完成上述操作后按“循环启动”按钮。

### 2. 停止运行程序

当 NC 执行完一个 M00 指令时，会立即停止。但所有的模态信息都保持不变，并点亮主操作面板上的选择停止指示灯，此时按“循环启动”按钮可以使程序继续执行，当“选择停止”开关置于有效位时，M01 指令会起到同 M00 指令一样的作用。

M02 指令和 M30 指令是程序结束指令，NC 执行到该指令时，停止程序的运行并发出复位信号。如果是 M30 指令，则光标还会返回程序头。

按“进给保持”按钮也可以停止程序的运行，在程序运行中，按下“进给保持”按钮使循环启动灯灭，进给保持的红色指示灯点亮，各轴进给运动立即减速停止，如果正在执行可编程暂停，则暂停计时也停止，如果有辅助功能正在执行的话，辅助功能将继续执行完毕。此时按“循环启动”按钮可使程序继续执行。按【RESET】键可以使程序执行停止并使 NC 复位。

## 七、图形显示

图形显示功能可以在画面上显示编程的刀具轨迹，通过观察屏幕显示的轨迹可以检查加工过程。

### 1. 图形显示及参数的设定

显示的图形可以放大/缩小，显示刀具轨迹前必须设定画图坐标（参数）和绘图参数（如图 1-18 所示）。

① 按功能键 GRAPH 显示绘图参数画面（如图 1-18 所示），如果不显示该画面按软键［G. PRM］。

② 用光标箭头将光标移动到所需设定的参数处。

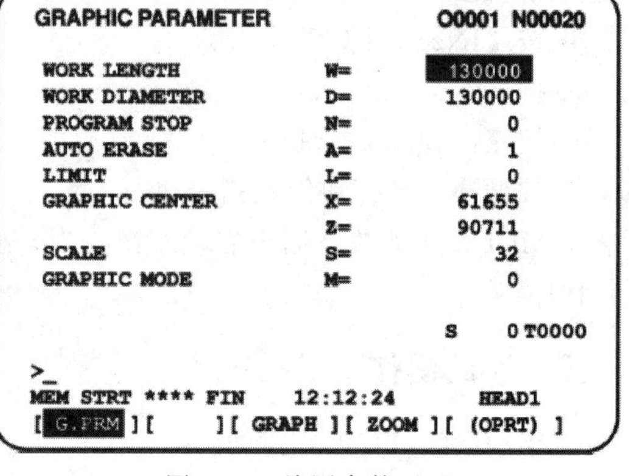


图 1-18　绘图参数画面

③ 输入数据然后按 INPUT 键。

④ 重复第②和第③步直到设定完所有需要的参数。

⑤ 按下软键［GRAPH］。

⑥ 启动自动或手动运行，于是机床开始移动并且在画面上绘出刀具的运动轨迹（如图 1-19 所示）。

2. 图形放大

图形可整体或局部放大。

① 按下功能键然后按下［ZOOM］软键可以显示放大图，画面有 2 个放大光标（■），如图 1-20 所示，用 2 个放大光标定义的对角线的矩形区域被放大到整个画面。

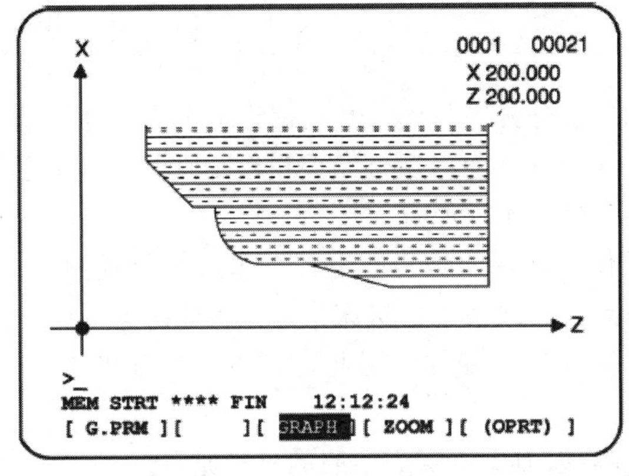


图 1-19　刀具的运动轨迹

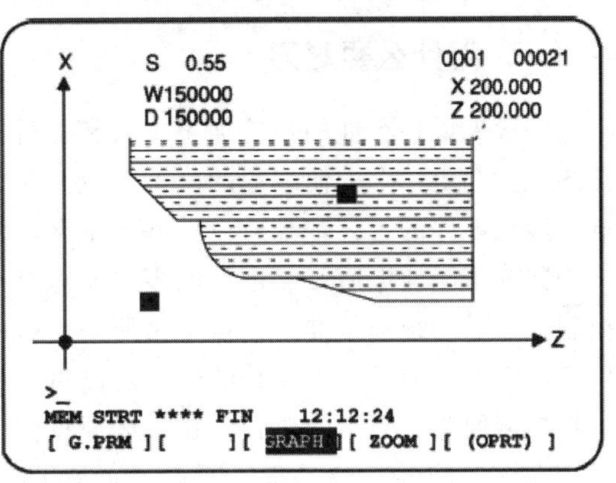


图 1-20　放大图画面

② 用光标移动键↓↑→←移动放大光标。

③ 按［EXEC］软键可以使原来图形消失。

④ 按［NORMAL］软键后，开始自动运行可以显示原始图形。

## 八、安全功能

1. 紧急停止

如果按了机床操作面板上的“急停”按钮，则机床立即停止运动。该按钮被按下时它是自锁的，虽然它随机床制造厂而异，但通常是旋转按钮即可释放。建议除非发生紧急情况，一般不要使用该按钮。“急停”按钮如图 1-21 所示。

图 1-21　“急停”按钮

2. 超程检查

在 $X$ 轴、$Z$ 轴两轴返回参考点后，机床坐标系被建立，同时参数给定的各轴行程极限变为有效，如果试图执行超出行程极限的操作，则运动轴到达极限位置时减速停止，并给出软极限报警。需手动使该轴离开极限位置，并按复位键后，报警才能解除。该极限由 NC 直接监控各轴位置来实现，称为软极限。

在各轴的正负向行程软极限外侧，由行程极限开关和撞块构成的超程保护系统被称为硬极限。当撞块压上硬极限开关时，机床各轴停止，伺服系统断开，NC 给出硬极限报警。此时需在手动方式下按超程解除按钮，使伺服系统通电，然后继续按超程解除按钮并手动使超程轴离开极限位置。

# 知识点五　数控车床对刀

对刀是数控加工中的重要操作技能。在一定条件下，对刀的精度可以决定零件的加工精度，同时，对刀效率还直接影响数控加工效率。

仅仅知道对刀方法是不够的，还要知道数控系统的各种刀具偏置设置方式，以及这些方式在加工程序中的调用方法，同时要知道各种对刀方式的优缺点、使用条件等（下面的论述以 FANUC 0i-TC 数控系统为例）。

## 一、为什么要对刀

一般来说，零件的数控加工编程和上机床加工是分开进行的。数控编程员根据零件的设计图纸，选定一个方便编程的坐标系及其原点，我们称之为程序坐标系和程序原点。程序原点一般与零件的工艺基准或设计基准重合，因此又称为工件原点。

数控车床通电后，需进行回零（参考点）操作，其目的是建立数控车床进行位置测量、控制、显示的统一基准，该点就是所谓的机床原点，它的位置由机床位置传感器决定。由于机床回零后，刀具（刀尖）的位置距离机床原点是固定不变的，因此，为便于对刀和加工，可将机床回零后刀尖的位置看作机床原点。

在图 1-22 中，$O$ 是程序原点，$O'$是机床回零后以刀尖位置为参照的机床原点。

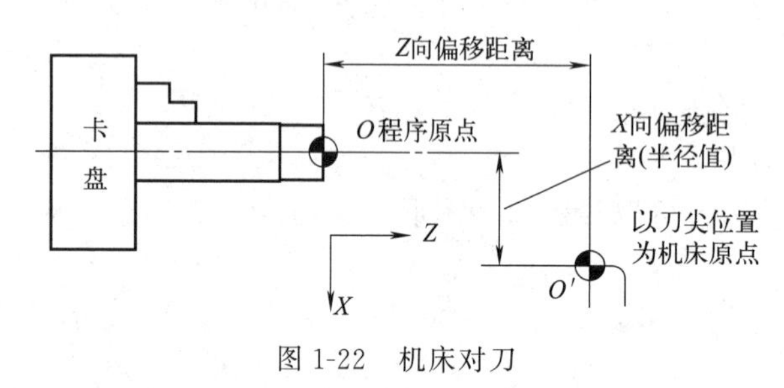


图 1-22　机床对刀

编程员按程序坐标系中的坐标数据编制刀具（刀尖）的运行轨迹。由于刀尖的初始位置（机床原点）与程序原点存在 $X$ 向偏移距离和 $Z$ 向偏移距离，使得实际的刀尖位置与程序指令的位置有同样的偏移距离，因此，需将该距离测量出来并设置进数控系统中，使系统据此调整刀尖的运动轨迹。

所谓对刀，其实质就是测量程序原点与机床原点之间的偏移距离并设置程序原点在以刀尖为参照的机床坐标系统里的坐标。

## 二、如何对刀

车床的刀具补偿包括刀具的“磨损量”补偿参数和“形状”补偿参数，两者之和构成车刀偏移量补偿参数。试切对刀获得的偏移量一般设置在“形状”补偿参数中。试切对刀并设置刀具偏移量步骤如下：

① 用外圆车刀试车外圆，沿＋$Z$ 轴退出并保持 X 坐标不变。

② 测量外圆直径，记为 $\phi$。

③ 按【刀补/偏置】键→进入“形状”补偿参数设定界面→将光标移到与刀位号相对应的位置后，输入 $X_{\phi}$（注意：此处的 $\phi$ 代表直径值，而不是符号，以下同），按“测量”键，系统自动计算出 $X$ 方向的刀具偏移量。

④ 用外圆车刀试车工件端面，沿＋$X$ 轴退出并保持 Z 坐标不变。

⑤ 按【刀补/偏置】键→进入“形状”补偿参数设定界面→将光标移到与刀位号相对应的位置后，输入 Z0，按“测量”键，系统自动计算出 $Z$ 方向的刀具偏移量。

## 三、试切对刀原理

对刀的方法有很多种，按对刀的精度可分为粗略对刀和精确对刀；按是否采用对刀仪可分为手动对刀和自动对刀；按是否采用基准刀，又可分为绝对对刀和相对对刀等。但无论采用哪种对刀方式，都离不开试切对刀，试切对刀是最根本的对刀方法。

以图 1-23 为例，试切对刀步骤如下：

① 在手动操作方式下，用所选刀具在加工余量范围内试切工件外圆，记下此时显示屏中的 X 坐标值，记为 $X_a$（注意：数控车床显示和编程的 X 坐标一般为直径值）。

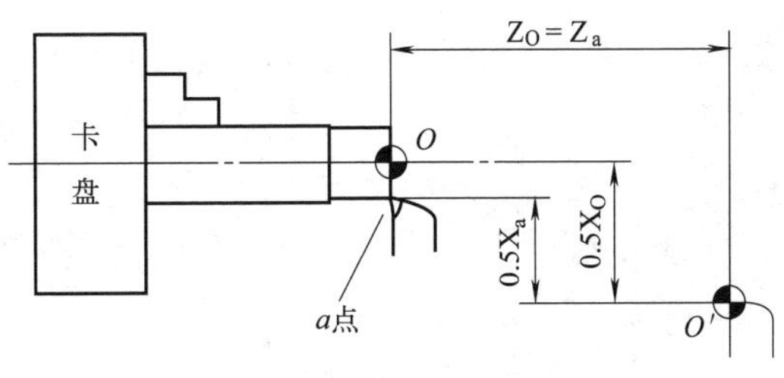


图 1-23 试切法对刀

② 将刀具沿 $+Z$ 方向退回到工件端面余量处一点（假定为 $a$ 点）切削端面，记录此时显示屏中的 Z 坐标值，记为 $Z_a$。

③ 测量试切后的工件外圆直径，记为 $\phi$。

如果程序原点 $O$ 设在工件端面（一般必须是已经精加工完毕的端面）与回转中心的交点，则程序原点 $O$ 在机床坐标系中的坐标为：

$$X_O=X_a-\phi$$

$$Z_O=Z_a$$

注意：公式中的坐标值均为负值。将 $X_O$、$Z_O$ 设置进数控系统即完成对刀设置。

# 项目二　加工芯轴

## 项目引入

芯轴是全技能液压刀架的关键零件，是数控车削加工的典型零件，包括外圆、端面、沟槽、外螺纹，加工芯轴是数控车削编程与实训的一个必备和关键能力。本项目的主要任务就是介绍芯轴的编程及加工方法，进行数控车削编程与操作。如图 2-1 所示的芯轴零件，材料为 45＃钢，毛坯为 $\phi$65mm×95mm。请根据图纸要求，合理制订加工工艺，安全操作机床，

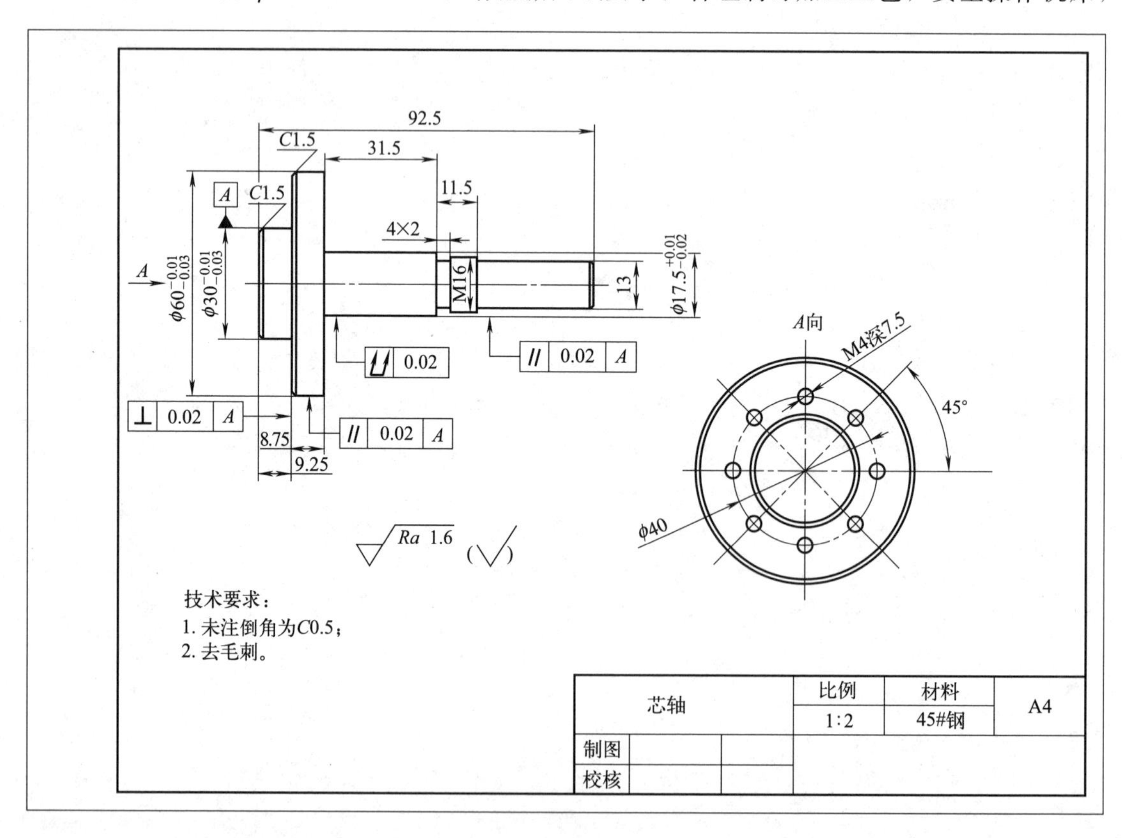


图 2-1　芯轴

达到规定的精度和表面质量要求。

## 项目目标

会一般芯轴零件的加工。

## 知识目标

1. 掌握一般芯轴类零件数控车削工艺制订方法。
2. 掌握 G00 指令、G01 指令、G90 指令、G40 指令、G41 指令、G42 指令、G71 指令、G70 指令的应用和编程方法。
3. 掌握锥度的计算方法和加工方法。
4. 掌握槽的加工工艺知识和槽的编程加工方法。
5. 掌握螺纹加工的工艺知识。
6. 掌握螺纹各部分尺寸的计算方法。
7. 掌握 G32、G92 螺纹加工指令的编程方法。

## 技能目标

1. 能够读懂轴类零件的图样。
2. 能够完成数控车床上工件的装夹、找正、试切对刀。
3. 能够独立加工简单阶梯轴。
4. 能够完成细长轴零件的加工。
5. 能够正确使用槽刀加工窄槽、宽槽等零件。
6. 能够独立完成螺纹轴的加工。
7. 能够解决芯轴加工过程中出现的问题。

## 思政目标

1. 树立正确的学习观、价值观，树立质量第一的工匠精神意识。
2. 具有人际交往和团队协作能力。
3. 爱护设备，具有安全文明生产和遵守操作规程的意识。

# 任务一　加工芯轴左端阶梯轴

### 【任务要求】

本任务要求加工出芯轴零件的左端阶梯轴，如图 2-2 所示，材料为 45＃钢，毛坯为 $\phi$65mm×95mm。请根据图纸要求，合理制订加工工艺，安全操作机床，达到规定的精度和表面质量要求。

### 【任务准备】

完成该任务需要准备的实训物品，如表 2-1 所示。

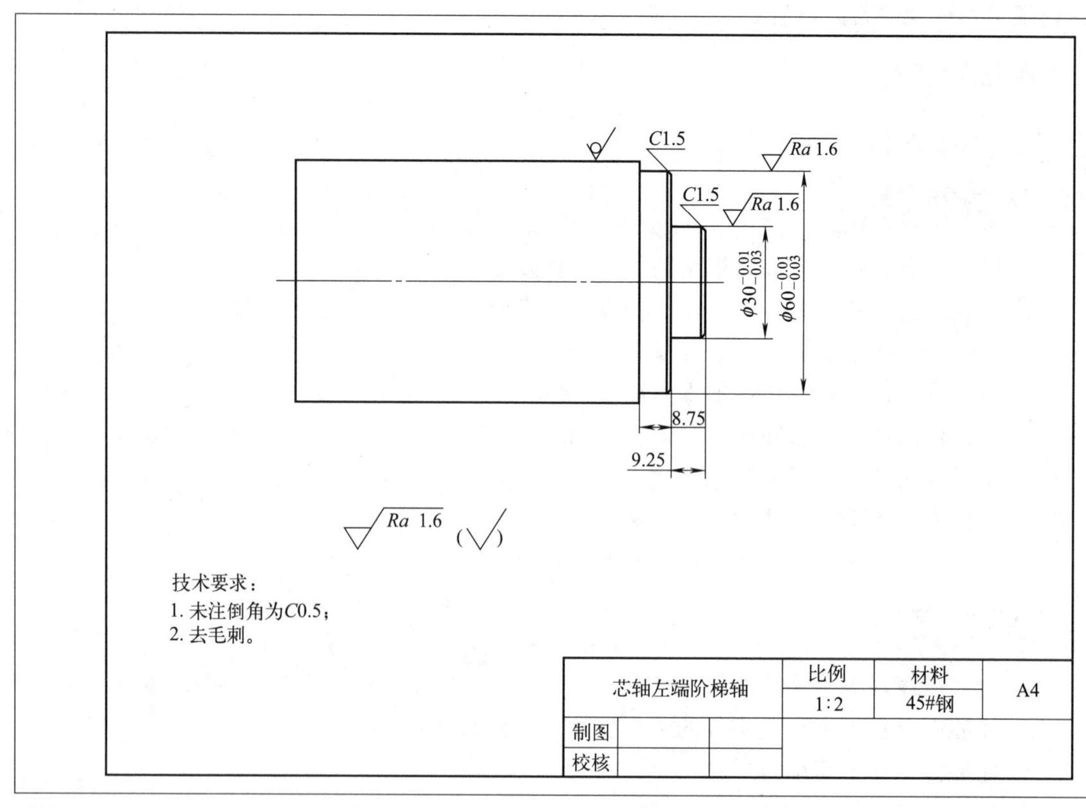


图 2-2 芯轴左端阶梯轴

**表 2-1 实训物品清单**

| 序号 | 实训资源 | 种类 | 数量 | 备注 |
|---|---|---|---|---|
| 1 | 机床 | CKA6150 型数控车床 | 6 台 | 或者其他数控车床 |
| 2 | 参考资料 | 《数控车床使用说明书》<br>《FANUC 0i-TC 车床编程手册》<br>《FANUC 0i-TC 车床操作手册》<br>《FANUC 0i-TC 车床连接调试手册》 | 各 6 本 | |
| 3 | 刀具 | 90°外圆车刀 | 6 把 | QEFD2020R10 |
| 4 | 量具 | 0～150mm 游标卡尺 | 6 把 | |
| | | 0～100mm 千分尺 | 6 套 | |
| | | 百分表 | 6 块 | |
| 5 | 辅具 | 百分表架 | 6 套 | |
| | | 内六角扳手 | 6 把 | |
| | | 套管 | 6 把 | |
| | | 卡盘扳手 | 6 把 | |
| | | 毛刷 | 6 把 | |
| 6 | 材料 | 45＃ | 6 根 | $\phi$65mm×100mm |
| 7 | 工具车 | | 6 辆 | |

## 【相关知识】

### 一、基础知识

对数控车床来说，采用不同的数控系统，其编程方法也不尽相同。因此，在编程之前一定要了解机床系统的功能及有关参数，本书所讲的是FANUC 0i-TC数控系统指令。为使机床能按要求运动而编写的数控指令的集合称之为程序。程序是由多个程序段构成的，而程序段又是由字构成的，各程序段用程序段结束代码“;”来隔开。

### 1. 加工程序的一般格式

加工程序一般由开始符、程序名、程序主体、程序结束指令、程序结束符组成。KND系统的数控指令是标准ISO代码，用%表示。程序开始符的%不显示出来，程序结束符的%可自动显示出来。开始符和结束符在输入程序时不必考虑，会自动生成。

### 2. 坐标系的设定

数控机床在加工时，坐标系页面上一般都显示三个坐标系：机床坐标系、绝对坐标系（工件坐标系）和相对坐标系。在数控编程时，需要重点掌握和了解的是机床坐标系和工件坐标系。

（1）机床坐标系的设定　机床欲对工件的车削进行程序控制，首先必须设定机床坐标系，数控车床坐标系的概念涉及机床原点、机床坐标系以及机床参考点。

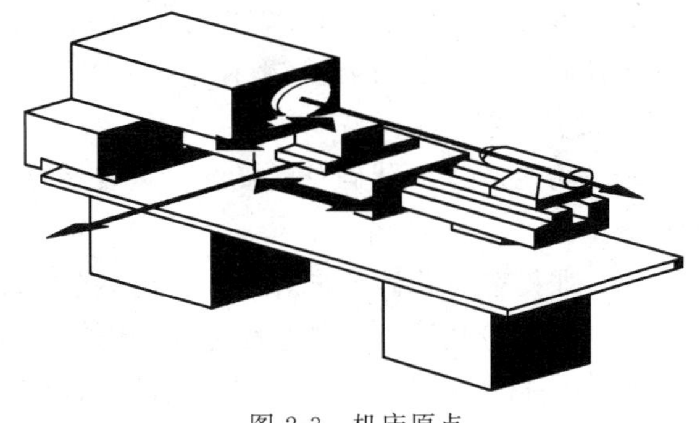

图 2-3　机床原点

① 机床原点。机床上的一个固定点，数控车床一般将其定义在主轴前端面的中心，如图2-3所示。

② 机床坐标系。机床坐标系是以机床原点为坐标原点建立的 $X$ 轴、$Z$ 轴二维坐标系，$Z$ 轴与主轴中心线重合，为纵向进刀方向，$X$ 轴与主轴垂直，为横向进刀方向。如图2-4所示。

③ 机床参考点。机床参考点是指刀架中心退离距机床原点最远的一个固定点，该点在机床制造厂出厂时已调试好，并将数据输入到数控系统中。如图2-5所示。

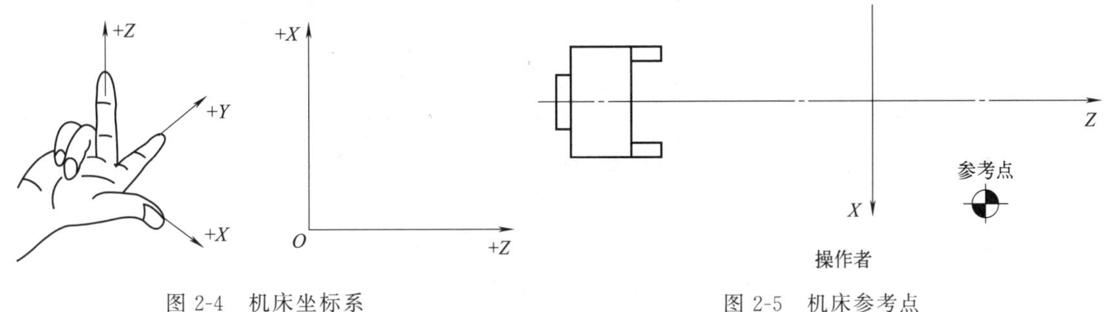


图 2-4　机床坐标系　　　　图 2-5　机床参考点

数控车床开机时，必须先确定机床参考点，我们也称之为刀架返回机床参考点的操作。只有机床参考点确定以后，车刀移动才有了依据，否则，不仅编程无基准，还会发生碰撞等事故。

机床参考点的位置设置在机床 $X$ 向、$Z$ 向滑板上的机械挡块上，通过行程开关来确定，当刀架返回机床参考点时，装在 $X$ 向和 $Z$ 向滑板上的两挡块分别压下对应的开关，向数控系统发出信号，停止滑板运动，即完成了回机床参考点的操作。

（2）工件坐标系的设定　当采用绝对值编程时，必须首先设定工件坐标系，该坐标系与机床坐标系是不重合的。工件坐标系的原点就是工件原点，而工件原点是人为设定的。数控车床工件原点一般设在主轴中心线与工件左端面或右端面的交点处，如图 2-6 所示。

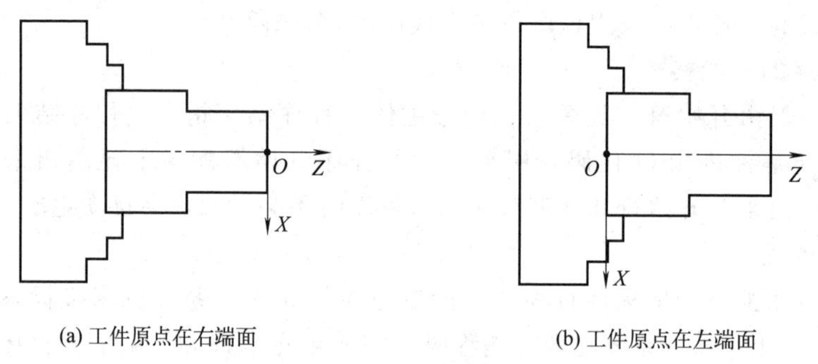


图 2-6　工件原点

设定工件坐标系就是以工件原点为坐标原点，确定刀具起始点的坐标值。工件坐标系设定后，屏幕上显示的是车刀刀尖相对工件原点的坐标值。编程时，工件各尺寸的坐标值都是相对工件原点而言的，因此，数控车床的工件原点又是程序原点。

**3. 准备功能（G 代码）**

准备功能是由 G 代码及后接 2 位数表示的，其规定了机床的运动方式。G 代码有以下两种类型。

（1）非模态 G 代码　非模态 G 代码只在被调用的指令程序段中有效。

（2）模态 G 代码　在同组其他 G 代码指令前一直有效，直到被取消或者代替。

如 G01 指令和 G00 指令是同组的模态 G 代码：

G01 X __ F __；表示 X 轴以 F 速度加工进给。

　　Z __；表示 Z 轴以 F 速度加工进给，相当于有 G01 指令。

G00 Z __；G01 无效，G00 有效。

**4. 快速定位指令 G00**

指令格式：G00X(U)__ Z(W)__；

指令功能：X 轴和 Z 轴同时从起点快速移动到指定的位置。

X、Z——绝对编程时表示目标点在工件坐标系中的坐标值。

U、W——增量编程时表示目标点相对当前点的移动距离与方向。

指令说明：

① X（U）Z（W）为指定的坐标值，取值范围：－9999.999～＋9999.999。

② G00 指令时各轴单独以各自设定的速度快速移动到终点，互不影响。任何一轴到位自动停止运行，另一轴继续移动直到指令位置。

③ G00 指令时各轴快速移动的速度由参数设定，用 F 指定的进给速度无效。G00 快速移动的速度可分为 100％、50％、25％、F0 四挡，四挡速度可通过面板上的快速倍率上下调节键来选择。其四挡移动速度的百分比在位置页面的左下角显示。

④ G00 是模态指令，下一段指令也是 G00 时，可省略不写。G00 指令可编写成 G0 指令，G0 指令与 G00 指令等效。

⑤ 指令 X 轴、Z 轴同时快速移动时，应特别注意刀具的位置是否在安全区域，以避免撞刀。

5. 直线插补指令 G01

指令格式：G01 X(U)__ Z(W)__ F __；

指令功能：G01 指令使刀具按设定的 F 进给速度沿当前点移动到 X(U)、Z(W) 指定的位置点，其两个轴是沿直线同时到达终点坐标的。

X、Z——绝对坐标编程表示目标点在工件坐标系中的坐标值。

U、W——增量坐标编程表示目标点相对当前点的移动距离与方向。

指令说明：

① X（U）、Z（W）为指定的坐标值，取值范围：－9999.999～＋9999.999。

② F 是模态值，在没有新的指定以前，总是有效的，因此不需要每一句都指定进给速度。

③ G01 指令也可以单独指定 *X* 轴或 *Z* 轴的移动。

④ G01 指令的 F 进给速度可以通过面板上进给倍率上下调整，调整范围是 0%～150%。

⑤ G01 指令也可直接写成 G1 指令。

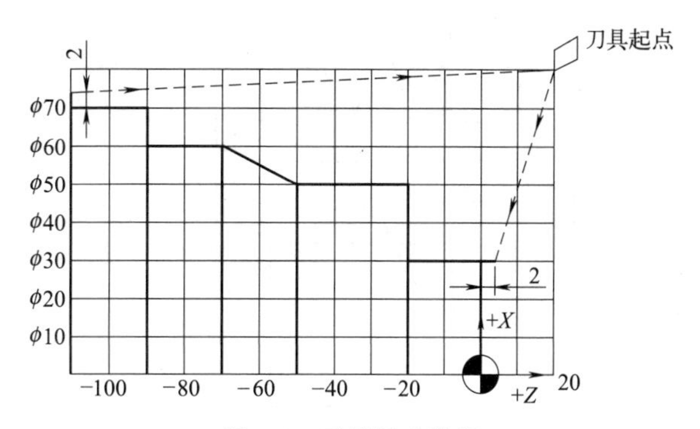

图 2-7　刀具运动路径

例：如图 2-7 所示，设零件各表面已完成粗加工，试分别用绝对坐标编程方式和增量坐标编程方式编写 G00 指令、G01 指令程序段。

| 绝对坐标编程方式 | | | 增量坐标编程方式 | | |
|---|---|---|---|---|---|
| 指令 | X | Z | 指令 | U | W |
| G00 | X80 | Z20 | G00 | U0 | W0 |
| G00 | X30 | Z2 | G00 | U−50 | W−18 |
| G01 | | Z−20 | G01 | | W−22 |
| G01 | X50 | | G01 | U20 | |
| G01 | | Z−50 | G01 | | W−30 |
| G01 | X60 | Z−70 | G01 | U10 | W−20 |
| G01 | | Z−90 | G01 | | W−20 |
| G01 | X70 | | G01 | U10 | |
| G01 | | Z−110 | G01 | | W−20 |
| G01 | X74 | | G01 | U4 | |
| G00 | X80 | Z20 | G00 | U6 | W110 |

6. 简单圆柱面切削循环指令 G90

指令格式：G90 X(U)__ Z(W)__ F __；

参数说明：

X、Z——外圆切削终点的绝对坐标值；

U、W——外圆切削终点相对于循环起点的增量坐标值；

F——进给速度。

指令功能式中：X、Z 为圆柱面切削终点坐标值，可用增量值 U、W，也可用绝对值 X、

Z。U、W 的符号取决于轨迹 1、2 的方向，图 2-8 中 U、W 均为负值。注意用绝对坐标编程时，X 以直径值表示；用增量坐标值编程时，U 为实际径向位移量的 2 倍。F 为进给速度。如图 2-8 所示，刀具从循环起点开始按矩形循环，最后又回到循环起点，图 2-8 中虚线轨迹 1、4 为快速运动，实线轨迹 2、3 为切削进给运动。

例：加工如图 2-9 所示的工件，G90 固定循环编程有关程序如下所示。

| 指令 | | | | 指令说明 |
|---|---|---|---|---|
| G90 | X35 | Z30 | F0.2 | 以 0.2mm/r 进给速度第一次循环 |
| | X30 | | | 以 0.2mm/r 进给速度第二次循环 |
| | X25 | | | 以 0.2mm/r 进给速度第三次循环 |

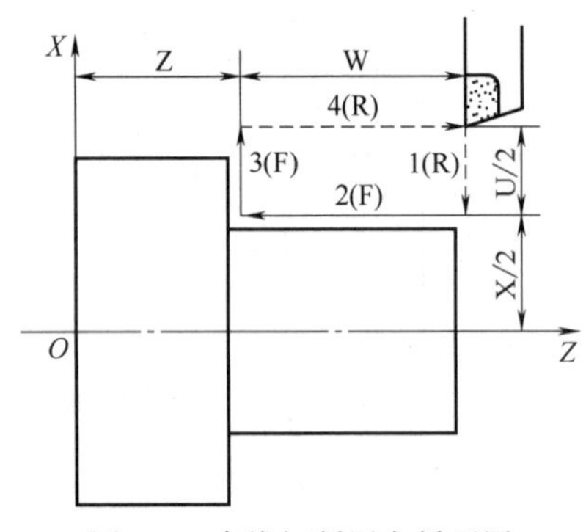

图 2-8 直线切削固定循环图

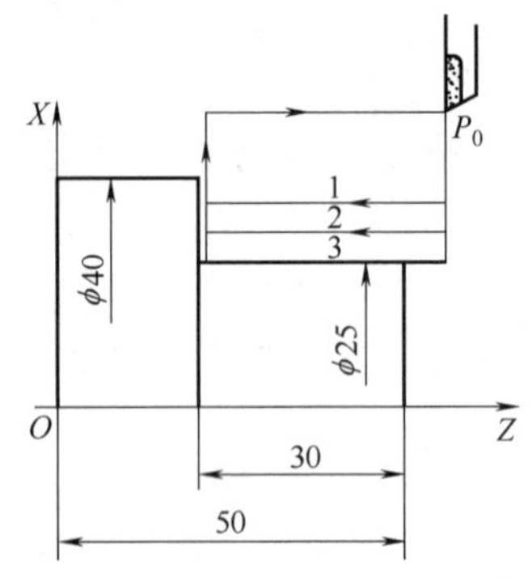

图 2-9 直线切削固定循环实例

**7. 简单圆锥面切削循环指令**（G90）

指令格式：G90 X(U)__ Z(W)__ R __ F __；

参数说明：

X、Z——外圆切削终点的绝对工件坐标值；

U、W——外圆切削终点相对于循环起点的增量坐标值；

R——车圆锥时切削起点相对于切削终点的半径差值，该值有正负号，若起点半径值小于终点半径值，R 取负值，反之，R 取正值；

F——进给速度。

指令说明：坐标 X（U）、Z（W）的用法与直线切削固定循环相同，U 和 W 的符号仍根据轨迹 1 和 2 的方向确定。R 是锥度大、小端的半径差，用增量坐标表示，当沿轨迹使锥度值（即 R 的绝对值）增大的方向与 X 轴正向一致时，R 取正号，反之取负号（图 2-10 中 R 为负值）。锥度切削固定循环的方式如图 2-10 所示。

例：加工如图 2-11 所示的工件，G90 锥度切削固定循环编程有关程序如下。

| 指令 | | | | | 指令说明 |
|---|---|---|---|---|---|
| G90 | X40 | Z20 | −5 | F0.2 | 以 0.2mm/r 进给速度第一次循环 |
| | X30 | | | | 以 0.2mm/r 进给速度第二次循环 |
| | X20 | | | | 以 0.2mm/r 进给速度第三次循环 |

## 二、相关工艺知识

**1. 轴类零件车削加工工艺分析**

① 车较短零件时，一般先车端面，这样便于确定长度方向的尺寸。

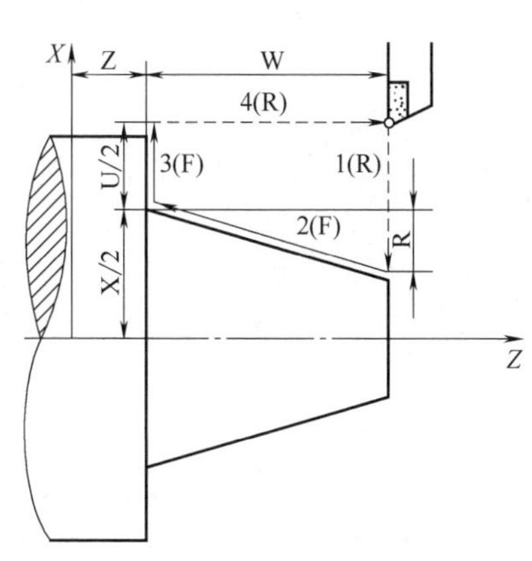


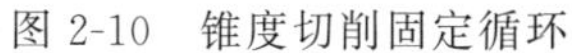
图 2-10　锥度切削固定循环

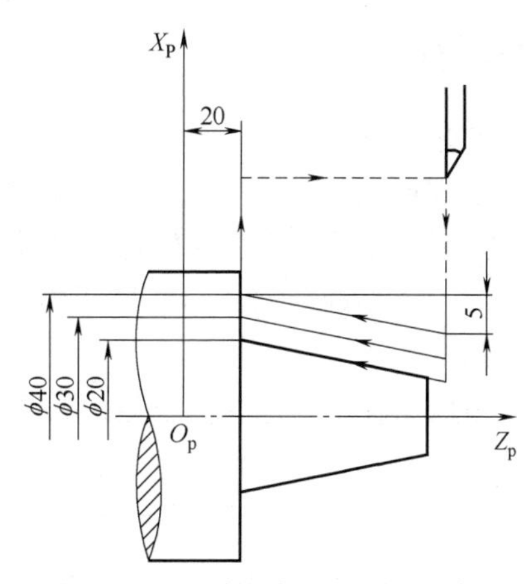


图 2-11　锥度切削固定循环实例

② 轴类工件的定位基准通常选用中心孔，加工中心孔时，应先车端面后钻中心孔，以保证中心孔的加工精度。

③ 在轴上车槽，一般安排在粗车或半精车之后，精车之前进行，如果对工件刚度或精度要求不高，也可安排在精车之后再车槽。

④ 工件车削后还需要磨削时，只需粗车或半精车，并注意留磨削余量。

2. 粗加工车刀车轴类零件刀具参数选择

粗加工时必须适应切削深、进给快的特点，要求车刀有足够的强度，能一次进给去除较多的余量，选择粗加工车刀几何参数的一般原则是：

① 为了增加刀头强度，前角（$\gamma_o$）和后角（$\alpha_o$）应小些，但必须注意，前角过小会使切削力增大。

② 主偏角（$\kappa_r$）不宜太小，否则容易引起车削时振动。当工件外圆形状允许时，最好选用 75°，因为这样刀尖角较大，能承受较大的切削力，而且有利于切削刃散热。

③ 一般粗车时采用 0°～3°的刃倾角（$\lambda_s$）以增加刀头强度。

④ 为了增加切削刃强度，主切削刃上应有倒棱，其宽度 $b_{r1}=(0.5\sim0.8)f$，倒棱前角 $\lambda_{o1}=-(5°\sim10°)$。

⑤ 为了增加刀尖强度，改善散热条件，使车刀耐用，倒角处应磨有过渡刃。

3. 精加工车刀车轴类零件刀具参数选择

精车时要求达到工件的尺寸精度和较小的表面粗糙度，并且切去的金属较少，因此要求车刀锋利，切削刃平直光洁，必要时刀尖处还要刃磨修光刃，切削时必须使切屑排向工件待加工表面。选择精加工车刀几何参数的一般原则是：

① 前角（$\gamma_o$）一般应大些，使车刀锋利，切削轻快。

② 后角（$\alpha_o$）也应大些，以减少车刀和工件之间的摩擦，精车时对车刀强度要求不高，也允许取较大后角。

③ 为了减少工件表面粗糙度，应取较小的副偏角（$\kappa_r'$）或在刀尖处刃磨修光刃。修光刃长度一般取（1.2～1.5）$f$。

④ 为了控制切屑排向工件待加工表面，应选用正值的刃倾角（$\lambda_s=3°\sim8°$）。

⑤ 精车塑性金属时，前刀面应磨相应的断屑槽。

## 【任务实施】

### 1. 工艺分析

① 该零件毛坯为 $\phi$65mm×95mm 的 45＃钢料，材料的长度足够，所以我们在加工时选择夹住零件右端，加工零件左端各表面的加工方法。

② 由于零件的前两个圆柱尺寸要求较高，所以要分粗、精加工以保证零件的表面质量和尺寸精度。

### 2. 根据图样填写芯轴阶梯轴加工工艺卡（表 2-2）

表 2-2　芯轴阶梯轴加工工艺卡

<table>
<tr><td colspan="2">零件名称</td><td>材料</td><td>设备名称</td><td colspan="6">毛坯</td></tr>
<tr><td colspan="2">芯轴</td><td>45＃钢</td><td>CKA6150</td><td>种类</td><td>圆钢</td><td>规格</td><td colspan="3">$\phi$65mm×95mm</td></tr>
<tr><td colspan="3">任务内容</td><td>程序号</td><td>O1001</td><td>数控系统</td><td colspan="4">FANUC 0i-TC</td></tr>
<tr><td rowspan="3">工序号</td><td>工步</td><td>工　步<br>内　容</td><td>刀<br>号</td><td>刀具<br>名称</td><td>主轴转速<br>$n$/(r/min)</td><td>进给量<br>$f$/(mm/r)</td><td>背吃刀量<br>$a_p$/(mm/r)</td><td>余量<br>/mm</td><td>备注</td></tr>
<tr><td>1</td><td>粗加工外<br>圆各表面</td><td>1</td><td>90°外圆车刀</td><td>800</td><td>0.2</td><td>2.0</td><td>0.5</td><td></td></tr>
<tr><td>2</td><td>精加工外<br>圆各表面</td><td>1</td><td>90°外圆车刀</td><td>1000</td><td>0.08</td><td>0.5</td><td>0</td><td></td></tr>
<tr><td colspan="2">编制</td><td colspan="2"></td><td>教师</td><td colspan="2"></td><td>共 1 页</td><td colspan="2">第 1 页</td></tr>
</table>

### 3. 准备材料、设备及工量具（表 2-3）

表 2-3　准备材料、设备及工量具

| 序号 | 材料、设备及工量具名称 | 规格 | 数量 |
|---|---|---|---|
| 1 | 45＃钢 | $\phi$65mm×95mm | 6 块 |
| 2 | 数控车床 | CKA6150 | 6 台 |
| 3 | 千分尺 | 50～75mm | 6 把 |
| 4 | 游标卡尺 | 0～150mm | 6 把 |
| 5 | 90°外圆车刀 | 25mm×25mm | 6 把 |

### 4. 加工参考程序

根据 FANUC 0i-TC 编程要求制订的加工工艺，编写零件加工程序如（参考）表 2-4。

表 2-4　芯轴阶梯轴加工程序

| 程序段号 | 程序内容 | 说明注释 |
|---|---|---|
| N10 | O1001 | 程序号 |
| N20 | G97 G99 | 取消刀尖半径补偿，恒转速，转进给 |
| N30 | T0101 | 1 号刀具，1 号刀补 |
| N40 | M03 S800 | 转速 800r/min |
| N50 | G00 X67. Z2. | 刀具定位点 |
| N60 | G90 X60.5 Z−18 F0.2 | 进给 0.2mm/r，$X$ 向精加工余量为 0.5mm |
| N70 | X55. Z−9.25 | |
| N75 | X50. | |
| N80 | X45. | |
| N90 | X40. | |
| N100 | X35. | |
| N110 | X30.5 | $X$ 向精加工余量为 0.5mm |
| N120 | G01 X28. S1000 F0.08 | 精加工开始，转速 1000r/min，进给 0.08mm/r |
| N130 | Z0 | |
| N140 | X30 Z−1. | |
| N150 | Z−9.25 | |
| N160 | X58. | |

续表

| 程序段号 | 程序内容 | 说明注释 |
| --- | --- | --- |
| N190 | X60 W−1 | |
| N200 | Z−18. | |
| N210 | X65. | |
| N220 | G00 X150. | $X$ 向退刀 |
| N230 | Z200. | $Z$ 向退刀 |
| N240 | M30 | 程序结束 |

### 5. 仿真加工

用数控仿真软件，FANUC 0i-TC 数控系统进行程序录入及程序仿真加工的步骤如表 2-5 所示。

表 2-5　FANUC 0i-TC 程序录入及程序仿真加工操作

| 步骤 | 操作过程 | 图　示 |
| --- | --- | --- |
| 安装毛坯 | 设定毛坯 $\phi$65mm×95mm 的 45＃钢确定，调整零件伸出长度，保证伸出长度足够 | 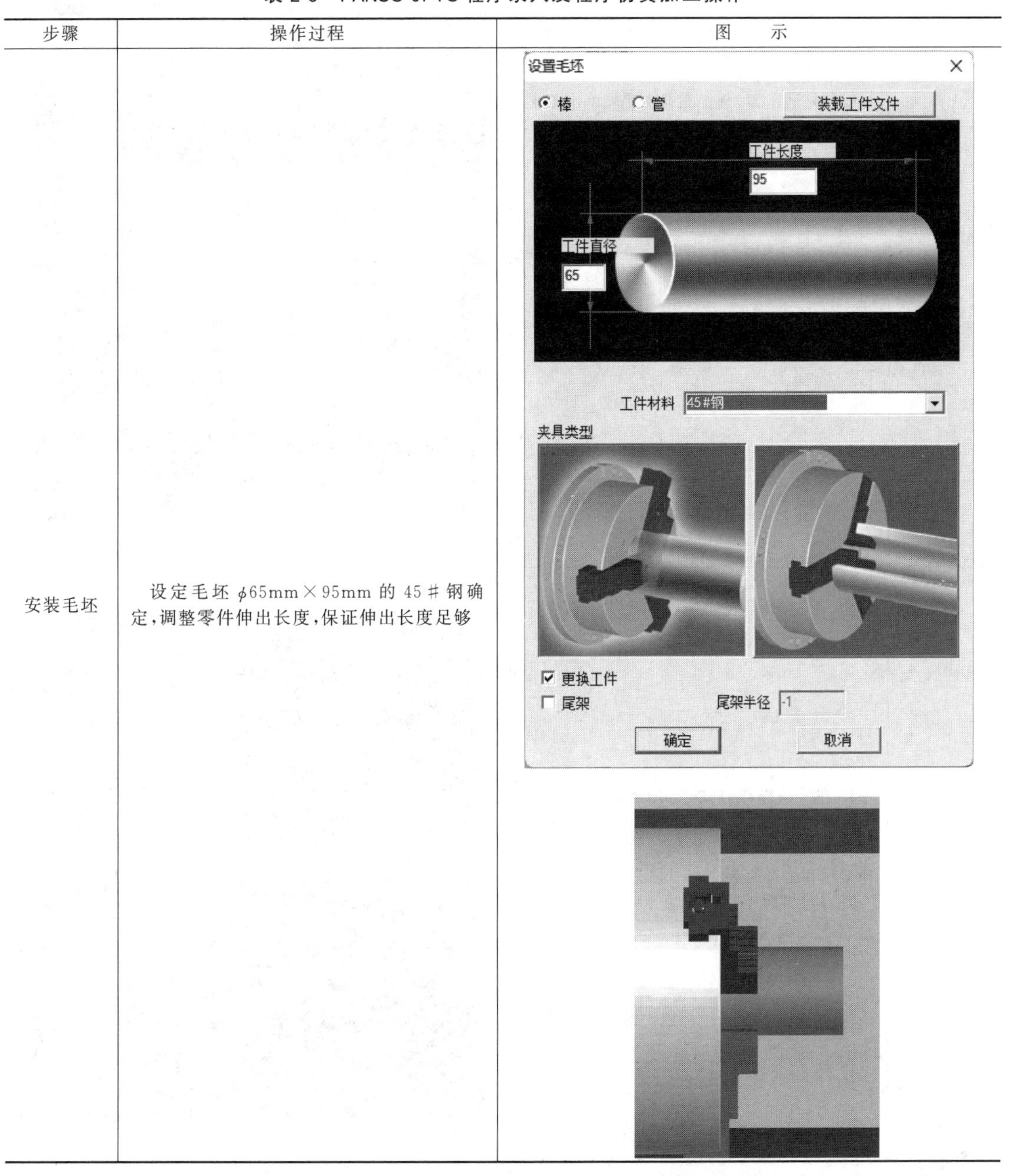  |

续表

| 步骤 | 操作过程 | 图　　示 |
| --- | --- | --- |
| 安装刀具 | 安装外圆车刀，选择机床操作，单击安装刀具，将1号外圆刀安装到1号刀位。将刀具调整到靠近刀具的位置 | 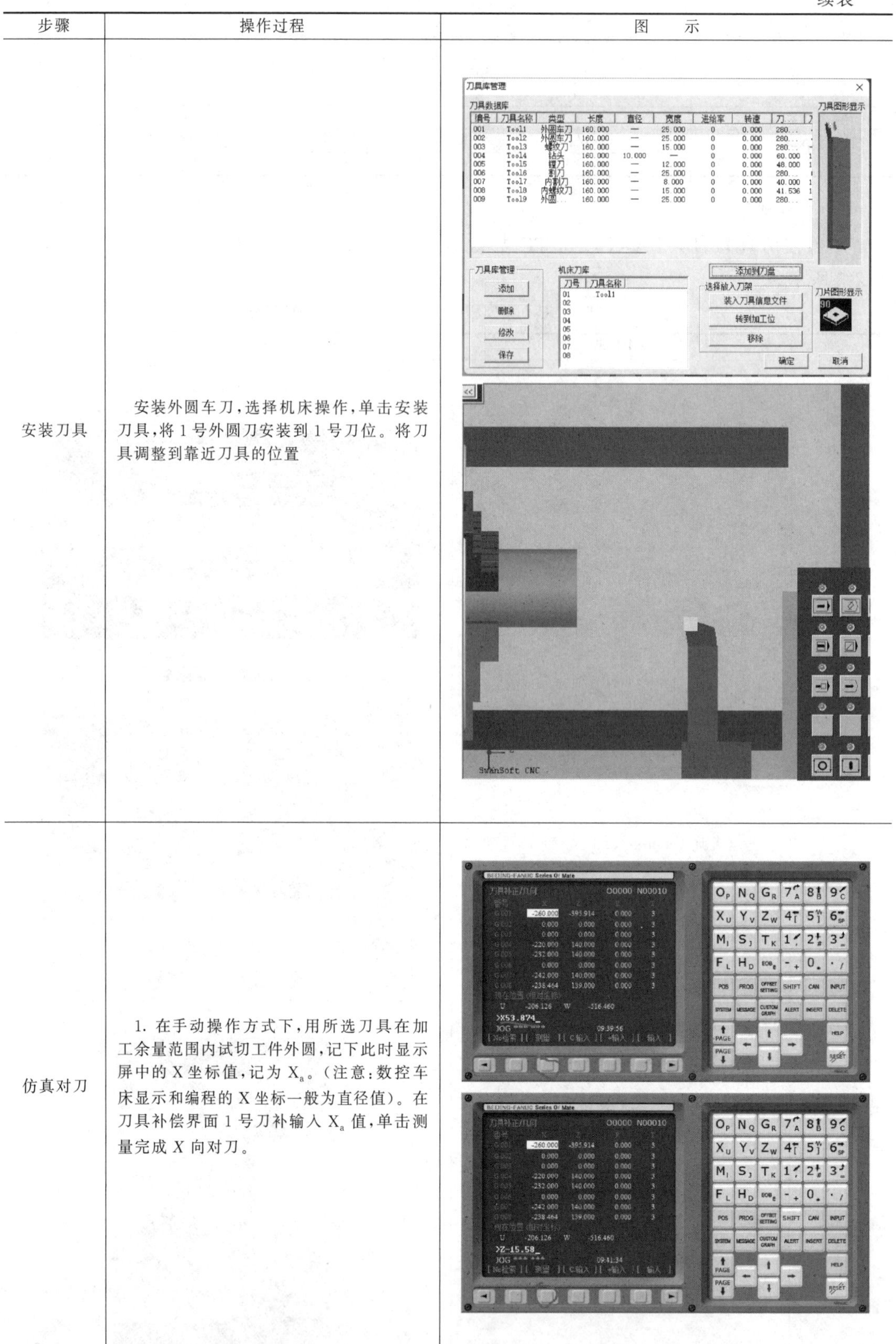 |
| 仿真对刀 | 1. 在手动操作方式下，用所选刀具在加工余量范围内试切工件外圆，记下此时显示屏中的X坐标值，记为$X_a$。（注意：数控车床显示和编程的X坐标一般为直径值）。在刀具补偿界面1号刀补输入$X_a$值，单击测量完成$X$向对刀。 | |

续表

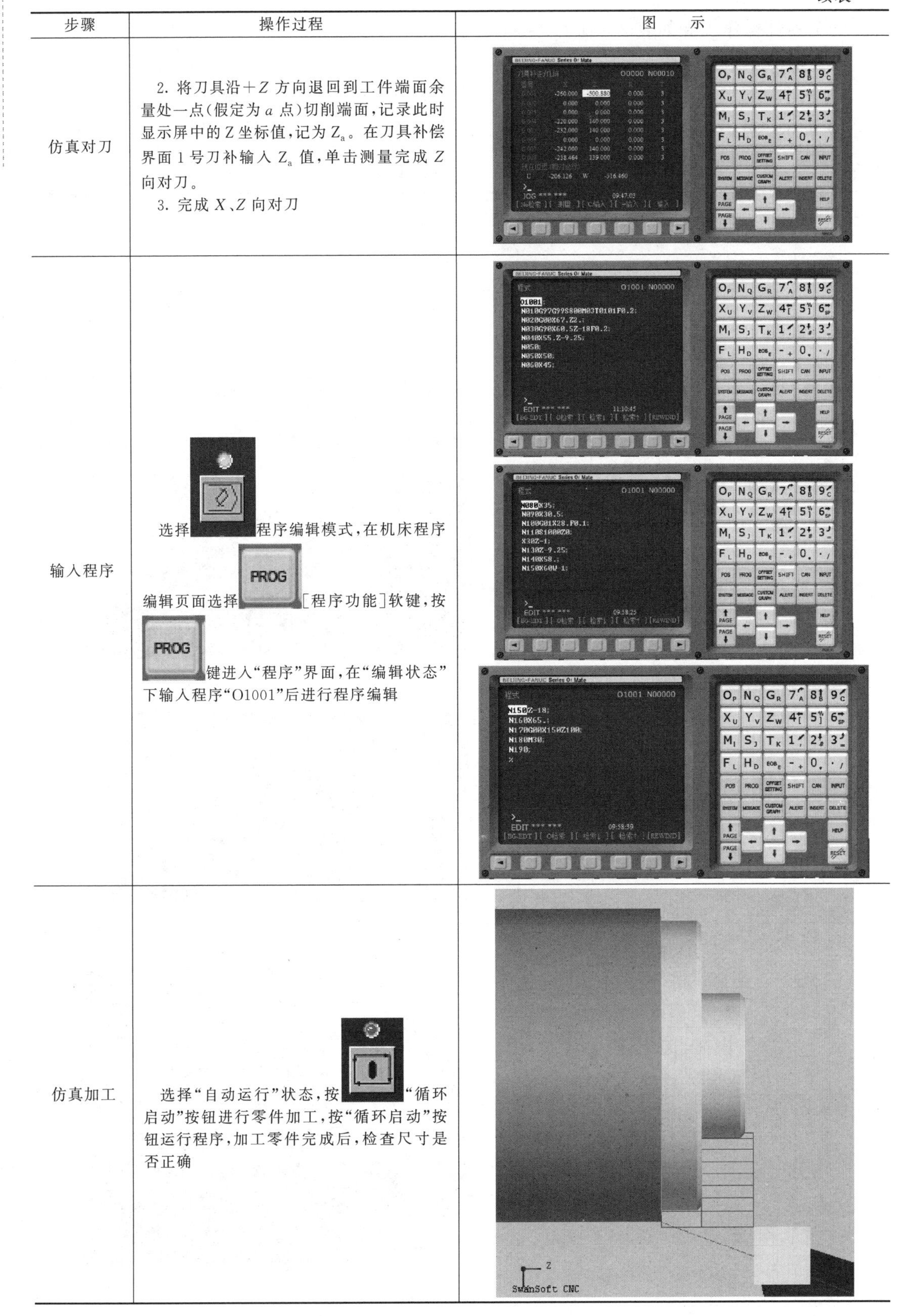

| 步骤 | 操作过程 | 图　示 |
| --- | --- | --- |
| 仿真对刀 | 2. 将刀具沿 $+Z$ 方向退回到工件端面余量处一点(假定为 $a$ 点)切削端面,记录此时显示屏中的Z坐标值,记为 $Z_a$。在刀具补偿界面1号刀补输入 $Z_a$ 值,单击测量完成 $Z$ 向对刀。<br>3. 完成 $X$、$Z$ 向对刀 | |
| 输入程序 | 选择程序编辑模式,在机床程序编辑页面选择PROG[程序功能]软键,按PROG键进入"程序"界面,在"编辑状态"下输入程序"O1001"后进行程序编辑 | |
| 仿真加工 | 选择"自动运行"状态,按"循环启动"按钮进行零件加工,按"循环启动"按钮运行程序,加工零件完成后,检查尺寸是否正确 | |

### 6. 加工零件

加工零件操作步骤如表 2-6 所示。

企业生产安全操作提示：

① 工作前按规定穿戴好劳动防护用品，扎好袖口。严禁戴手套或敞开衣服操作。

② 机床工作开始前要预热，每次开机应低速运行 3～5min，查看各部分是否正常。

表 2-6　加工零件步骤

| 步骤 | 操作过程 | 图　示 |
| --- | --- | --- |
| 装夹零件毛坯 | 对数控车床进行安全检查，打开机床电源并开机，在机床索引页面按程序开关打开后，将毛坯装夹到卡盘上，伸出长度≥50mm |  |
| 安装车刀 | 将 90°外圆车刀安装在 1 号刀位上，利用垫刀片调整刀尖高度，并使用顶尖检验刀尖高度位置 |  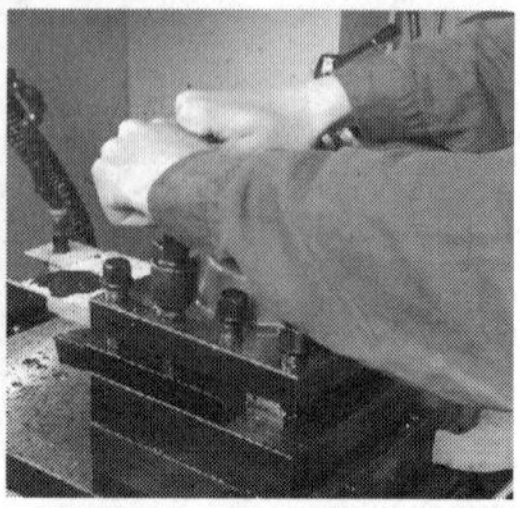 |
| 加工精基准 | 平端面，车外圆，将毛坯表面加工为精基准 |  |

续表

| 步骤 | 操作过程 | 图　示 |
| --- | --- | --- |
| 保证总长 | 调头装夹精基准外圆，平端面车外圆，保证零件总长 | 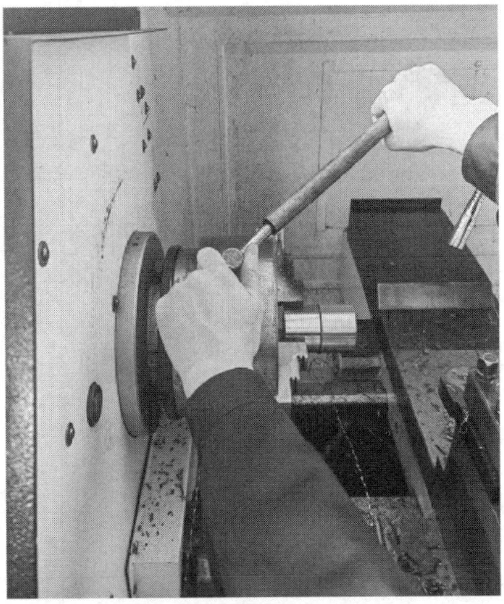   |
| 钻中心孔 | 700r/min，用中心钻钻中心孔 |   |

续表

| 步骤 | 操作过程 | 图示 |
|---|---|---|
| 钻中心孔 | 700r/min,用中心钻钻中心孔 |  |
| 试切法<br>$Z$ 轴对刀 | 主轴正转,用快速进给方式控制车刀靠近工件,然后用手轮进给方式的×10 挡位慢速靠近毛坯端面,沿 $X$ 向切削毛坯端面,切削量约为 0.5mm,刀具切削到毛坯中心,沿 $X$ 向退刀。按  OFS/SET 键切换至刀补测量页面,光标在 01 号刀补位置输入“Z0”后按[测量]软键,完成 $Z$ 轴对刀 |  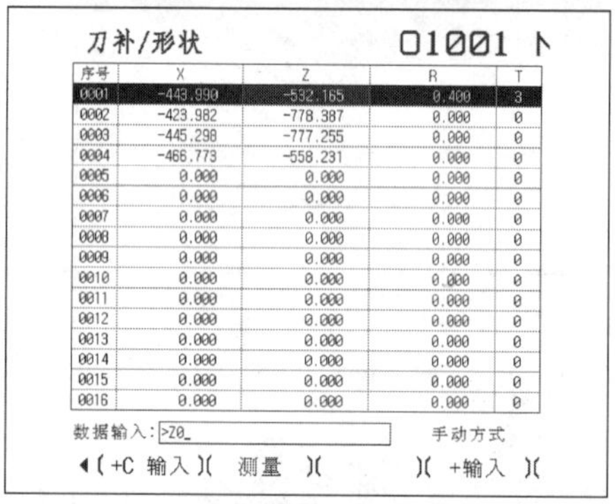 |
| 试切法<br>$X$ 轴对刀 | 主轴正转,手动控制车刀靠近工件,然后用手轮进给方式的×10 挡位慢速靠近工件 $\phi$65mm 外圆面,沿 $Z$ 方向切削毛坯料约 1mm,切削长度以方便卡尺测量为准,沿 $Z$ 向退出车刀,主轴停止,测量工件外圆,按 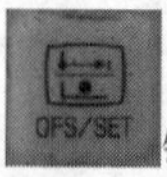 OFS/SET 键切换至刀补测量页面,光标在 01 号刀补位置输入测量值“X36.770”后按[测量]软键,完成 $X$ 轴对刀 |  |

续表

<table>
<tr><th>步骤</th><th>操作过程</th><th>图　示</th></tr>
<tr><td>试切法<br>X 轴对刀</td><td>主轴正转，手动控制车刀靠近工件，然后用手轮进给方式的×10挡位慢速靠近工件 $\phi$65mm 外圆面，沿 Z 方向切削毛坯料约 1mm，切削长度以方便卡尺测量为准，沿 Z 向退出车刀，主轴停止，测量工件外圆，按 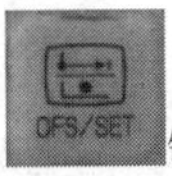 OFS/SET 键切换至刀补测量页面，光标在 01 号刀补位置输入测量值“X36.770”后按[测量]软键，完成 X 轴对刀</td><td> 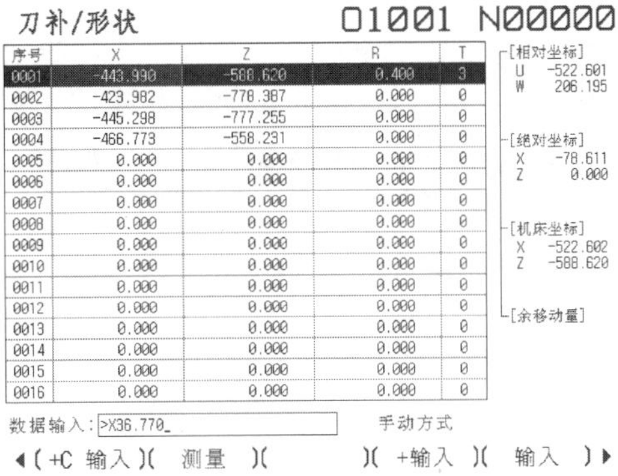刀补/形状　O1001 N00000<table>
<tr><th>序号</th><th>X</th><th>Z</th><th>R</th><th>T</th></tr>
<tr><td>0001</td><td>-443.990</td><td>-588.620</td><td>0.400</td><td>3</td></tr>
<tr><td>0002</td><td>-423.982</td><td>-778.387</td><td>0.000</td><td>0</td></tr>
<tr><td>0003</td><td>-445.298</td><td>-777.255</td><td>0.000</td><td>0</td></tr>
<tr><td>0004</td><td>-466.773</td><td>-558.231</td><td>0.000</td><td>0</td></tr>
<tr><td>0005</td><td>0.000</td><td>0.000</td><td>0.000</td><td>0</td></tr>
<tr><td>0006</td><td>0.000</td><td>0.000</td><td>0.000</td><td>0</td></tr>
<tr><td>0007</td><td>0.000</td><td>0.000</td><td>0.000</td><td>0</td></tr>
<tr><td>0008</td><td>0.000</td><td>0.000</td><td>0.000</td><td>0</td></tr>
<tr><td>0009</td><td>0.000</td><td>0.000</td><td>0.000</td><td>0</td></tr>
<tr><td>0010</td><td>0.000</td><td>0.000</td><td>0.000</td><td>0</td></tr>
<tr><td>0011</td><td>0.000</td><td>0.000</td><td>0.000</td><td>0</td></tr>
<tr><td>0012</td><td>0.000</td><td>0.000</td><td>0.000</td><td>0</td></tr>
<tr><td>0013</td><td>0.000</td><td>0.000</td><td>0.000</td><td>0</td></tr>
<tr><td>0014</td><td>0.000</td><td>0.000</td><td>0.000</td><td>0</td></tr>
<tr><td>0015</td><td>0.000</td><td>0.000</td><td>0.000</td><td>0</td></tr>
<tr><td>0016</td><td>0.000</td><td>0.000</td><td>0.000</td><td>0</td></tr>
</table>[相对坐标] U -522.601 W 206.195<br>[绝对坐标] X -78.611 Z 0.000<br>[机床坐标] X -522.602 Z -588.620<br>[余移动量]<br>数据输入：>X36.770_　手动方式<br>◀(+C 输入)( 测量 )( )( +输入 )( 输入 )▶</td></tr>
<tr><td>运行程序<br>加工工件</td><td>手动方式将刀具退出一定距离，按 PROG 键进入程序画面，检索到“O1001”程序，选择单段运行方式，按“循环启动”按钮，开始程序自动加工，当车刀完成一次单段运行后，可以关闭单段模式，让程序连续运行</td><td></td></tr>
<tr><td>测量工件<br>修整刀补并<br>精车工件</td><td>程序运行结束后，用千分尺测量零件外径尺寸，根据实测值计算出刀补值，对刀补进行修整。按“循环启动”按钮，再次运行程序，完成工件加工，并测量各尺寸是否符合图纸要求</td><td> </td></tr>
</table>

续表

| 步骤 | 操作过程 | 图示 |
|---|---|---|
| 维护保养 | 卸下工件，清扫、维护机床，将刀具、量具擦净 | |

③ 开机先回参考点。

④ 模拟结束以后一定要先回零后加工。

⑤ 机床在试运行前需进行图形模拟加工，避免程序错误、刀具碰撞卡盘。

⑥ 快速进刀和退刀时，一定注意不要碰触工件和三爪卡盘。

## 【任务检测】

小组成员分工检测零件，并将检测结果填入表 2-7。

表 2-7 零件检测表

| 序号 | 检测项目 | 检测内容 | 配分 | 检测要求 | 学生自评 | | 老师测评 | |
|---|---|---|---|---|---|---|---|---|
| | | | | | 自测 | 得分 | 检测 | 得分 |
| 1 | 直径 | $\phi$30mm | 15 | 超差不得分 | | | | |
| 2 | 直径 | $\phi$60mm | 15 | 超差不得分 | | | | |
| 3 | 长度 | 9.25mm | 10 | 超差不得分 | | | | |
| 4 | 长度 | 8.75mm | 10 | 超差不得分 | | | | |
| 5 | 倒角 | $C$1 两处 | 8 | 超差不得分 | | | | |
| 6 | 表面质量 | $Ra$1.6μm 两处 | 6 | 超差不得分 | | | | |
| 7 | | 去除毛刺飞边 | 6 | 未处理不得分 | | | | |
| 8 | 时间 | 工件按时完成 | 10 | 未按时完成不得分 | | | | |
| 9 | 现场操作规范 | 安全操作 | 10 | 违反操作规程按程度扣分 | | | | |
| 10 | | 工量具使用 | 5 | 工量具使用错误，每项扣 2 分 | | | | |
| 11 | | 设备维护保养 | 5 | 违反维护保养规程，每项扣 2 分 | | | | |
| 12 | 合计(总分) | | 100 | 机床编号 | 总得分 | | | |
| 13 | 开始时间 | | 结束时间 | | 加工时间 | | | |

## 【工作评价与鉴定】

**1. 评价**（90%，表 2-8）

表 2-8 综合评价表

| 项目 | 出勤情况（10%） | 工艺编制、编程（20%） | 机床操作能力（10%） | 零件质量（30%） | 职业素养（20%） | 成绩合计 |
|---|---|---|---|---|---|---|
| 个人评价 | | | | | | |
| 小组评价 | | | | | | |
| 教师评价 | | | | | | |
| 平均成绩 | | | | | | |

2. 鉴定（10%，表 2-9）

表 2-9　实训鉴定表

| | |
|---|---|
| 自我鉴定 | 通过本节课我有哪些收获：<br>学生签名：________<br>____年____月____日 |
| 指导教师鉴定 | 指导教师签名：________<br>____年____月____日 |

# 任务二　加工芯轴右端导柱

## 【任务要求】

任务一已经完成了芯轴左端阶梯轴的加工，本任务要求完成芯轴零件右端外圆部分的加工，如图 2-12 所示的导柱零件，材料为 45＃钢，毛坯为 $\phi$65mm×95mm，请根据图纸要求，合理制订加工工艺，安全操作机床，达到规定的精度和表面质量要求。

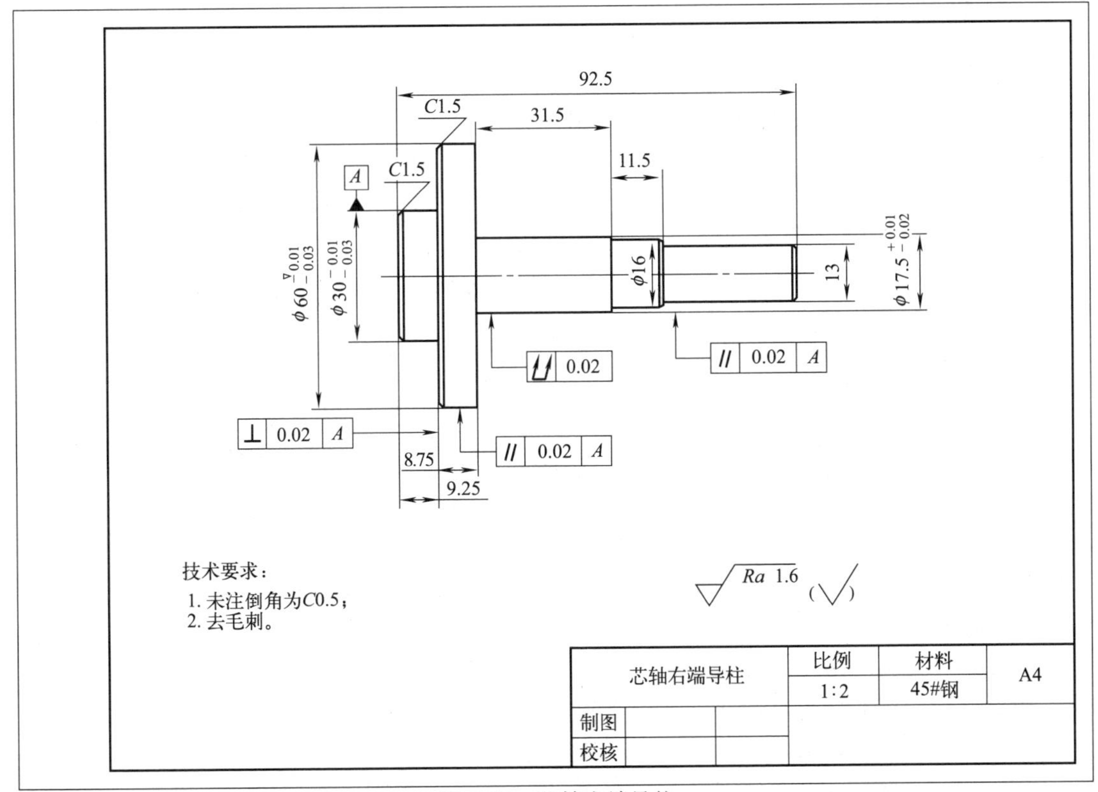


图 2-12　芯轴右端导柱

## 【任务准备】

完成该任务需要准备的实训物品，如表 2-10 所示。

表 2-10　实训物品清单

| 序号 | 实训资源 | 种类 | 数量 | 备注 |
|---|---|---|---|---|
| 1 | 机床 | CKA6150 型数控车床 | 6 台 | 或者其他数控车床 |
| 2 | 参考资料 | 《数控车床使用说明书》<br>《FANUC 0i-TC 车床编程手册》<br>《FANUC 0i-TC 车床操作手册》<br>《FANUC 0i-TC 车床连接调试手册》 | 各 6 本 | |
| 3 | 刀具 | 90°外圆车刀 | 6 把 | |
| 4 | 量具 | 0～150mm 游标卡尺 | 6 把 | |
| | | 0～100mm 千分尺 | 6 套 | |
| | | 百分表 | 6 块 | |
| 5 | 辅具 | 百分表架 | 6 套 | |
| | | 内六角扳手 | 6 把 | |
| | | 套管 | 6 把 | |
| | | 卡盘扳手 | 6 把 | |
| | | 毛刷 | 6 把 | |
| 6 | 材料 | 45＃钢 | 6 根 | |
| 7 | 工具车 | | 6 辆 | |

## 【相关知识】

### 一、基础知识

#### 1. 外圆锥面加工编程的工艺知识

如图 2-13 所示，常用的圆台参数有：圆锥台最大直径 $D$，圆锥台最小直径 $d$，圆锥台长度 $L$，圆锥、半角，锥度 $C$。

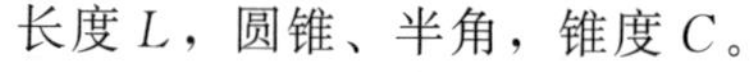

图 2-13　圆台

锥度是锥台最大直径和最小直径差值与圆锥台长度 $L$ 的比值，即 $C=(D-d)/L$。

#### 2. 外圆锥加工的编程方法

（1）刀尖圆弧自动补偿功能　编程时，通常都将车刀刀尖作为一点来考虑，但实际上刀尖处存在圆角，如图 2-14 所示。当用按理论刀尖点编程的程序进行端面、外径、内径等与轴线平行或垂直的表面加工时，是不会产生误差的。但在进行倒角、锥面及圆弧切削时，则会产生少切或过切现象，如图 2-15 所示。具有刀尖圆弧自动补偿功能的数控系统能根据刀尖圆弧半径计算出补偿量，避免少切或过切现象的产生。

（2）刀尖圆弧半径补偿指令

指令格式：G01/G00 G40 X(U)__ Z(W)__；

G01/G00 G41 X(U)__ Z(W)__；

G01/G00 G42 X(U)__ Z(W)__；

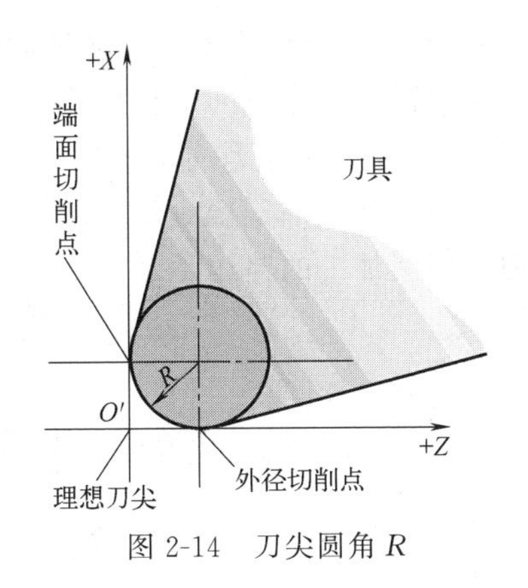


图 2-14　刀尖圆角 R

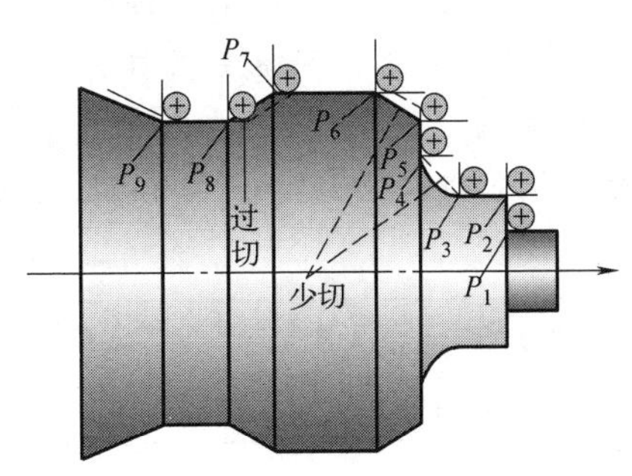


图 2-15　刀尖圆角 R 造成的少切与过切

指令功能：G40 为取消刀尖圆弧半径补偿；

G41 为刀尖圆弧半径左补偿；

G42 为刀尖圆弧半径右补偿。

指令说明：前刀架顺着刀具运动方向看，刀具在工件的左边为刀尖圆弧半径左补偿，刀具在工件的右边为刀尖圆弧半径右补偿。只有通过刀具的直线运动才能建立和取消刀尖圆弧半径补偿，如图 2-16 所示。

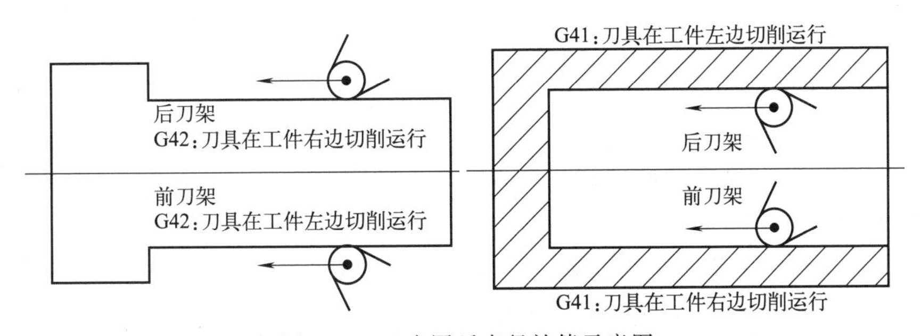


图 2-16　刀尖圆弧半径补偿示意图

注意：

① G41 指令、G42 指令、G40 指令只能与 G01 指令、G00 指令结合编程，不允许与 G02 指令、G03 指令等其他指令结合编程，否则车床报警。

② 在编入 G41 指令、G42 指令、G40 指令的 G01 指令、G00 指令前后的两个程序段中，X、Z 值至少有一个值是变化的，否则车床报警。

③ 在调用新的车刀前，必须取消刀具补偿，否则车床报警。

④ 在使用 G40 指令前，刀具必须已经离开工件加工表面。

补偿的原则取决于刀尖圆弧中心的动向，它总是与切削表面法向的半径矢量不重合。因此，补偿的基准点是刀尖中心。通常，刀具长度和刀尖半径的补偿是按一个假想的刀刃为基准，因此为测量带来一些困难。把这个原则用于刀具补偿，应当分别以 X 和 Z 的基准点来测量刀具长度，刀尖半径 R，以及用于假想刀尖半径补偿所需的刀尖形式号 0～8。刀尖方向代码，如图 2-17。这些内容应当在加工前输入刀具偏置表中，进入刀具偏置页面，将刀尖圆弧半径值输入 R 地址中，刀尖方向代码输入 T 地址中。

### 3. 外圆粗加工复合循环 G71 指令

指令功能：切除棒料毛坯大部分加工余量，切削沿平行 Z 轴方向进行，如图 2-18 所示，

$A$ 为循环起点，$A—A'—B$ 为精加工路线。使用该循环指令编程，首先要确定循环起点 $A$、切削始点 $A'$和切削终点 $B$ 的坐标位置。为节省数控机床的辅助工作时间，从换刀点至循环起点 $A$ 使用 G00 指令快速定位指令，循环起点 $A$ 的 X 坐标位于毛坯尺寸之外。$A'—B$ 是工件的轮廓线，$A—A'—B$ 为精加工路线，粗加工时刀具从 $A$ 点后退 $\Delta u/2$、$\Delta w$，即自动留出精加工余量。顺序号 $n_s$ 至 $n_f$ 之间的程序段描述刀具切削加工的路线。

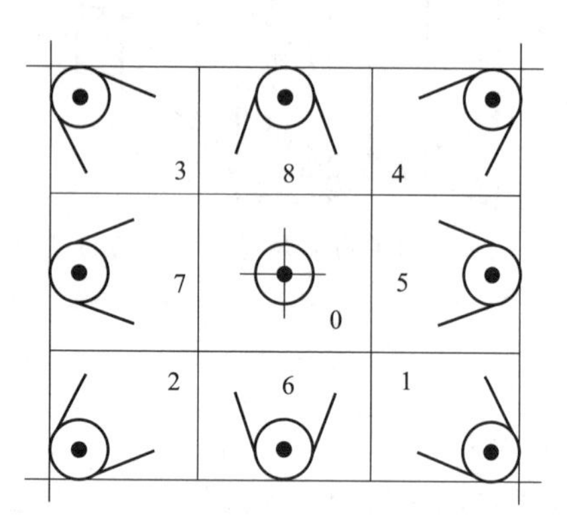

图 2-17　刀尖方向代码

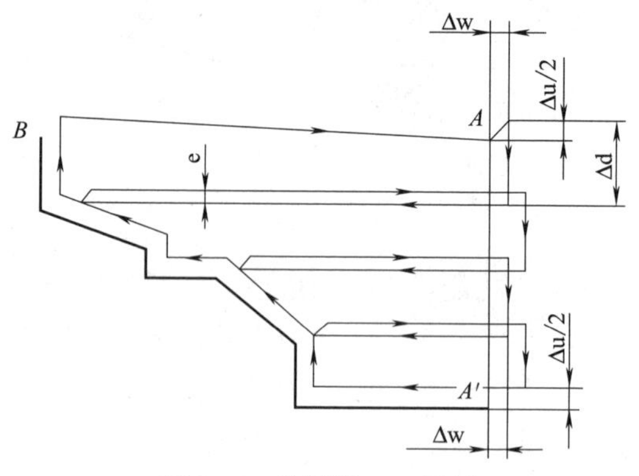

图 2-18　外圆粗加工循环

指令格式：G71　U$\underline{\Delta d}$　R$\underline{e}$；

G71　P $\underline{ns}$ Q $\underline{nf}$ U $\underline{\Delta u}$ W $\underline{\Delta w}$；

指令说明：$\Delta d$ 表示每次切削深度（半径值），无正负号；

e 表示退刀量（半径值），无正负号；

$n_s$ 表示精加工路线第一个程序段的顺序号；

$n_f$ 表示精加工路线最后一个程序段的顺序号；

$\Delta u$ 表示 $X$ 方向的精加工余量，直径值；

$\Delta w$ 表示 $Z$ 方向的精加工余量。

使用 G71 指令时需要注意的问题：

① G71 指令中关键的参数切削深度 U 要选择适当值，当 U 过大时会产生扎刀，U 过小时生产效率低，特别应该注意 U 为半径值并且 U 后面的数值必须有小数点；

② R 退刀量不能为 0，通常取 0.5～1mm；

③ $\Delta u$ 为 $X$ 方向精加工余量，通常取 0.3～0.5mm（直径值）；

④ $\Delta w$ 为 $Z$ 方向的精加工余量，通常取 0.03～0.05mm；

⑤ 在程序中的 $n_s$、$n_f$ 精加工路线第一个和最后一个程序段的顺序号要与指令中的顺序号相对应。

**4. 精加工循环**

由 G71 指令完成粗加工后，可以用 G70 指令进行精加工。精加工时，G71 指令程序段中的 F、S、T 指令无效，只有在 $n_s$～$n_f$ 程序段中的 F、S、T 指令才有效。

编程格式：G70　P($n_s$)　Q($n_f$)　。

指令说明：$n_s$ 为精加工轮廓程序段中开始程序段的段号；

$n_f$ 为精加工轮廓程序段中结束程序段的段号。

例：如图 2-19 所示，在 G71 指令程序例中的 $n_f$ 程序段后再加上“G70 P$n_s$ Q$n_f$”程序段，并在 $n_s$～$n_f$ 程序段中加上精加工适用的 F、S、T 指令，就可以完成从粗加工到精加工

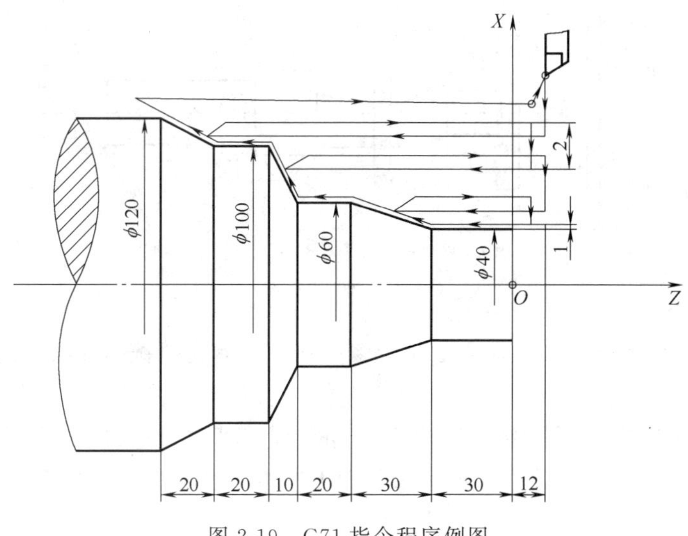


图 2-19　G71 指令程序例图

的全过程。

## 二、相关工艺知识

### 1. 轴的用途和分类

轴的功用：支撑回转零件，并传递运动和动力。

按承受载荷分类，可分为：转轴，既承受弯矩，又传递扭矩的轴；芯轴，只承受弯矩，不承受扭矩的轴；传动轴，只传递扭矩，不承受弯矩的轴。

按轴的形状分类，可分为直轴和曲轴。其中直轴可分为：光轴，形状简单，加工容易，应力集中小的轴；阶梯轴，与光轴相反，用于转轴的轴。

### 2. 轴类零件的装夹与定位

（1）自定心卡盘（俗称三爪卡盘）装夹　特点：自定心卡盘装夹工件方便、省时，但夹紧力没有单动卡盘大。用途：适用于装夹外形规则的中、小型工件。

（2）单动卡盘（俗称四爪卡片）装夹　特点：单动卡盘找正比较费时，但夹紧力较大。用途：适用于装夹大型或形状不规则的工件。

（3）一夹一顶装夹　特点：为了防止由于进给力的作用而使工件产生轴向位移，可在主轴前端锥孔内安装一限位支承，如图 2-20。也可利用工件的台阶进行限位，如图 2-21 所示。用途：这种方法装夹安全可靠，能承受较大的进给力，应用广泛。

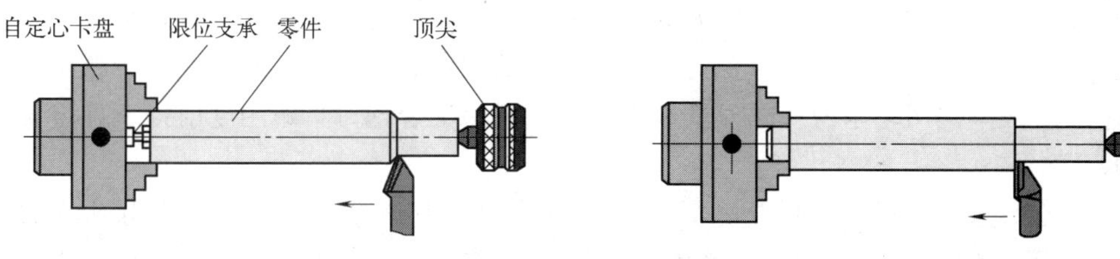


图 2-20　一夹一顶带限位支承

图 2-21　一夹一顶台阶限位

（4）用两顶尖装夹　特点：两顶尖装夹工件方便，不需找正，定位精度高；但比一夹一顶装夹的刚度低，影响了切削用量的提高，如图 2-22 所示。用途：适用于较长的或必须经

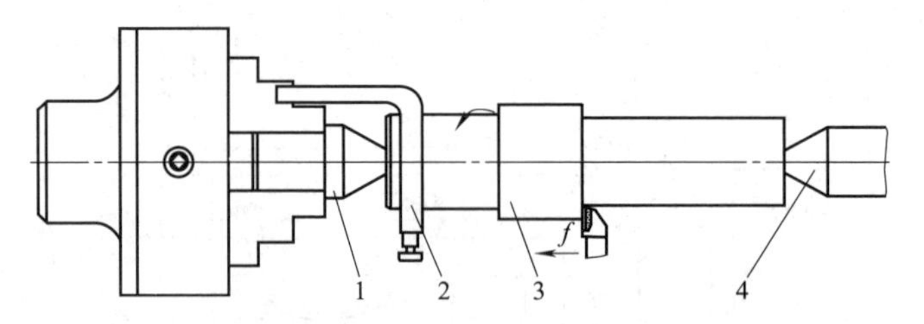


1—前顶尖；2—鸡心夹头；3—工件；4—后顶尖

图 2-22　两顶尖装夹

过多次装夹后才能加工好的工件，或工序较多，在车削后还要铣削或磨削的工件。

**3. 切削用量**

在一般加工中，切削用量包括切削速度、进给量、背吃刀量这三个要素。

（1）切削速度 $V_c$　切削刃上选定点相对于工件的主运动的瞬时速度。计算公式如下：

$$V_c = \pi dn/1000$$

式中　$V_c$——切削速度，m/s；

$d$——工件待加工表面直径，mm；

$n$——工件转速，r/s。

在计算时应以最大的切削速度为准，如车削时以待加工表面直径的数值进行计算，因为此处速度最高，刀具磨损最快。

（2）进给量 $f$　工件或刀具每转一周，刀具与工件在进给运动方向上的相对位移量。进给速度 $V_f$ 是指切削刃上选定点相对工件进给运动的瞬时速度。

$$V_f = fn$$

式中　$V_f$——进给速度，mm/min；

$n$——主轴转速，r/s；

$f$——进给量，mm。

（3）背吃刀量 $a_p$　通过切削刃基点并垂直于工作平面方向上测量的吃刀量。根据此定义，如在纵向车圆时，其背吃刀量可按下式计算：

$$a_p = (d_w - d_m)/2$$

式中　$d_w$——工件待加工表面直径，mm；

$d_m$——工件加工后直径，mm。

**4. 切削用量的选择**

切削用量三要素中影响刀具耐用度的要素首先是切削速度，其次是进给量，最后是背吃刀量。所以在粗加工中应优先考虑用大的背吃刀量，其次考虑用大的进给量，最后选择合理的切削速度。半精加工和精加工时首先要保证加工精度和表面质量，同时也要兼顾耐用度和生产效率，一般多选用较小的背吃刀量和进给量，在保证合理刀具耐用度前提下确定合理的切削速度。

（1）背吃刀量的选择　背吃刀量 $a_p$ 的选择按零件的加工余量而定，在中等功率的机床上，粗加工可达 4～8mm，在保留后续的加工余量的前提下，尽可能地一次走刀完成。当采用不重磨刀具时，背吃刀量所形成的实际切削刃长度不宜超过总切削刃的三分之二。

（2）进给量的选择　粗加工时进给量 $f$ 的选择按刀杆强度和刚度、刀片强度、机床功率和转矩许可的条件，选择一个最大值，精加工时，在获得良好的表面粗糙度的前提下选一个较大值。

(3) 切削速度的选择 在背吃刀量 $a_p$ 和进给量 $f$ 已定的基础上，再按选定的耐用度值确定切削速度。

5. 轴类零件加工的工艺路线

外圆加工的方法很多，基本加工路线可归纳为四条。

① 粗车—半精车—精车。对于一般常用材料，这是外圆表面加工采用的最主要的工艺路线。

② 粗车—半精车—粗磨—精磨。对于黑色金属材料，精度要求高和表面粗糙度要求较小、零件需要淬硬时，其后续工序只能采用磨削的加工路线。

③ 粗车—半精车—精车—金刚石车。对于有色金属，用磨削加工通常不易得到所要求的表面粗糙度，因为有色金属一般比较软，容易堵塞沙粒间的空隙，因此其最终工序多用精车和金刚石车。

④ 粗车—半精—粗磨—精磨—光整加工。对于黑色金属材料的淬硬零件，精度要求高和表面粗糙度要求很小，常用此加工路线。

## 【任务实施】

1. 工艺分析

① 该零件毛坯为 $\phi$65mm×95mm 的 45＃钢料，左端已经加工完成，加工右端，在实际操作过程中需要采用一夹一顶的装夹方式进行零件加工。

② 由于零件的圆柱尺寸要求较高，所以要分粗、精加工以保证零件的表面质量和尺寸精度。

2. 根据图样填写芯轴右端导柱加工工艺卡（表 2-11）

表 2-11 芯轴右端导柱加工工艺卡

| 零件名称 | | 材料 | 设备名称 | | 毛坯 | | | | |
|---|---|---|---|---|---|---|---|---|---|
| 芯轴 | | 45＃ | CKA6150 | | 种类 | 钢 | 规格 | $\phi$65mm×95mm | |
| 任务内容 | | | 程序号 | | O2011 | 数控系统 | FANUC 0i-TC | | |
| 工序号 | 工步 | 工步内容 | | 刀号 | 刀具名称 | 主轴转速 $n$/(r/min) | 进给量 $f$/(mm/r) | 背吃刀量 $a_p$/(mm/r) | 余量/mm | 备注 |
| | 1 | 粗加工外圆各表面 | | 1 | 90°外圆车刀 | 800 | 0.2 | 2.0 | 0.5 | |
| | 2 | 精加工外圆各表面 | | 1 | 90°外圆车刀 | 1000 | 0.08 | 0.5 | 0 | |
| 编制 | | | | | 教师 | | | 共 1 页 | 第 1 页 | |

3. 准备材料、设备及工量具（表 2-12）

表 2-12 准备材料、设备及工量具

| 序号 | 材料、设备及工量具名称 | 规 格 | 数 量 |
|---|---|---|---|
| 1 | 45＃ | $\phi$65mm×95mm | 6 块 |
| 2 | 数控车床 | CKA6150 | 6 台 |
| 3 | 千分尺 | 50～75mm | 6 把 |
| 4 | 千分尺 | 25～50mm | 6 把 |
| 5 | 游标卡尺 | 0～150mm | 6 把 |
| 6 | 90°外圆车刀 | 25mm×25mm | 6 把 |
| 7 | 3mm 槽刀 | 25mm×25mm | 6 把 |

### 4. 加工参考程序

根据 FANUC 0i-TC 编程要求制订的加工工艺，编写零件加工程序如（参考）表 2-13：

表 2-13 芯轴右端导柱加工程序

| 程序段号 | 程序内容 | 说明注释 |
|---|---|---|
| N10 | O2011 | 程序号 |
| N20 | G97 G99 S800 M03 F0.2 | 转速 800r/min，进给设定为 0.2mm/r |
| N30 | T0101 | 1 号刀具，1 号刀补 |
| N40 | G00 X67. Z2. | 刀具加工循环起点 |
| N50 | G71 U2.0 R1.0 | 切削深度 2mm，退刀量 1mm |
| N60 | G71 P70 Q160 U0.5 W0.05 | $X$ 向精加工余量为 0.5mm，$Z$ 向精加工余量为 0.05mm |
| N70 | G00 X13S 800 | 精加工起始段 |
| N80 | G01 Z−31.5 F0.08 | |
| N90 | X15. | |
| N100 | W−11.5 | |
| N110 | X17.5 | |
| N115 | W−31.5 | |
| N120 | X60 C1 | |
| N160 | G00 X67. | 精加工结束段 |
| N170 | X200.0 Z100.0 | 退刀 |
| N180 | M00 | 程序停止 |
| N190 | S1000 M03 F0.08 | 转速 1000r/min，进给设定为 0.08mm/r |
| N200 | T0101 | 1 号刀具，1 号刀补 |
| N210 | G00 X67.0 Z2.0 | 刀具加工循环起点 |
| N220 | G70 P70 Q160 | 精加工 |
| N230 | X200.0 Z100.0 | 退刀 |
| N240 | M30 | 程序结束 |

### 5. 仿真加工

用数控仿真软件，FANUC 0i-TC 数控系统进行程序录入及程序仿真加工的步骤如表 2-14 所示。

表 2-14 FANUC 0i-TC 程序录入及程序仿真加工操作

| 步骤 | 操作过程 | 图 示 |
|---|---|---|
| 安装毛坯 | 零件的左端已经加工完成，选择机床操作，单击工件调头 | |

续表

| 步骤 | 操作过程 | 图　示 |
|---|---|---|
| 保证零件总长 | 将刀具调整到靠近工件的位置，切端面，测量零件长度，将多余的长度切除 | 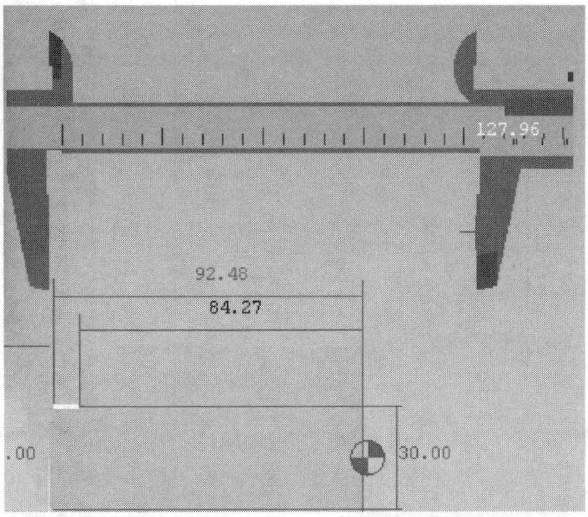 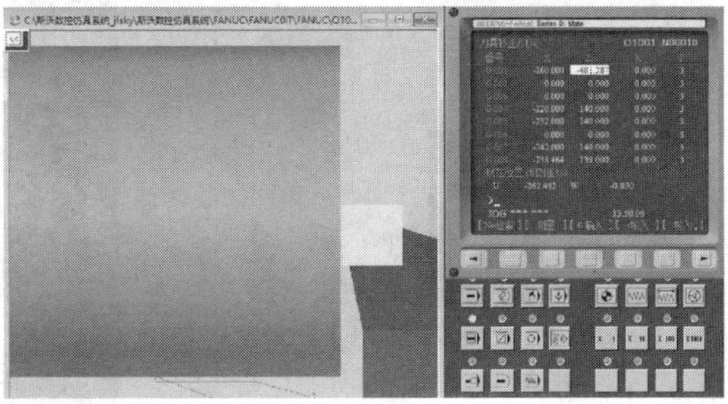 |
| 仿真对刀 | 1. 在手动操作方式下，用所选刀具在加工余量范围内试切工件外圆，记下此时显示屏中的X坐标值，记为Xa。（注意：数控车床显示和编程的X坐标一般为直径值）。在刀具补偿界面1号刀补输入Xa值，单击[测量]软键完成X向对刀。<br>2. 用刀具将材料多余的长度切除，在刀具补偿界面1号刀补输入Z0值，单击[测量]软键完成Z向对刀 | 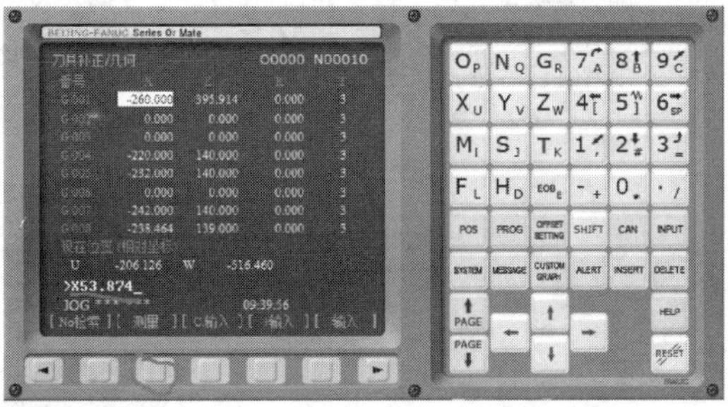 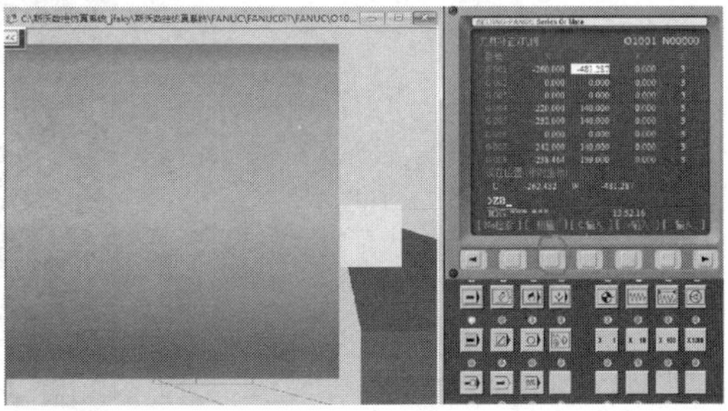 |

续表

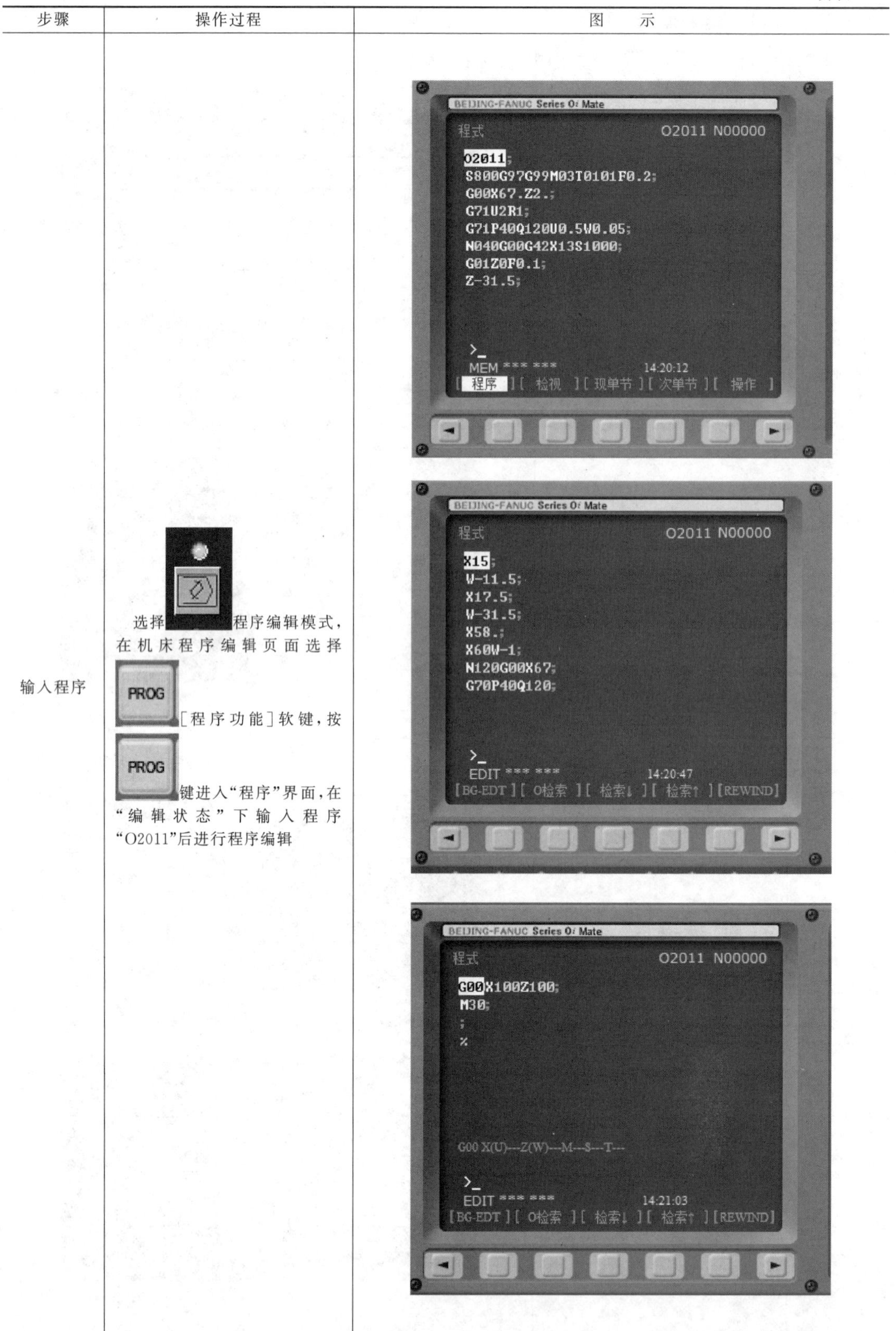


| 步骤 | 操作过程 | 图示 |
| --- | --- | --- |
| 输入程序 | 选择程序编辑模式，在机床程序编辑页面选择 PROG [程序功能]软键，按 PROG 键进入“程序”界面，在“编辑状态”下输入程序“O2011”后进行程序编辑 | |

续表

| 步骤 | 操作过程 | 图示 |
| --- | --- | --- |
| 仿真加工 | 选择"自动运行"状态，按"循环启动"按钮进行零件加工，运行程序，加工零件完成后，检查尺寸是否正确  | 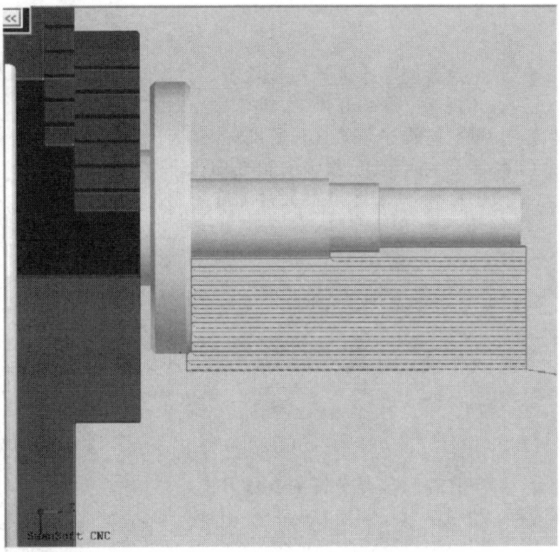 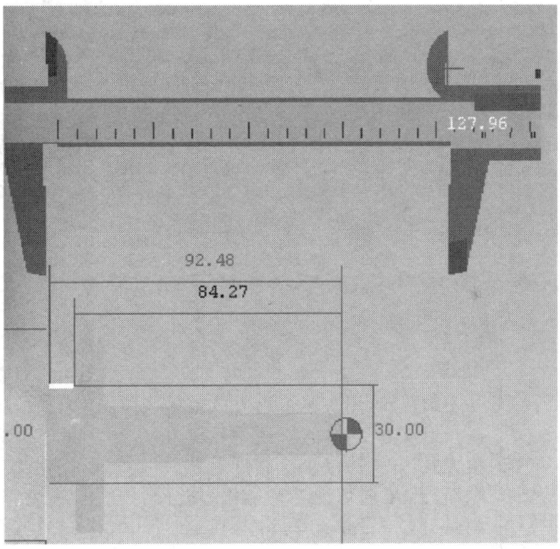 |

### 6. 加工零件

加工零件操作步骤如表2-15所示。

企业生产安全操作提示：

① 模拟结束以后一定要先回零后加工。

② 加工时选择单段运行程序，确认定位点无误后开始加工。

③ 开始加工时，倍率开关选择小倍率。

④ 单人操作加工，加工时一定要关上防护门。

⑤ 安装毛坯及测量工件时，机床须处于编辑模式。

⑥ 安装刀具车时，车刀刀尖必须与工件中心等高，否则会引起刀具的损坏。

表 2-15　加工零件步骤

| 步骤 | 操作过程 | 图　　示 |
| --- | --- | --- |
| 采用一夹一顶装夹零件毛坯 | 对数控车床进行安全检查，打开机床电源并开机，在机床索引页面按程序开关打开后，将左端装夹到卡盘上，用顶尖顶住右端中心孔，用三爪卡盘夹紧工件 |  |
| 安装车刀 | 将外圆车刀安装在1号刀位，利用垫刀片调整刀尖高度，并使用顶尖检验刀尖高度位置 |   |
| 试切法 $Z$ 轴对刀 | 主轴正转，用快速进给方式控制车刀靠近工件，然后用手轮进给方式×10挡位慢速靠近毛坯端面，沿 $X$ 向切削毛坯端面，切削量约0.5mm，刀具切削到毛坯中心，沿 $X$ 向退刀。按 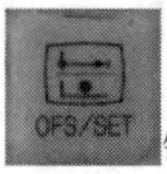 OFS/SET 键切换至刀补测量页面，光标在01号刀补位置输入“Z0”后按[测量]软键，完成 $Z$ 轴对刀 |  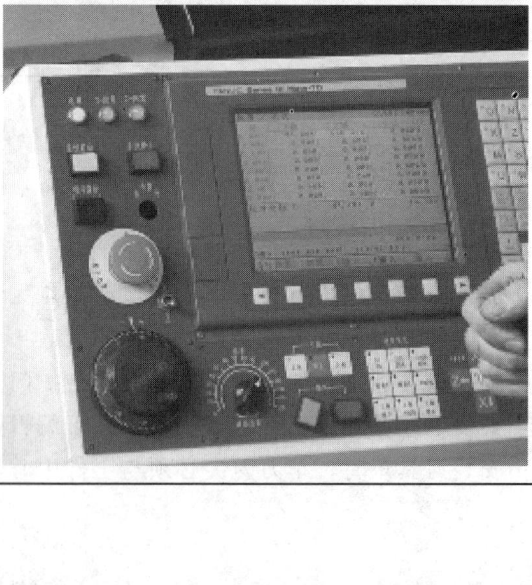 |

续表

| 步骤 | 操作过程 | 图　示 |
| --- | --- | --- |
| 试切法<br>$X$ 轴对刀 | 主轴正转，手动控制车刀靠近工件，然后手轮方式×10 挡位慢速靠近工件 $\phi$65mm 外圆面，沿 $Z$ 向切削毛坯料约 1mm，切削长度以方便卡尺测量为准，沿 $Z$ 向退出车刀，主轴停止，测量工件外圆，按 OFS/SET 键切换至刀补测量页面，光标在 01 号刀补位置输入测量值“X62.22”后按[测量]软键，完成 $X$ 轴对刀 | <br><br>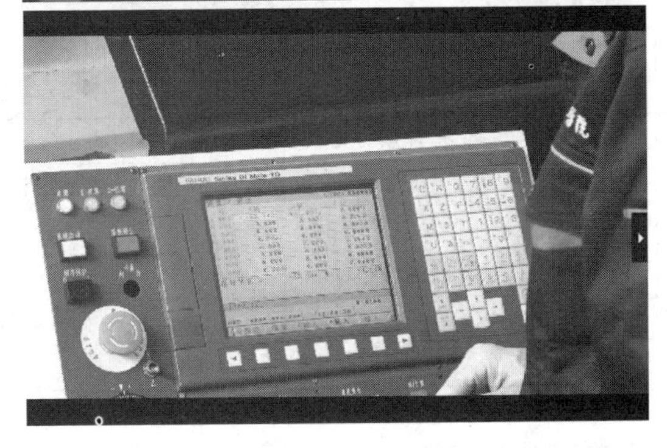 |
| 运行程序<br>加工工件 | 手动方式将刀具退出一定距离，按 PROG 键进入程序界面，检索到“O2011”程序，选择单段运行方式，按“循环启动”按钮，开始程序自动加工，当车刀完成一次单段运行后，可以关闭单段模式，让程序连续运行 |  |

续表

| 步骤 | 操作过程 | 图示 |
| --- | --- | --- |
| 测量工件修刀补并精车工件 | 程序运行结束后，用千分尺测量零件外径尺寸，根据实测值计算出刀补值，对刀补进行修整。按“循环启动”按钮，再次运行程序，完成工件加工，并测量各尺寸是否符合图纸要求 | |

## 【任务检测】

小组成员分工检测零件，并将检测结果填入表2-16中。

表2-16 零件检测表

| 序号 | 检测项目 | 检测内容 | 配分 | 检测要求 | 学生自评 | | 老师测评 | |
| --- | --- | --- | --- | --- | --- | --- | --- | --- |
| | | | | | 自测 | 得分 | 检测 | 得分 |
| 1 | 直径 | $\phi$17.5mm | 10 | 超差不得分 | | | | |
| 2 | 直径 | $\phi$16mm | 10 | 超差不得分 | | | | |
| 3 | 直径 | $\phi$13.5mm | 10 | 超差不得分 | | | | |
| 4 | 长度 | 11.5mm | 10 | 超差不得分 | | | | |
| 5 | 长度 | 31.5mm | 10 | 超差不得分 | | | | |
| 6 | 长度 | 92.5mm | 10 | 超差不得分 | | | | |
| 7 | 表面质量 | $Ra$1.6两处 | 6 | 超差不得分 | | | | |
| 8 | | 去除毛刺飞边 | 4 | 未处理不得分 | | | | |
| 9 | 时间 | 工件按时完成 | 10 | 未按时完成不得分 | | | | |
| 10 | 现场操作规范 | 安全操作 | 10 | 违反操作规程按程度扣分 | | | | |
| 11 | | 工量具使用 | 5 | 工量具使用错误，每项扣2分 | | | | |
| 12 | | 设备维护保养 | 5 | 违反维护保养规程，每项扣2分 | | | | |
| 13 | 合计(总分) | | 100 | 机床编号 | | 总得分 | | |
| 14 | 开始时间 | | 结束时间 | | | 加工时间 | | |

## 【工作评价与鉴定】

1. **评价**（90%，表2-17）

表2-17 综合评价表

| 项目 | 出勤情况(10%) | 工艺编制、编程(20%) | 机床操作能力(10%) | 零件质量(30%) | 职业素养(20%) | 成绩合计 |
| --- | --- | --- | --- | --- | --- | --- |
| 个人评价 | | | | | | |
| 小组评价 | | | | | | |
| 教师评价 | | | | | | |
| 平均成绩 | | | | | | |

2. **鉴定**（10%，表 2-18）

表 2-18　实训鉴定表

| | |
|---|---|
| 自我鉴定 | 通过本节课我有哪些收获：<br>学生签名：________<br>____年____月____日 |
| 指导教师鉴定 | 指导教师签名：________<br>____年____月____日 |

# 任务三　加工芯轴沟槽

## 【任务要求】

任务一、二已经完成了芯轴的左、右端外圆轮廓的加工，本任务要求完成芯轴沟槽的加工，如图 2-23 所示，材料为 45＃钢，毛坯为已加工完成外圆的芯轴零件，请根据图纸要求，合理制订加工工艺，安全操作机床，达到规定的精度和表面质量要求。

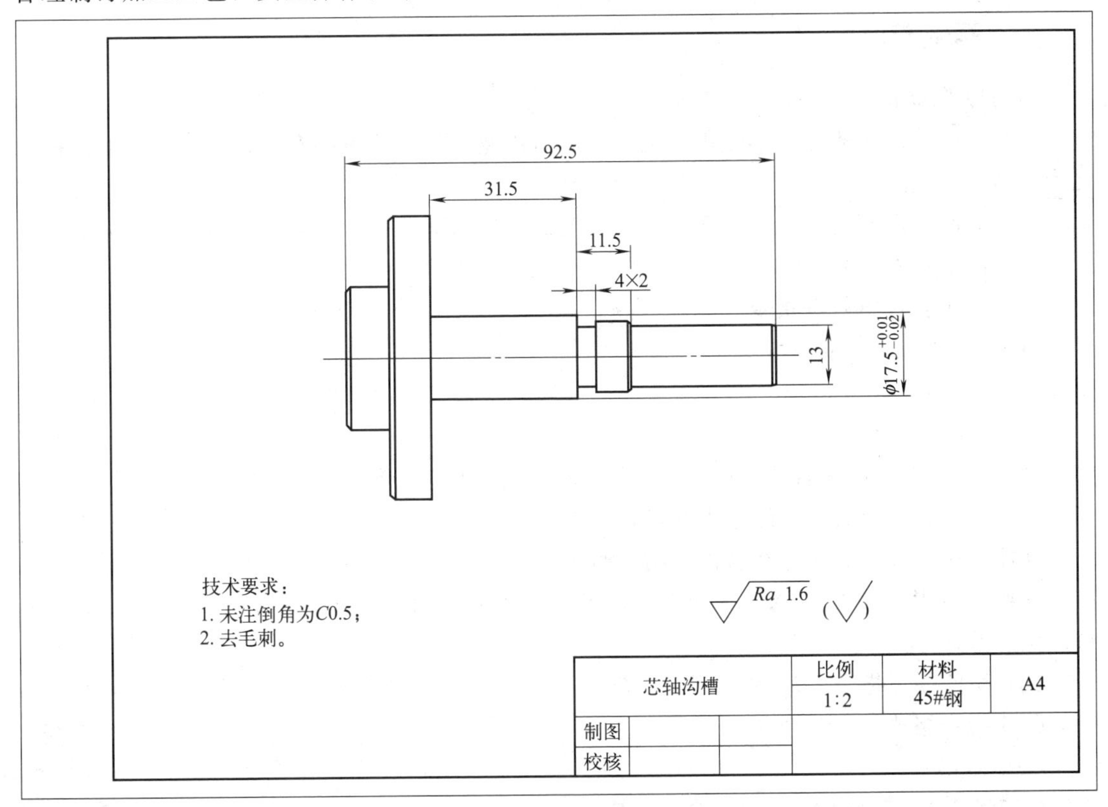


图 2-23　芯轴沟槽

## 【任务准备】

完成该任务需要准备的实训物品，如表 2-19 所示。

表 2-19　实训物品清单

| 序号 | 实训资源 | 种类 | 数量 | 备注 |
|---|---|---|---|---|
| 1 | 机床 | CKA6150 型数控车床 | 6 台 | 或者其他数控车床 |
| 2 | 参考资料 | 《数控车床使用说明书》<br>《FANUC 0i-TC 车床编程手册》<br>《FANUC 0i-TC 车床操作手册》<br>《FANUC 0i-TC 车床连接调试手册》 | 各 6 本 | |
| 3 | 刀具 | 2mm 切槽车刀 | 6 把 | |
| 4 | 量具 | 0～150mm 游标卡尺 | 6 把 | |
| | | 0～100mm 千分尺 | 6 套 | |
| | | 百分表 | 6 块 | |
| 5 | 辅具 | 百分表架 | 6 套 | |
| | | 内六角扳手 | 6 把 | |
| | | 套管 | 6 把 | |
| | | 卡盘扳手 | 6 把 | |
| | | 毛刷 | 6 把 | |
| 6 | 材料 | 45＃钢 | 6 根 | |
| 7 | 工具车 | | 6 辆 | |

## 【相关知识】

### 一、基础知识

槽的种类如下：

（1）窄槽　沟槽的宽度不大于刀宽，才用刀头宽度等于槽宽的车刀，一次车出的沟槽称之为窄槽。

（2）宽槽　沟槽的宽度大于切槽刀头宽度的槽称为宽槽。

（3）进给暂停指令：

G04 指令：进给暂停指令。

格式：G04　X＿；

　　　G04　U＿；

　　　G04　P＿；

说明：X、U、P 为暂停时间，X、U 后面可用小数点的数单位为 s；

　　　P 后面的数不允许用小数点，单位为 ms。

功能：执行该指令后进给暂停至指定时间后，继续执行下一段程序。

应用：常用于车槽、锪孔等加工，刀具对零件做短时间的无进给光整加工，以提高零件表面质量。

（4）切槽循环指令 G75：

G75 指令格式：

G75 R(e)；

G75 X(U)Z(W)P(Δi)Q(Δk)R(Δd)F(f)；

参数说明如图 2-24 所示：

e 为退刀量；

X 为 *B* 点的 X 坐标值；

U 为 *B* 点至 C 点的增量值；

Z 为 *C* 点的 Z 坐标值；

W 为 *A* 点至 B 点的增量值；

Δi 为 *X* 方向的切削深度（半径值）；

Δk 为 *Z* 方向的移动量；

Δd 为切削至底部的退刀量；

Δi 和 Δk 不需要正负号；

f 为进给速度。

## 二、相关工艺知识

### 1. 槽的加工方法

（1）窄槽的加工方法　用 G01 指令直进切削。精度要求较高时切制槽底后使用 G04 指令使刀具在槽底停留几秒钟，以光整槽底。

（2）宽槽的加工方法　加工宽槽要分几次进刀，每次车削轨迹在宽度上应略有重叠，并要留精加工余量，最后精车槽侧和槽底。

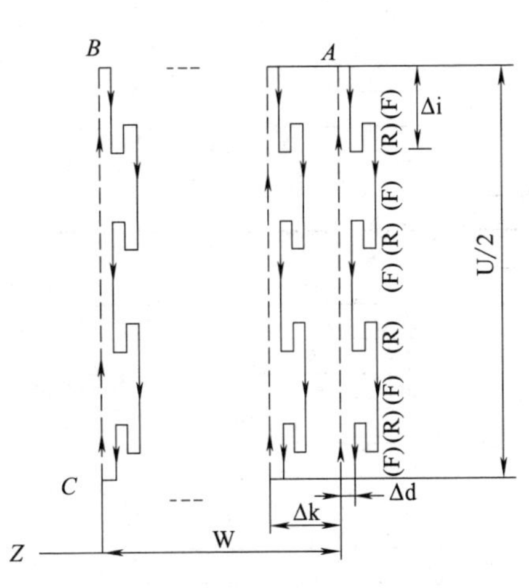

图 2-24　G75 切槽循环指令的刀具轨迹

### 2. 刀具的选择及刀位点的选择

切槽及切断选用切刀，切刀有左右两个刀尖及切削中心处的 3 个刀位点。其中常用的是左刀尖刀位点 1 和右刀尖刀位点 2 ，哪一个最合适要根据加工的具体情况确定。

### 3. 切槽与切断编程中应注意的问题

① 在整个加工程序中应采用同一个刀位点。

② 注意合理安排切槽后的退刀路线，避免刀具与零件碰撞造成车刀及零件的损坏。

③ 切槽时，刀刃宽度、切削速度和进给量都不宜太大。

## 【任务实施】

### 1. 工艺分析

① 该零件毛坯为 $\phi$65mm×95mm 的 45＃钢料，左端已经完成加工，加工右端，在实际操作过程中需要采用一夹一顶的装夹方式进行零件加工。

② 由于零件的圆柱尺寸要求较高，所以要分粗精加工以保证零件的表面质量和尺寸精度。

### 2. 根据图样填写芯轴沟槽加工工艺卡（表 2-20）

### 3. 准备材料、设备及工量具（表 2-21）

### 4. 加工参考程序

根据 FANUC 0i-TC 编程要求制订的加工工艺，编写零件加工程序如（参考）表 2-22。

表 2-20 芯轴沟槽加工工艺卡

| 零件名称 | | 材料 | 设备名称 | 毛坯 | | | | | |
|---|---|---|---|---|---|---|---|---|---|
| 芯轴 | | 45＃钢 | CKA6150 | 种类 | 钢 | 规格 | $\phi$65mm×95mm | | |
| 任务内容 | | | 程序号 | O1003 | 数控系统 | FANUC 0i-TC | | | |
| 工序号 | 工步 | 工步内容 | 刀号 | 刀具名称 | 主轴转速 $n$/(r/min) | 进给量 $f$/(mm/r) | 背吃刀量 $a_p$/(mm/r) | 余量/mm | 备注 |
| | 1 | 粗加工外圆各表面 | 1 | 90°外圆车刀 | 800 | 0.2 | 2.0 | 0.5 | |
| | 2 | 精加工外圆各表面 | 1 | 90°外圆车刀 | 1000 | 0.08 | 0.5 | 0 | |
| 编制 | | | | 教师 | | | 共 1 页 | 第 1 页 | |

表 2-21 准备材料、设备及工量具

| 序号 | 材料、设备及工量具名称 | 规格 | 数量 |
|---|---|---|---|
| 1 | 45＃钢 | $\phi$65mm×95mm | 6 块 |
| 2 | 数控车床 | CKA6150 | 6 台 |
| 3 | 千分尺 | 50～75mm | 6 把 |
| 4 | 千分尺 | 25～50mm | 6 把 |
| 5 | 游标卡尺 | 0～150mm | 6 把 |
| 6 | 90°外圆车刀 | 25mm×25mm | 6 把 |
| 7 | 2mm 槽刀 | 25mm×25mm | 6 把 |

表 2-22 芯轴沟槽加工程序

| 程序段号 | 程序内容 | 说明注释 |
|---|---|---|
| N10 | O1003 | 程序号 |
| N20 | G40G97G99 | 取消刀尖半径补偿，恒转速，转进给 |
| N30 | M03S600 | 转速 600r/min |
| N40 | T0202 | 2 号刀具，2 号刀补 |
| N50 | G00X20. Z-43. | 定位点 |
| N60 | G01X13 | |
| N80 | G04X3. | 暂停 3s |
| N90 | G00X100. Z10. | |
| N110 | M30 | |

## 5. 仿真加工

用数控仿真软件，FANUC 0i-TC 数控系统进行程序录入及程序仿真加工的步骤如表 2-23 所示。

表 2-23 FANUC 0i-TC 程序录入及程序仿真加工操作

| 步骤 | 操作过程 | 图示 |
|---|---|---|
| 安装毛坯 | 零件的外圆已经加工完成，本次任务是加工芯轴沟槽 | 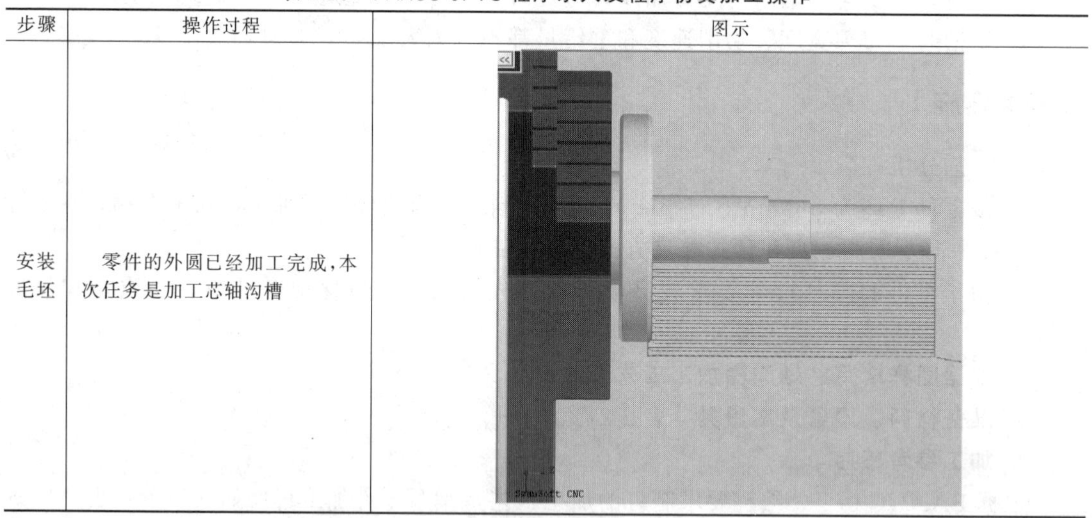 |

续表

| 步骤 | 操作过程 | 图示 |
| --- | --- | --- |
| 安装刀具 | 安装2mm宽的切槽刀 | 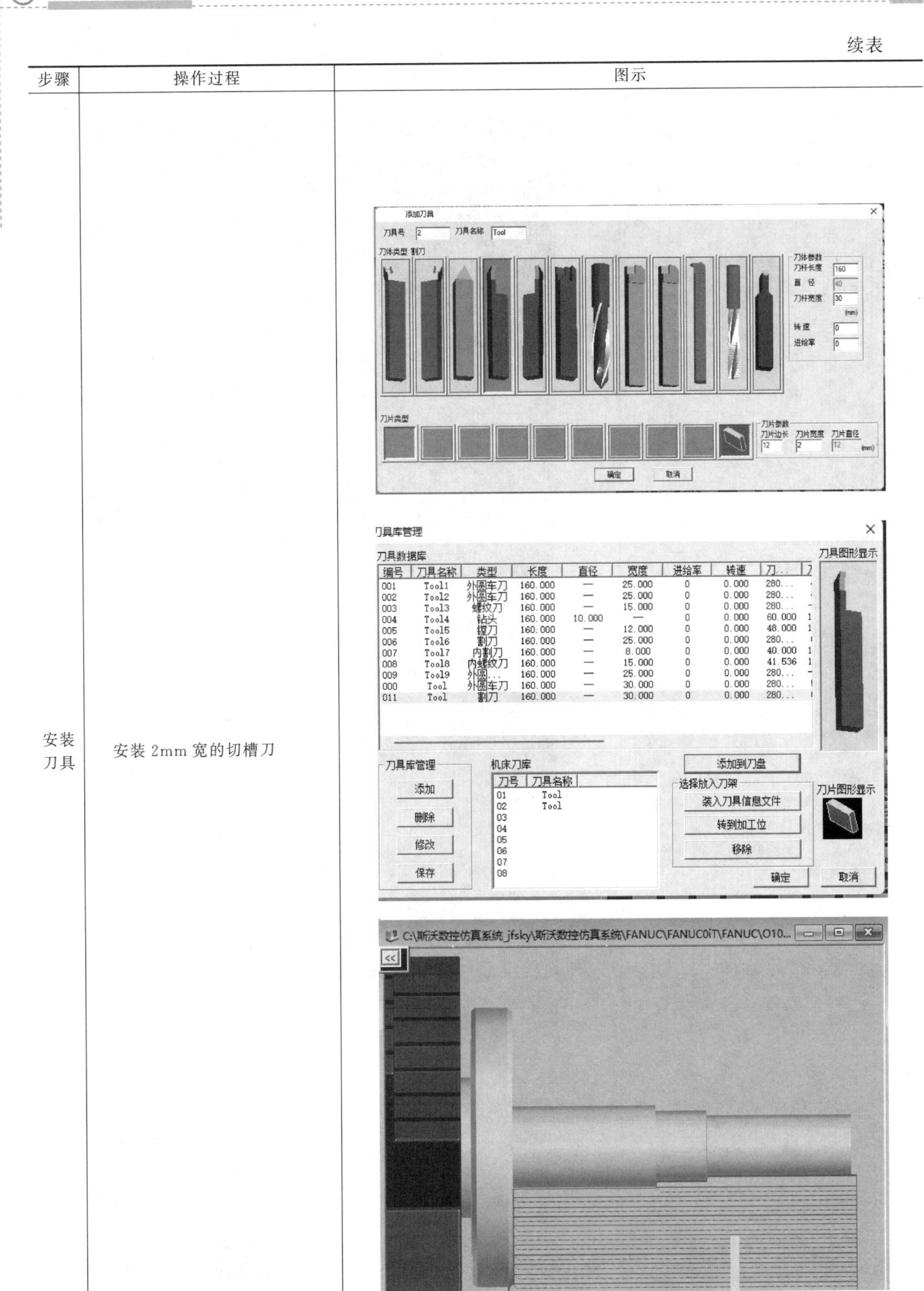 |

续表

| 步骤 | 操作过程 | 图示 |
|---|---|---|
| 仿真对刀 | 1. 在手轮操作方式下，用切槽刀靠近 $\phi$17.5mm 外圆端面，用 $Z$ 向 X1 挡位靠上，在刀具补偿界面 2 号刀补输入该处长度“Z－43.0”，按[测量]软键完成 $Z$ 向对刀。<br>2. 在手轮操作方式下，用切槽刀靠近 $\phi$15mm 外圆表面，用 $X$ 向 X1 挡位靠上外圆，在刀具补偿界面 2 号刀补输入该处直径×15，按[测量]软键完成 $X$ 向对刀 | 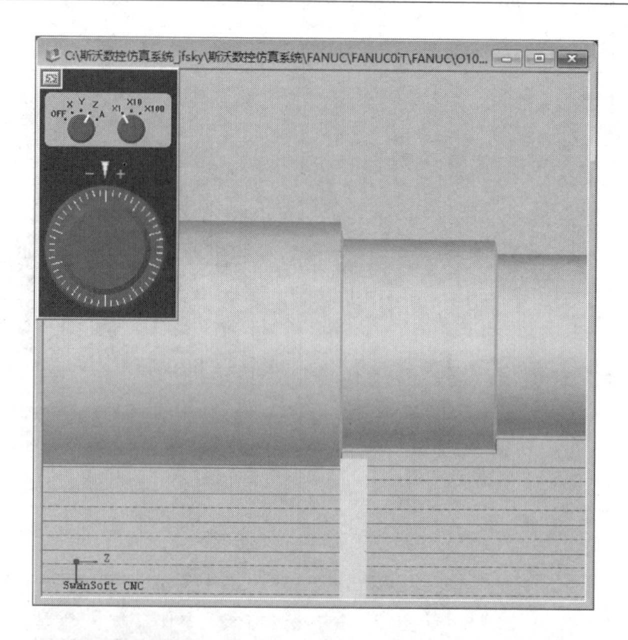 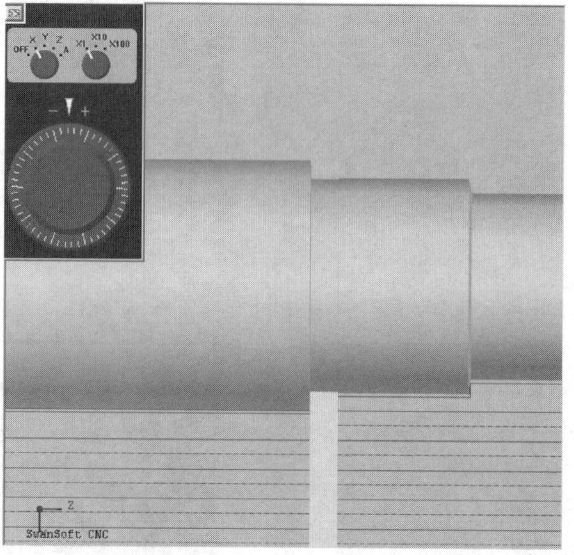 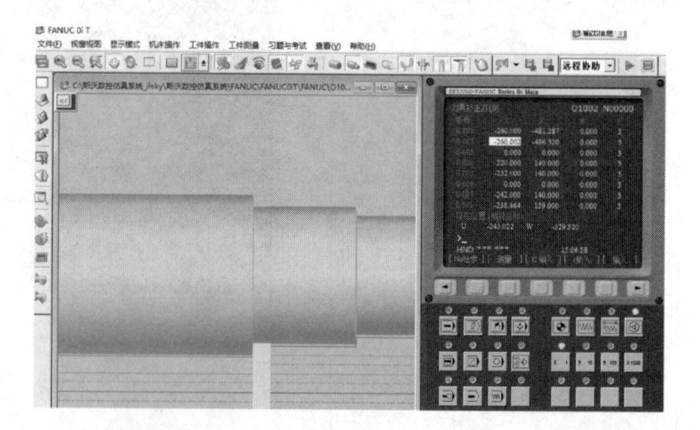 |

续表

| 步骤 | 操作过程 | 图示 |
| --- | --- | --- |
| 输入程序 | 选择程序编辑模式，在机床程序编辑页面选择PROG程序功能软键，按PROG键进入“程序”界面，在“编辑状态”下输入程序“O1003”后进行程序编辑 | 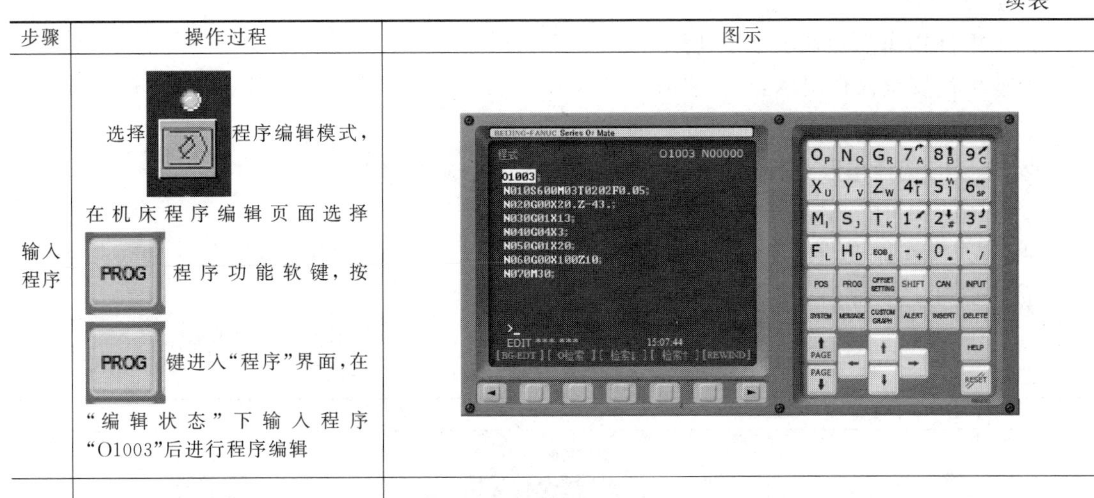 |
| 仿真加工 | 选择“自动运行”状态，按“循环启动”键进行零件加工，按“循环启动”按钮运行程序，加工零件完成后，检查尺寸是否正确 | 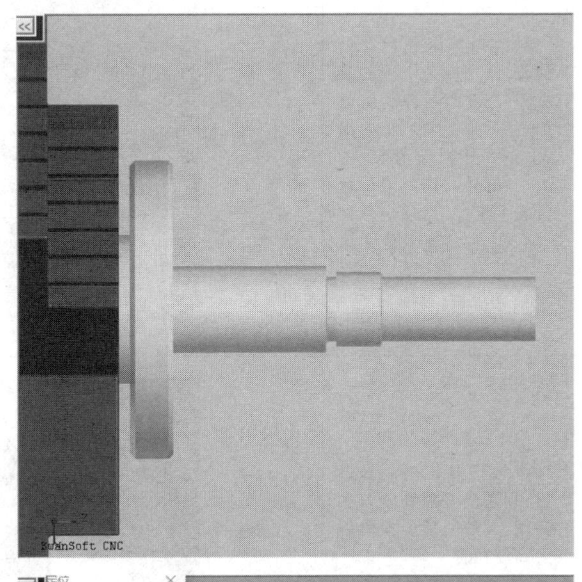 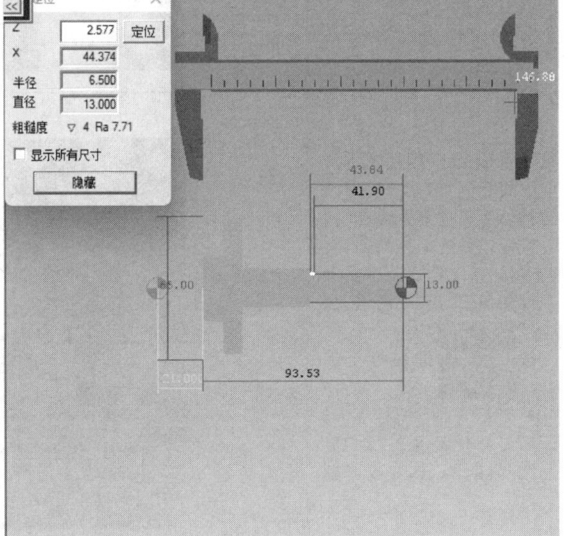 |

6. **加工零件**

加工零件操作步骤如表 2-24 所示。

企业生产安全操作提示：

① 模拟结束以后一定要先回零后加工。

② 加工时选择单段运行程序，确认定位点无误后开始加工。

③ 开始加工时，倍率开关选择小倍率。

④ 单人操作加工，加工时一定要关上防护门。

⑤ 安装毛坯及测量工件时，机床需处于编辑模式。

⑥ 安装刀具车时，车刀刀尖必须与工件中心等高，否则会引起刀具的损坏。

**表 2-24 加工零件步骤**

| 步骤 | 操作过程 | 图示 |
| --- | --- | --- |
| 装夹零件毛坯 | 对数控车床进行安全检查，采用一夹一顶的装夹方式装夹工件。将已加工完成的芯轴左端 $\phi$30mm 外圆作为夹头，$\phi$60mm 外圆作为限位台阶装夹定位，用顶尖顶住中心孔，用三抓卡盘夹紧 |  |
| 安装切槽刀 | 将切槽刀装在 2 号刀位，利用垫刀片调整刀尖高度，并使用顶尖检验刀尖高度位置 |  |
| 槽刀试切法 $Z$ 轴对刀 | 主轴正转，用快速进给方式控制车刀靠近工件，然后手轮进给方式 X1 挡位慢速靠近毛坯端面，将刀具左刀尖轻轻靠在工件端面上，沿 $X$ 向退刀。按  OFS/SET 键切换至刀补测量页面，光标在 02 号刀补位置输入“Z0”后按[测量]软键，完成 $Z$ 轴对刀 |  |

续表

<table>
<tr><th>步骤</th><th>操作过程</th><th>图示</th></tr>
<tr><td>槽刀试切法 $Z$ 轴对刀</td><td>主轴正转，用快速进给方式控制车刀靠近工件，然后手轮进给方式 X1 挡位慢速靠近毛坯端面，将刀具左刀尖轻轻靠在工件端面上，沿 $X$ 向退刀。按 OFS/SET 键切换至刀补测量页面，光标在 02 号刀补位置输入“Z0”后按[测量]软键，完成 $Z$ 轴对刀</td><td>刀补/形状　　O1003 N00150
<table>
<tr><th>序号</th><th>X</th><th>Z</th><th>R</th><th>T</th></tr>
<tr><td>0001</td><td>-483.538</td><td>-570.693</td><td>0.400</td><td>3</td></tr>
<tr><td>0002</td><td>-423.982</td><td>-778.387</td><td>0.000</td><td>0</td></tr>
<tr><td>0003</td><td>-445.298</td><td>-777.255</td><td>0.000</td><td>0</td></tr>
<tr><td>0004</td><td>-466.773</td><td>-558.231</td><td>0.000</td><td>0</td></tr>
<tr><td>0005</td><td>0.000</td><td>0.000</td><td>0.000</td><td>0</td></tr>
<tr><td>0006</td><td>0.000</td><td>0.000</td><td>0.000</td><td>0</td></tr>
<tr><td>0007</td><td>0.000</td><td>0.000</td><td>0.000</td><td>0</td></tr>
<tr><td>0008</td><td>0.000</td><td>0.000</td><td>0.000</td><td>0</td></tr>
<tr><td>0009</td><td>0.000</td><td>0.000</td><td>0.000</td><td>0</td></tr>
<tr><td>0010</td><td>0.000</td><td>0.000</td><td>0.000</td><td>0</td></tr>
<tr><td>0011</td><td>0.000</td><td>0.000</td><td>0.000</td><td>0</td></tr>
<tr><td>0012</td><td>0.000</td><td>0.000</td><td>0.000</td><td>0</td></tr>
<tr><td>0013</td><td>0.000</td><td>0.000</td><td>0.000</td><td>0</td></tr>
<tr><td>0014</td><td>0.000</td><td>0.000</td><td>0.000</td><td>0</td></tr>
<tr><td>0015</td><td>0.000</td><td>0.000</td><td>0.000</td><td>0</td></tr>
<tr><td>0016</td><td>0.000</td><td>0.000</td><td>0.000</td><td>0</td></tr>
</table>
[相对坐标] U -438.253 W 205.752<br>[绝对坐标] X 45.285 Z -18.370<br>[机床坐标] X -438.254 Z -589.063<br>[余移动量]<br>数据输入：>Z0_　　手动方式<br>(+C 输入)(测量)()(+输入)(输入)</td></tr>
<tr><td>槽刀试切法 $X$ 轴对刀</td><td>主轴正转，手动控制车刀靠近工件，然后手轮方式×1 挡位慢速靠近工件，沿 $Z$ 向轻车工件外圆，切削长度以方便卡尺测量为准，沿 $Z$ 向退出车刀，主轴停止，测量工件外圆，按键切换至刀补测量页面，光标在 01 号刀补位置输入测量值“X43.66”后按[测量]软键，完成 $X$ 轴对刀</td><td>
刀补/形状　　O1003 N00002
<table>
<tr><th>序号</th><th>X</th><th>Z</th><th>R</th><th>T</th></tr>
<tr><td>0001</td><td>-476.551</td><td>-545.457</td><td>0.400</td><td></td></tr>
<tr><td>0002</td><td>-591.998</td><td>-566.148</td><td>0.000</td><td>0</td></tr>
<tr><td>0003</td><td>-445.298</td><td>-777.255</td><td>0.000</td><td>0</td></tr>
<tr><td>0004</td><td>-466.773</td><td>-558.231</td><td>0.000</td><td>0</td></tr>
<tr><td>0005</td><td>0.000</td><td>0.000</td><td>0.000</td><td>0</td></tr>
<tr><td>0006</td><td>0.000</td><td>0.000</td><td>0.000</td><td>0</td></tr>
<tr><td>0007</td><td>0.000</td><td>0.000</td><td>0.000</td><td>0</td></tr>
<tr><td>0008</td><td>0.000</td><td>0.000</td><td>0.000</td><td>0</td></tr>
<tr><td>0009</td><td>0.000</td><td>0.000</td><td>0.000</td><td>0</td></tr>
<tr><td>0010</td><td>0.000</td><td>0.000</td><td>0.000</td><td>0</td></tr>
<tr><td>0011</td><td>0.000</td><td>0.000</td><td>0.000</td><td>0</td></tr>
<tr><td>0012</td><td>0.000</td><td>0.000</td><td>0.000</td><td>0</td></tr>
<tr><td>0013</td><td>0.000</td><td>0.000</td><td>0.000</td><td>0</td></tr>
<tr><td>0014</td><td>0.000</td><td>0.000</td><td>0.000</td><td>0</td></tr>
<tr><td>0015</td><td>0.000</td><td>0.000</td><td>0.000</td><td>0</td></tr>
<tr><td>0016</td><td>0.000</td><td>0.000</td><td>0.000</td><td>0</td></tr>
</table>
[相对坐标] U -548.338 W 251.679<br>[绝对坐标] X 43.660 Z 23.012<br>[机床坐标] X -548.339 Z -543.136<br>[余移动量]<br>数据输入：>X43.66_　　编辑方式<br>(+C 输入)(测量)()(+输入)(输入)</td></tr>
<tr><td>运行程序加工工件</td><td>手动方式将刀具退出一定距离，按 PROG 键进入程序界面，检索到“O1003”程序，选择单段运行方式，按“循环启动”按钮，开始程序自动加工，当车刀完成一次单段运行后，可以关闭单段模式，让程序连续运行</td><td></td></tr>
</table>

续表

| 步骤 | 操作过程 | 图示 |
| --- | --- | --- |
| 测量工件修刀补并精车工件 | 程序运行结束后，用千分尺测量零件外径尺寸，根据实测值计算出刀补值，对刀补进行修整。按“循环启动”按钮，再次运行程序，完成工件加工，并测量各尺寸是否符合图纸要求 |  |
| 切槽 | 调用切槽刀，手动移动刀具到切槽位置，进给倍率调低，切削深度为0.5mm的槽 |  |
| 零件调头切削 | 将零件切断，调头切削端面，保证工件总长 |  |

续表

| 步骤 | 操作过程 | 图示 |
| --- | --- | --- |
| 维护保养 | 卸下工件，清扫维护机床，刀具、量具擦净 | |

## 【任务检测】

小组成员分工检测零件，并将检测结果填入表 2-25 中。

表 2-25　零件检测表

<table>
<tr><th rowspan="2">序号</th><th rowspan="2">检测项目</th><th rowspan="2">检测内容</th><th rowspan="2">配分</th><th rowspan="2" colspan="2">检测要求</th><th colspan="2">学生自评</th><th colspan="2">老师测评</th></tr>
<tr><th>自测</th><th>得分</th><th>检测</th><th>得分</th></tr>
<tr><td>1</td><td>直径</td><td>$\phi$13mm</td><td>30</td><td colspan="2">超差不得分</td><td></td><td></td><td></td><td></td></tr>
<tr><td>2</td><td>直径</td><td>2mm</td><td>10</td><td colspan="2">超差不得分</td><td></td><td></td><td></td><td></td></tr>
<tr><td>3</td><td>长度</td><td>11.5mm</td><td>10</td><td colspan="2">超差不得分</td><td></td><td></td><td></td><td></td></tr>
<tr><td>4</td><td>长度</td><td>31.5mm</td><td>10</td><td colspan="2">超差不得分</td><td></td><td></td><td></td><td></td></tr>
<tr><td>5</td><td rowspan="2">表面质量</td><td>$Ra$1.6 两处</td><td>6</td><td colspan="2">超差不得分</td><td></td><td></td><td></td><td></td></tr>
<tr><td>6</td><td>去除毛刺飞边</td><td>4</td><td colspan="2">未处理不得分</td><td></td><td></td><td></td><td></td></tr>
<tr><td>7</td><td>时间</td><td>工件按时完成</td><td>10</td><td colspan="2">未按时完成不得分</td><td></td><td></td><td></td><td></td></tr>
<tr><td>8</td><td rowspan="3">现场操作规范</td><td>安全操作</td><td>10</td><td colspan="2">违反操作规程按程度扣分</td><td></td><td></td><td></td><td></td></tr>
<tr><td>9</td><td>工量具使用</td><td>5</td><td colspan="2">工量具使用错误，每项扣 2 分</td><td></td><td></td><td></td><td></td></tr>
<tr><td>10</td><td>设备维护保养</td><td>5</td><td colspan="2">违反维护保养规程，每项扣 2 分</td><td></td><td></td><td></td><td></td></tr>
<tr><td></td><td colspan="2">合计(总分)</td><td>100</td><td>机床编号</td><td></td><td colspan="2">总得分</td><td colspan="2"></td></tr>
<tr><td></td><td>开始时间</td><td></td><td>结束时间</td><td colspan="2"></td><td colspan="2">加工时间</td><td colspan="2"></td></tr>
</table>

## 【工作评价与鉴定】

1. 评价（90%，表 2-26）

表 2-26　综合评价表

| 项目 | 出勤情况（10%） | 工艺编制、编程（20%） | 机床操作能力（10%） | 零件质量（30%） | 职业素养（20%） | 成绩合计 |
| --- | --- | --- | --- | --- | --- | --- |
| 个人评价 | | | | | | |
| 小组评价 | | | | | | |
| 教师评价 | | | | | | |
| 平均成绩 | | | | | | |

2. **鉴定**（10%，表 2-27）

表 2-27 实训鉴定表

| | |
|---|---|
| 自我鉴定 | 通过本节课我有哪些收获：<br><br>学生签名：________<br>____年____月____日 |
| 指导教师鉴定 | 指导教师签名：________<br>____年____月____日 |

# 任务四 加工芯轴螺纹

## 【任务要求】

本项目的前三个任务已经完成了芯轴的外圆轮廓及沟槽的加工，芯轴目前只有螺纹加工未完成，本任务要求完成芯轴螺纹加工，如图 2-25 所示为芯轴螺纹，材料为 45＃钢，毛坯为前三个任务所加工的零件，请根据图纸要求，合理制订加工工艺，安全操作机床，达到规

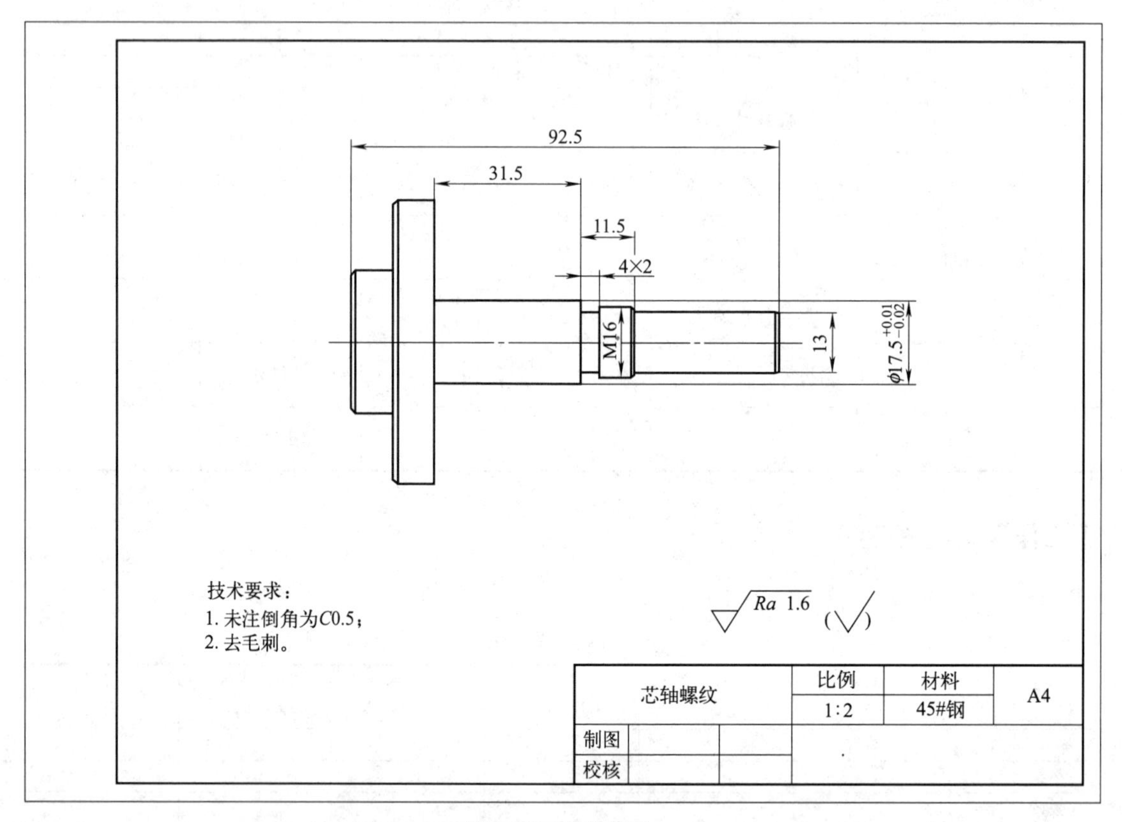


图 2-25 芯轴螺纹

定的精度和表面质量要求。

## 【任务准备】

完成该任务需要准备的实训物品，如表 2-28 所示。

表 2-28 实训物品清单

| 序号 | 实训资源 | 种类 | 数量 | 备注 |
|---|---|---|---|---|
| 1 | 机床 | CKA6150 型数控车床 | 6 台 | 或者其他数控车床 |
| 2 | 参考资料 | 《数控车床使用说明书》<br>《FANUC 0i-TC 车床编程手册》<br>《FANUC 0i-TC 车床操作手册》<br>《FANUC 0i-TC 车床连接调试手册》 | 各 6 本 | |
| 3 | 刀具 | 外螺纹车刀 | 6 把 | |
| 4 | 量具 | 0～150mm 游标卡尺 | 6 把 | |
| | | 0～100mm 千分尺 | 6 套 | |
| | | M15×1 外螺纹量规一套 | 6 套 | |
| 5 | 辅具 | 百分表架 | 6 套 | |
| | | 内六角扳手 | 6 把 | |
| | | 套管 | 6 把 | |
| | | 卡盘扳手 | 6 把 | |
| | | 毛刷 | 6 把 | |
| 6 | 材料 | 45＃钢 | 6 根 | |
| 7 | 工具车 | | 6 辆 | |

## 【相关知识】

### 一、基础知识

螺纹切削分为单行程螺纹切削、简单螺纹切削循环和螺纹切削复合循环。

#### 1. 单行程螺纹切削 G32 指令

指令格式：G32 X(U)__ Z(W)__ F__ ；

参数说明：

X、Z——螺纹切削的终点坐标值；

U、W——螺纹编程终点相对于编程起点的相对坐标值；

F——螺纹导程；

X 省略时——圆柱螺纹切削；

Z 省略时——端面螺纹切削。

应用：用 G32 指令可加工固定导程的圆柱螺纹或圆锥螺纹，也可以用于加工端面螺纹。

编程要点：

① G32 指令进刀方式为直进式。

② 切削斜角 $\alpha$ 在 45°以下的圆锥螺纹时，螺纹导程以 $Z$ 方向指定。

③ 螺纹切削时不能用主轴线速度恒定 G96 指令。

④ G32 指令的切削路径如图 2-26 所示，$A$ 点是螺纹加工的起点，$B$ 点是螺纹切削 G32 指令的起点，$C$ 点是螺纹切削 G32 指令的终点；图中路径①是用 G00 指令进刀，路径②是用 G32 指令车螺纹，路径③是用 G00 指令 $X$ 向退刀，路径④是用 G00 指令 $Z$ 向返回 $A$ 点。

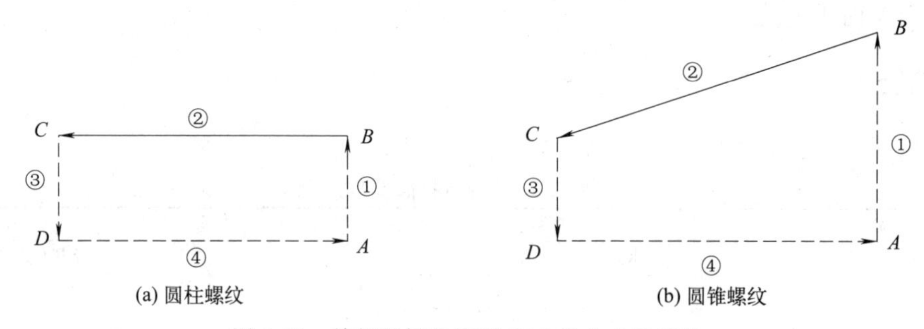

(a) 圆柱螺纹 (b) 圆锥螺纹

图 2-26 单行程螺纹切削 G32 指令走刀路径

**2. 螺纹切削循环 G92 指令**

格式：圆柱螺纹 G92 X(U)__ Z(W)__ F__ ；

圆锥螺纹 G92 X(U)__ Z(W)__ I(R)__ F__ ；

参数说明：

X、Z——螺纹切削终点坐标；

U、W——螺纹终点相对于循环起点的相对坐标；

I（R)——圆锥螺纹起点半径与终点半径差值，圆锥螺纹终点半径大于起点半径时，I（R）为负值，反之为正值。

指令使用说明：

① 螺纹切削指令使用时，进给速度倍率无效。

② 螺纹切削指令为模态代码，一经使用，持续有效，直到同组 G 代码（G00 指令、G01 指令、G02 指令、G03 指令）取代为止。

③ 加工螺纹时，刀具应处于螺纹起点位置。

④ 由于数控机床伺服系统滞后，主轴加速和减速过程中，会在螺纹切削起点和终点产生不正确的导程。因此在进刀和退刀时要留有一定空刀导入量和空刀退出量，即螺纹的起点和终点坐标要比实际螺纹长。如图 2-27 所示。

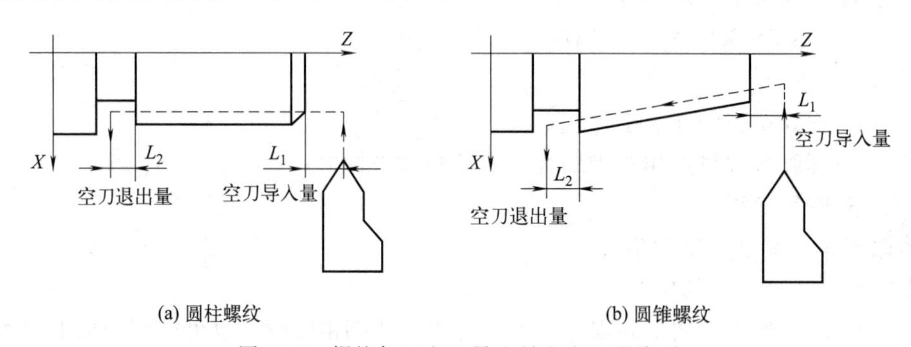

(a) 圆柱螺纹 (b) 圆锥螺纹

图 2-27 螺纹加工空刀导入量和空刀退出量

G92 指令加工螺纹切削练习件如图 2-28 所示。

```
G00 X40.0 Z0；
G92 X29.0  Z－42.0  F2.0；        (加工螺纹第 1 刀)
X28.2；                            (加工螺纹第 2 刀)
X27.8；                            (加工螺纹第 3 刀)
X27.6；                            (加工螺纹第 4 刀)
```

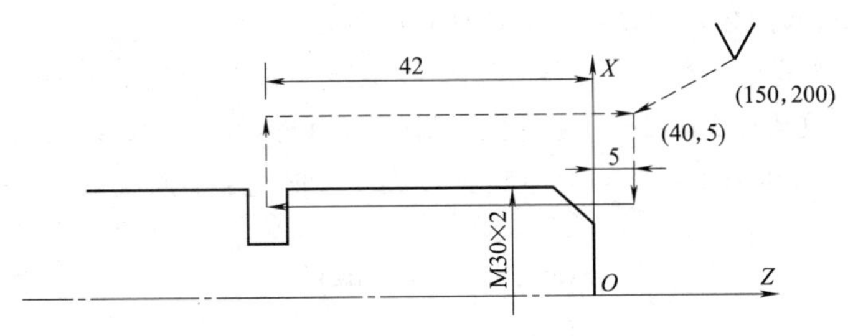


图 2-28 螺纹切削练习件

```
X27.4;              (加工螺纹第 5 刀)
X27.4;              (加工螺纹最后光一刀)
G00 X150.0  Z200.0;
```

## 二、相关工艺知识

### 1. 螺纹基本参数

普通螺纹是我国应用最为广泛的一种三角形螺纹，牙型角为 60°，粗牙普通螺纹代号用字母“M”及公称直径表示，如 M20、M16 等。细牙普通螺纹代号用字母“M”及公称直径×螺距表示，如 M24×1.5。普通螺纹有左旋和右旋之分，左旋螺纹应在螺纹标记的末尾处加注“LH”，如 M20×1.5LH，未注明的是右旋螺纹。

### 2. 普通三角形外螺纹

普通三角形外螺纹主要部分名称及计算公式如表 2-29 所示。

表 2-29 普通三角形外螺纹主要部分名称及计算公式

| 名称 | 代号 | 计算公式 |
|---|---|---|
| 牙型角/(°) | $\alpha$ | 60° |
| 螺距/mm | $P$ | |
| 螺纹大径/mm | $d$ | 公称直径 |
| 螺纹中径/mm | $d_2$ | $d_2=d-0.6495P$ |
| 牙型高度/mm | $h_1$ | $h_1=0.5413P$ |
| 螺纹小径/mm | $d_1$ | $d_1=d-2h_1=d-1.083P$ |

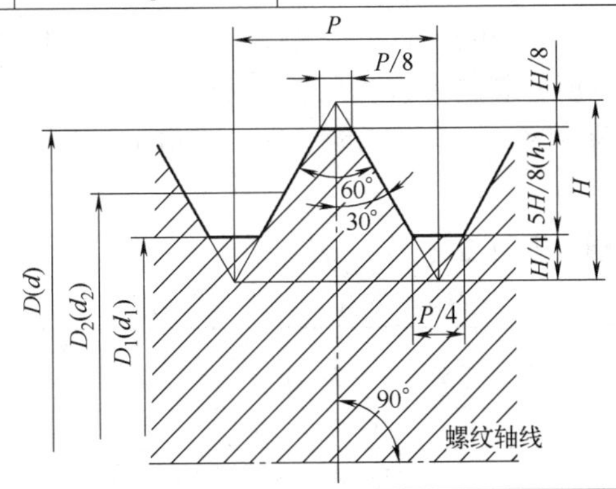


① 大径 $d$（外径 $D$）为螺纹的最大直径为亦称公称直径。

② 小径 $d_1$（内径 $D_1$）为螺纹的最小直径，在强度计算中作危险剖面的计算直径。

③ 中径 $d_2$（内径 $D_2$）为在轴向剖面内牙厚与牙间宽相等处的假想圆柱面的直径，近似等于螺纹的平均直径 $d_2\approx0.5(d+d_1)$。

④ 螺距 $P$ 为相邻两牙在中径线上对应两点间的轴向距离。

⑤ 导程（$L$）为螺纹上任一点沿同一螺旋线旋转一周所移动的轴向距离，$L=nP$。

⑥ 线数 $n$ 为螺纹螺旋线数目，一般为便于制造 $n\leqslant4$ 螺距、导程、线数之间关系：$L=nP$。

⑦ 螺旋升角 $\lambda$ 为在中径圆柱面上螺旋线的切线与垂直于螺旋线轴线的平面的夹角。

$$\lambda=\arctan L/\pi d_2=\arctan\frac{nP}{\pi d_2}$$

⑧ 牙型角 $\alpha$ 为螺纹轴向平面内螺纹牙型两侧边的夹角。

3. **切削螺纹前的外圆直径**

切削外螺纹前的外圆直径应比螺纹公称直径小 0.2～0.4mm（约 $0.1P$），以保证车好螺纹后牙顶处有 $0.125P$ 的宽度，其计算公式为

$$d_{大计}=d-0.1P$$

式中 $d_{大计}$——实际车削外圆直径，mm；

$d$——螺纹公称直径，mm；

$P$——螺距，mm。

4. **外螺纹小径的确定**

车削外螺纹时，车刀总的背吃刀量根据经验公式确定为 $0.65P$（半径值），则螺纹小径的计算公式为

$$d_{1计}=d-1.3P$$

式中 $d_{1计}$——螺纹小径，mm；

$d$——螺纹公称直径，mm；

$P$——螺距，mm。

## 【任务实施】

1. **工艺分析**

① 该零件毛坯为 $\phi$65mm×95mm 的 45＃钢料，左端已经加工完成，加工右端，在实际操作过程中需要采用一夹一顶的装夹方式进行零件加工。

② 由于零件的圆柱尺寸要求较高，所以要分粗、精加工以保证零件的表面质量和尺寸精度。

2. **根据图样填写芯轴螺纹加工工艺卡**（表 2-30）

表 2-30 芯轴螺纹加工工艺卡

| 零件名称 | | 材料 | 设备名称 | 毛坯 | | | | | |
|---|---|---|---|---|---|---|---|---|---|
| 芯轴 | | 45＃ | CKA6150 | 种类 | 钢 | 规格 | $\phi$65mm×95mm | | |
| 任务内容 | | | 程序号 | O1004 | 数控系统 | FANUC 0i-TC | | | |
| 工序号 | 工步 | 工步内容 | 刀号 | 刀具名称 | 主轴转速 $n$/(r/min) | 进给量 $f$/(mm/r) | 背吃刀量 $a_p$/(mm/r) | 余量/mm | 备注 |
| | 1 | 粗精加工外螺纹至尺寸 | 1 | 外螺纹车刀 | 500 | 1 | 1.3 | 0 | |
| | 2 | | | | | | | | |
| 编制 | | | | 教师 | | | 共 1 页 | 第 1 页 | |

### 3. 准备材料、设备及工量具（表 2-31）

表 2-31　准备材料、设备及工量具

| 序号 | 材料、设备及工量具名称 | 规格 | 数量 |
|---|---|---|---|
| 1 | 45# | ϕ65mm×95mm | 6 块 |
| 2 | 数控车床 | CKA6150 | 6 台 |
| 3 | 千分尺 | 50～75mm | 6 把 |
| 4 | 千分尺 | 25～50mm | 6 把 |
| 5 | 游标卡尺 | 0～150mm | 6 把 |
| 6 | 90°外圆车刀 | 25mm×25mm | 6 把 |
| 7 | 3mm 槽刀 | 25mm×25mm | 6 把 |

### 4. 加工参考程序

根据 FANUC 0i-TC 编程要求制订的加工工艺，编写零件加工程序如（参考）表 2-32：

表 2-32　芯轴螺纹加工程序

| 程序段号 | 程序内容 | 说明注释 |
|---|---|---|
| N10 | O1004 | 程序号 |
| N20 | G40 G97 G99 | 取消刀尖半径补偿，恒转速，转进给 |
| N30 | T0303 | 3 号刀具，3 号刀补 |
| N40 | M03 S600 | 转速 600r/min |
| N50 | G00 X20. Z−25 | 刀具定位点 |
| N60 | G92 X14.5 Z−43 F1. | |
| N70 | X14. | |
| N80 | X13.8 | |
| N90 | X13.7 | |
| N100 | X13.7 | |
| N130 | G00 X150. | |
| N140 | Z10. | |
| N150 | M30 | |

### 5. 仿真加工

用数控仿真软件，FANUC 0i-TC 数控系统进行程序录入及程序仿真加工的步骤如表 2-33 所示。

表 2-33　FANUC 0i-TC 程序录入及程序仿真加工操作

| 步骤 | 操作过程 | 图示 |
|---|---|---|
| 安装毛坯 | 零件的左右端外圆和沟槽都已经加工完成，本任务需要加工芯轴外螺纹 | 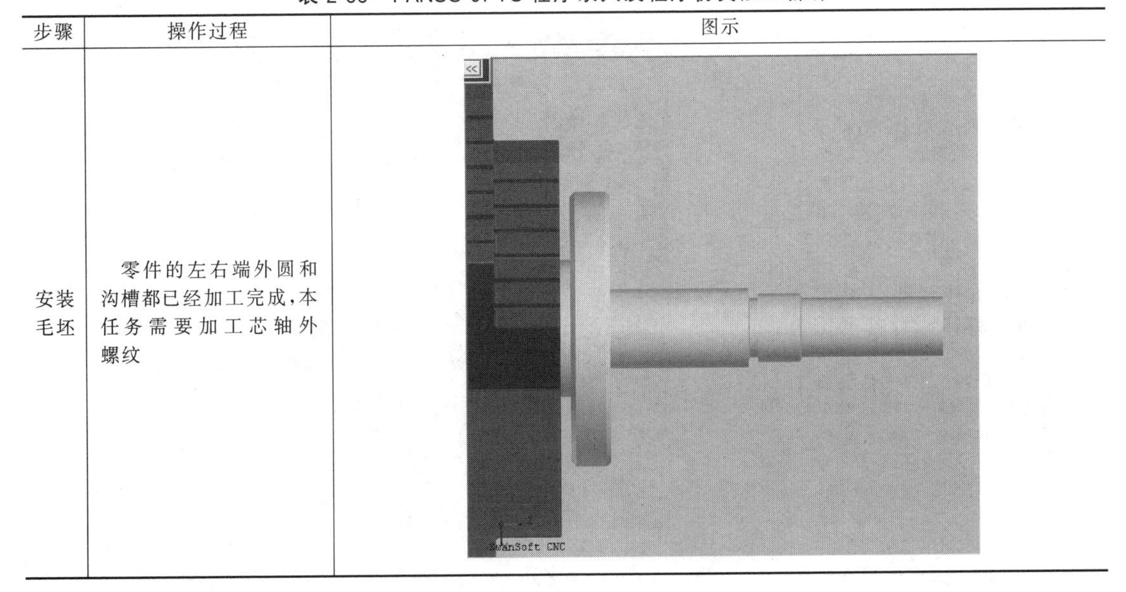 |

续表

| 步骤 | 操作过程 | 图示 |
|---|---|---|
| 安装螺纹刀 | 将螺纹刀具安装到刀架上，调整到靠近工件的位置 | 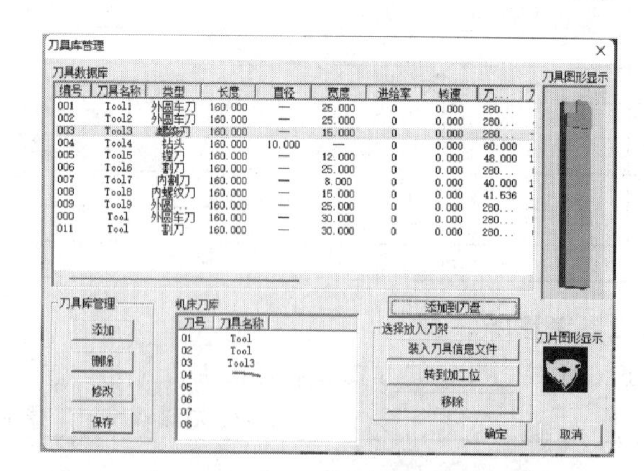<br>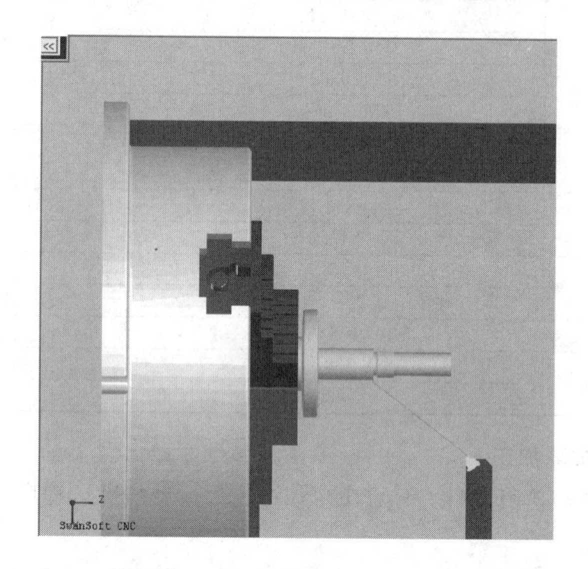 |
| 仿真对刀 | 1. 在手轮操作方式下，将所选刀具移动到零件的右端面，让刀尖与端面对齐，在刀具补偿界面3号刀补输入Z0值，单击[测量]软键完成$Z$向对刀。<br>2. 用手动模式，将螺纹刀靠近螺纹外圆，用手轮模式×1挡位轻轻试切外圆，在刀具补偿界面3号刀补输入“X15.”，单击[测量]软键完成$X$向对刀 | 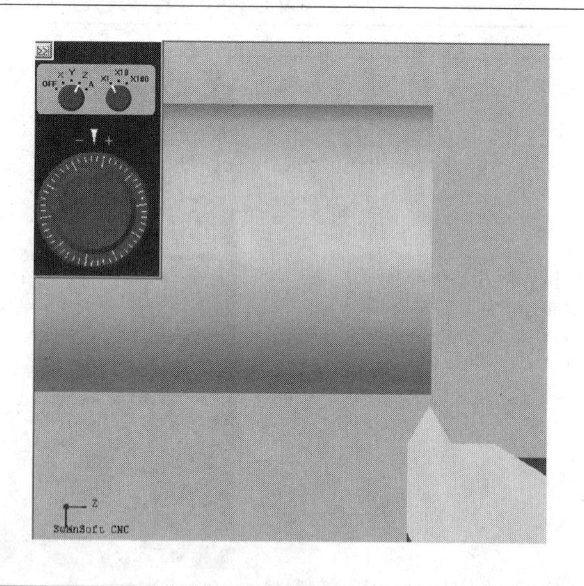 |

续表

| 步骤 | 操作过程 | 图示 |
| --- | --- | --- |
| 仿真对刀 | 1. 在手轮操作方式下，将所选刀具移动到零件的右端面，让刀尖与端面对齐，在刀具补偿界面3号刀补输入Z0值，单击[测量]软键完成$Z$向对刀。<br>2. 用手动模式，将螺纹刀靠近螺纹外圆，用手轮模式×1挡位轻轻试切外圆，在刀具补偿界面3号刀补输入“X15.”，单击[测量]软键完成$X$向对刀 | 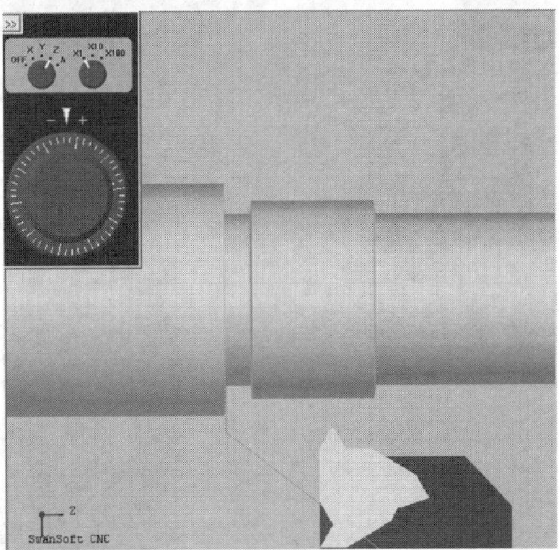<br>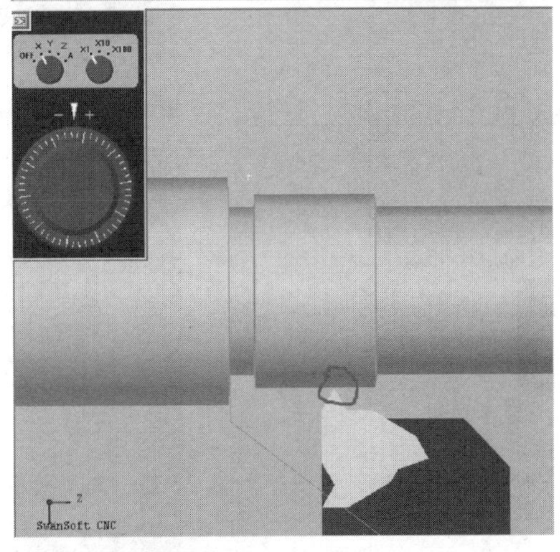<br>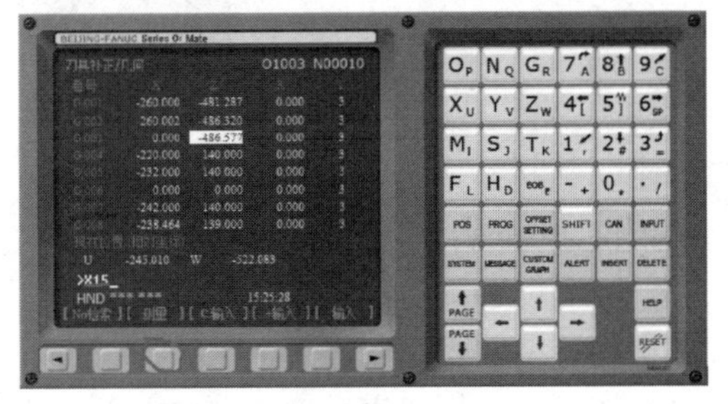 |

续表

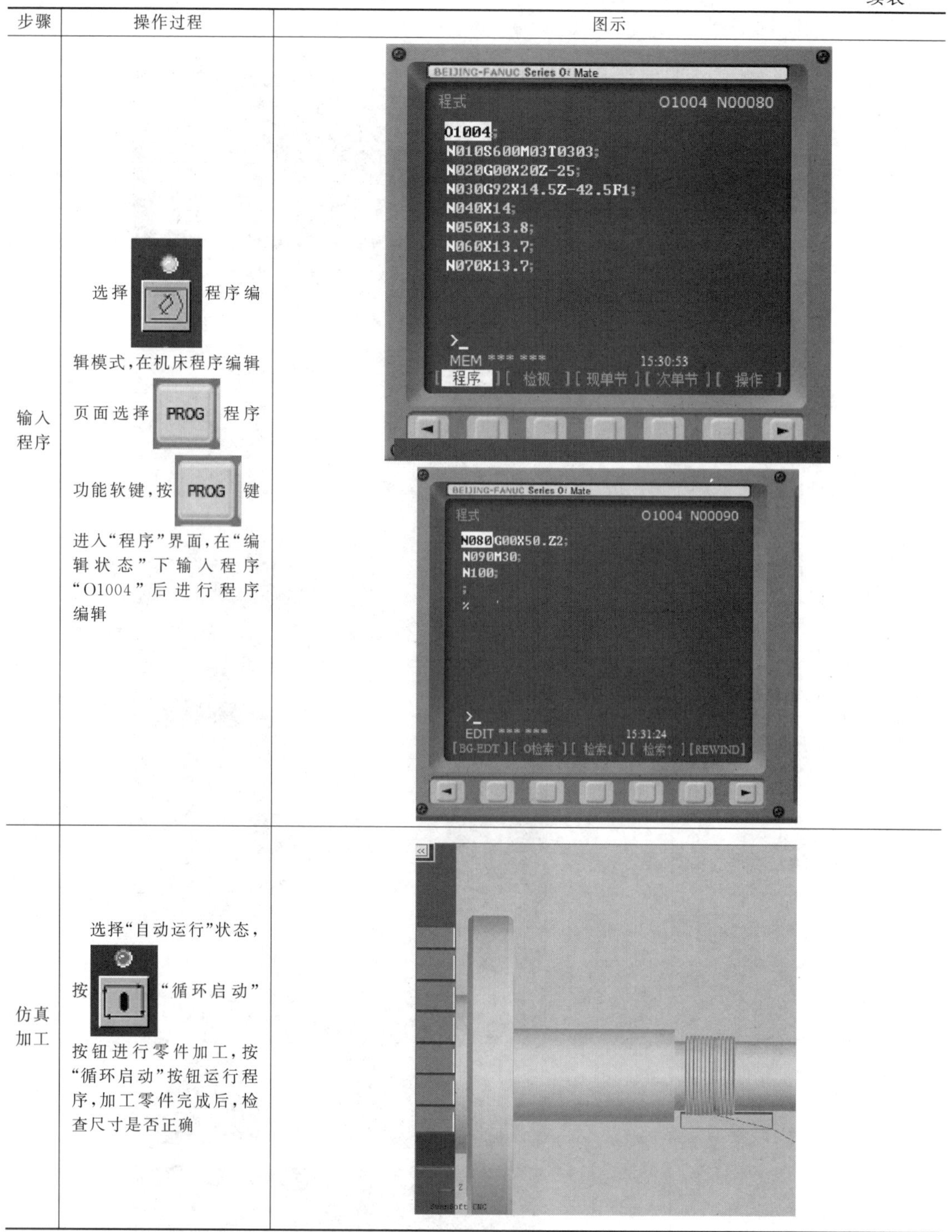


| 步骤 | 操作过程 | 图示 |
| --- | --- | --- |
| 输入程序 | 选择程序编辑模式，在机床程序编辑页面选择PROG程序功能软键，按PROG键进入“程序”界面，在“编辑状态”下输入程序“O1004”后进行程序编辑 | |
| 仿真加工 | 选择“自动运行”状态，按“循环启动”按钮进行零件加工，按“循环启动”按钮运行程序，加工零件完成后，检查尺寸是否正确 | |

6. **加工零件**

加工零件操作步骤如表2-34所示。

企业生产安全操作提示：

① 模拟结束以后一定要先回零后加工。

② 加工时选择单段运行程序，确认定位点无误后开始加工。

③ 开始加工时，倍率开关选择小倍率。

④ 单人操作加工，加工时一定要关上防护门。

⑤ 安装毛坯及测量工件时，机床需处于编辑模式。

⑥ 安装刀具车时，车刀刀尖必须与工件中心等高，否则会引起刀具的损坏。

表 2-34　加工零件步骤

| 步骤 | 操作过程 | 图示 |
| --- | --- | --- |
| 装夹零件毛坯 | 对数控车床进行安全检查，打开机床电源并开机，在机床索引页面按程序开关打开后，将毛坯装夹到卡盘上，伸出长度≥110mm |   |
| 安装车刀 | 将 90°外圆车刀安装在 1 号刀位，利用垫刀片调整刀尖高度，并使用顶尖检验刀尖高度位置 |   |
| | 将切槽刀装在 2 号刀位，利用垫刀片调整刀尖高度，并使用顶尖检验刀尖高度位置 |  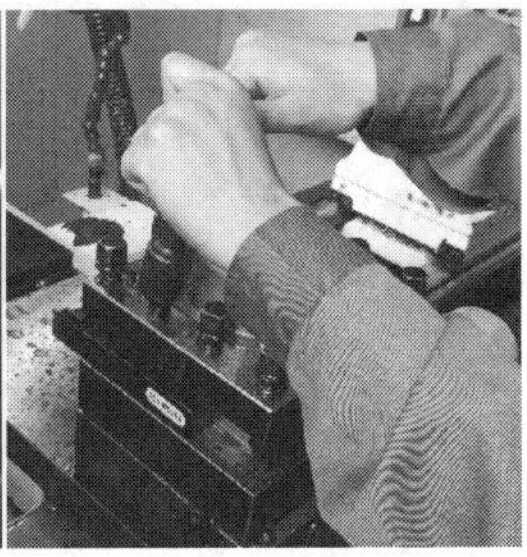 |
| 试切法 $Z$ 轴对刀 | 主轴正转，用快速进给方式控制车刀靠近工件，然后手轮进给方式×10 挡位慢速靠近毛坯端面，沿 $X$ 向切削毛坯端面，切削量约 0.5mm，刀具切削到毛坯中心，沿 $X$ 向退刀。按  OFS/SET 键切换至刀补测量页面，光标在 01 号刀补位置输入“Z0.”后按[测量]软键，完成 $Z$ 轴对刀 |  |

续表

<table>
<tr><th>步骤</th><th>操作过程</th><th>图示</th></tr>
<tr>
<td>试切法<br>$X$ 轴<br>对刀</td>
<td>主轴正转，手动控制车刀靠近工件，然后手轮方式×10 挡位慢速靠近工件 $\phi40$mm 外圆面，沿 $Z$ 向切削毛坯料约 1mm，切削长度以方便卡尺测量为准，沿 $Z$ 向退出车刀，主轴停止，测量工件外圆，按 OFS/SET 键切换至刀补测量页面，光标在 01 号刀补位置输入测量值“X38.92”后按[测量]软键，完成 $X$ 轴对刀</td>
<td>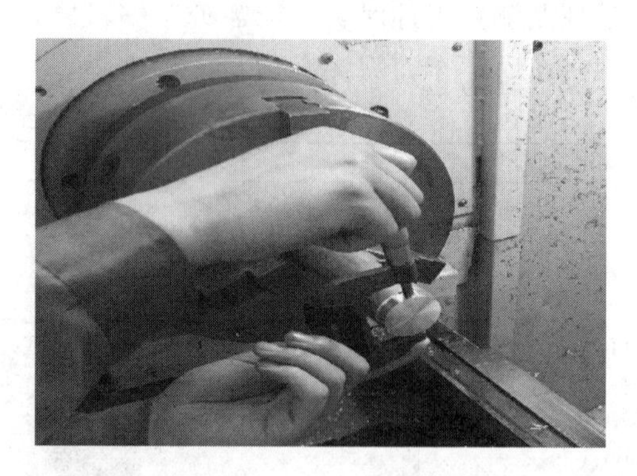<br>
刀补/形状　　O1004 N00000
<table>
<tr><th>序号</th><th>X</th><th>Z</th><th>R</th><th>T</th></tr>
<tr><td>0001</td><td>-559.371</td><td>-558.299</td><td>0.400</td><td>3</td></tr>
<tr><td>0002</td><td>-423.982</td><td>-778.387</td><td>0.000</td><td>0</td></tr>
<tr><td>0003</td><td>-445.298</td><td>-777.255</td><td>0.000</td><td>0</td></tr>
<tr><td>0004</td><td>-466.773</td><td>-558.231</td><td>0.000</td><td>0</td></tr>
<tr><td>0005</td><td>0.000</td><td>0.000</td><td>0.000</td><td>0</td></tr>
<tr><td>0006</td><td>0.000</td><td>0.000</td><td>0.000</td><td>0</td></tr>
<tr><td>0007</td><td>0.000</td><td>0.000</td><td>0.000</td><td>0</td></tr>
<tr><td>0008</td><td>0.000</td><td>0.000</td><td>0.000</td><td>0</td></tr>
<tr><td>0009</td><td>0.000</td><td>0.000</td><td>0.000</td><td>0</td></tr>
<tr><td>0010</td><td>0.000</td><td>0.000</td><td>0.000</td><td>0</td></tr>
<tr><td>0011</td><td>0.000</td><td>0.000</td><td>0.000</td><td>0</td></tr>
<tr><td>0012</td><td>0.000</td><td>0.000</td><td>0.000</td><td>0</td></tr>
<tr><td>0013</td><td>0.000</td><td>0.000</td><td>0.000</td><td>0</td></tr>
<tr><td>0014</td><td>0.000</td><td>0.000</td><td>0.000</td><td>0</td></tr>
<tr><td>0015</td><td>0.000</td><td>0.000</td><td>0.000</td><td>0</td></tr>
<tr><td>0016</td><td>0.000</td><td>0.000</td><td>0.000</td><td>0</td></tr>
</table>
[相对坐标]<br>U -549.728<br>W 236.516<br>
[绝对坐标]<br>X 9.643<br>Z 0.000<br>
[机床坐标]<br>X -549.729<br>Z -558.299<br>
[余移动量]<br>
数据输入：>X38.92_　　手动方式<br>
◀( +C 输入 )( 测量 )( )( +输入 )( 输入 )▶
</td>
</tr>
<tr>
<td>运行<br>程序<br>加工<br>工件</td>
<td>手动方式将刀具退出一定距离，按  键进入程序界面，检索到“O1004”程序，选择单段运行方式，按“循环启动”按钮，开始程序自动加工，当车刀完成一次单段运行后，可以关闭单段模式，让程序连续运行</td>
<td></td>
</tr>
</table>

续表

| 步骤 | 操作过程 | 图示 |
| --- | --- | --- |
| 测量工件修刀补并精车工件 | 程序运行结束后，用千分尺测量零件外径尺寸，根据实测值计算出刀补值，对刀补进行修整。按"循环启动"按钮，再次运行程序，完成工件加工，并测量各尺寸是否符合图纸要求 |  |
| 精加工跳段操作 | 调用程序，输入跳段程序"/"，跳过除最下面两行的其他各行 |  |
| 零件调头切削 | 将零件切断，调头切削端面，保证工件总长 |  |
| 维护保养 | 卸下工件，清扫维护机床，刀具、量具擦净 | 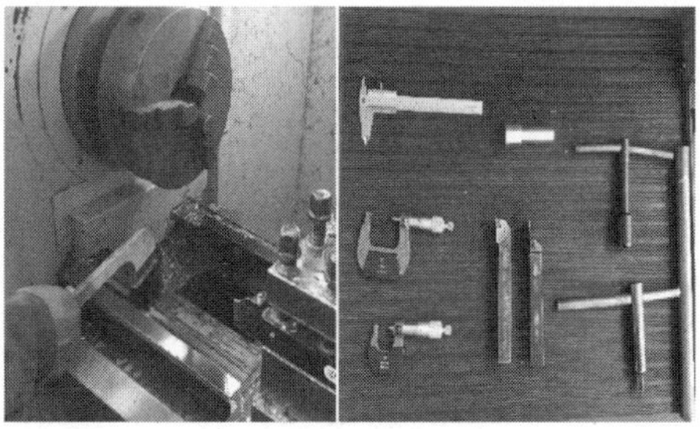 |

## 【任务检测】

小组成员分工检测零件，并将检测结果填入表 2-35 中。

表 2-35 零件检测表

<table>
<tr><th rowspan="2">序号</th><th rowspan="2">检测项目</th><th rowspan="2">检测内容</th><th rowspan="2">配分</th><th rowspan="2" colspan="2">检测要求</th><th colspan="2">学生自评</th><th colspan="2">老师测评</th></tr>
<tr><th>自测</th><th>得分</th><th>检测</th><th>得分</th></tr>
<tr><td>1</td><td>螺纹</td><td>M15×1</td><td>60</td><td colspan="2">超差不得分</td><td></td><td></td><td></td><td></td></tr>
<tr><td>2</td><td rowspan="2">表面质量</td><td>Ra1.6 两处</td><td>6</td><td colspan="2">超差不得分</td><td></td><td></td><td></td><td></td></tr>
<tr><td>3</td><td>去除毛刺飞边</td><td>4</td><td colspan="2">未处理不得分</td><td></td><td></td><td></td><td></td></tr>
<tr><td>4</td><td>时间</td><td>工件按时完成</td><td>10</td><td colspan="2">未按时完成不得分</td><td></td><td></td><td></td><td></td></tr>
<tr><td>5</td><td rowspan="3">现场操作规范</td><td>安全操作</td><td>10</td><td colspan="2">违反操作规程按程度扣分</td><td></td><td></td><td></td><td></td></tr>
<tr><td>6</td><td>工量具使用</td><td>5</td><td colspan="2">工量具使用错误，每项扣 2 分</td><td></td><td></td><td></td><td></td></tr>
<tr><td>7</td><td>设备维护保养</td><td>5</td><td colspan="2">违反维护保养规程，每项扣 2 分</td><td></td><td></td><td></td><td></td></tr>
<tr><td></td><td colspan="2">合计(总分)</td><td>100</td><td>机床编号</td><td></td><td colspan="2">总得分</td><td colspan="2"></td></tr>
<tr><td></td><td>开始时间</td><td></td><td>结束时间</td><td colspan="2"></td><td colspan="2">加工时间</td><td colspan="2"></td></tr>
</table>

## 【工作评价与鉴定】

1. **评价**（90%，表 2-36）

表 2-36 综合评价表

| 项目 | 出勤情况(10%) | 工艺编制、编程(20%) | 机床操作能力(10%) | 零件质量(30%) | 职业素养(20%) | 成绩合计 |
|---|---|---|---|---|---|---|
| 个人评价 | | | | | | |
| 小组评价 | | | | | | |
| 教师评价 | | | | | | |
| 平均成绩 | | | | | | |

2. **鉴定**（10%，表 2-37）

表 2-37 实训鉴定表

| | |
|---|---|
| 自我鉴定 | 通过本节课我有哪些收获：<br><br>学生签名：________<br>____年____月____日 |
| 指导教师鉴定 | 指导教师签名：________<br>____年____月____日 |

# 项目三　加工水管头

## 项目引入

水管头是全技能液压刀架的关键零件，也是数控车削加工的典型零件，包括外圆、沟槽、内孔，加工水管头是数控车削编程与实训必须掌握的关键能力。本项目的主要任务就是掌握水管头的编程及加工方法，掌握数控车削编程与操作的基本能力。如图 3-1 所示的水管头零件，材料为 2A12，毛坯为 $\phi$20mm×55mm。请根据图纸要求，合理制订加工工艺，安全操作机床，达到规定的精度和表面质量要求。

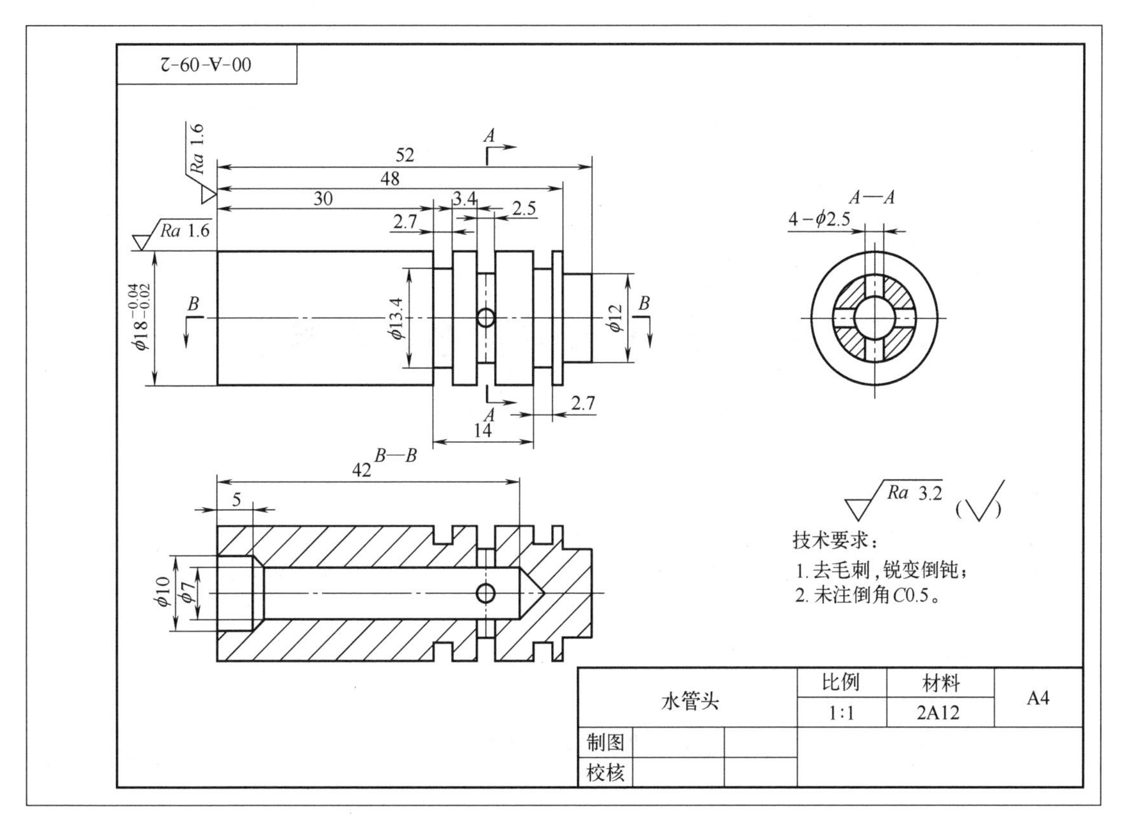


图 3-1　水管头

## 项目目标

会一般水管头零件的加工。

## 知识目标

1. 掌握一般水管头类零件数控车削工艺制订方法。

2. 掌握 G00 指令、G01 指令、G90 指令、G40 指令、G41 指令、G42 指令、G71 指令、G70 指令的应用和编程方法。

3. 掌握内孔的加工工艺和加工方法。

4. 掌握槽的加工工艺知识和槽的编程加工方法。

## 技能目标

1. 能够读懂轴类零件的图纸。

2. 能够完成数控车床上工件的装夹、找正、试切对刀。

3. 能够独立加工简单阶梯轴零件。

4. 能够完成细长轴零件的加工。

5. 能够正确使用槽刀加工窄槽、宽槽等零件。

6. 能够独立完成内孔的加工。

7. 能够解决水管头轴类零件加工过程中的出现问题。

## 思政目标

1. 树立正确的学习观、价值观，树立质量第一的工匠精神意识。

2. 具有人际交往和团队协作能力。

3. 爱护设备，具有安全文明生产和遵守操作规程的意识。

# 任务一　加工水管头右端阶梯轴

### 【任务要求】

本任务要求加工出水管头零件的右端阶梯轴，如图 3-2 所示，材料为 2A12，毛坯为 $\phi$20mm×55mm。请根据图纸要求，合理制订加工工艺，安全操作机床，达到规定的精度和表面质量要求。

### 【任务准备】

完成该任务需要准备的实训物品，如表 3-1 所示。

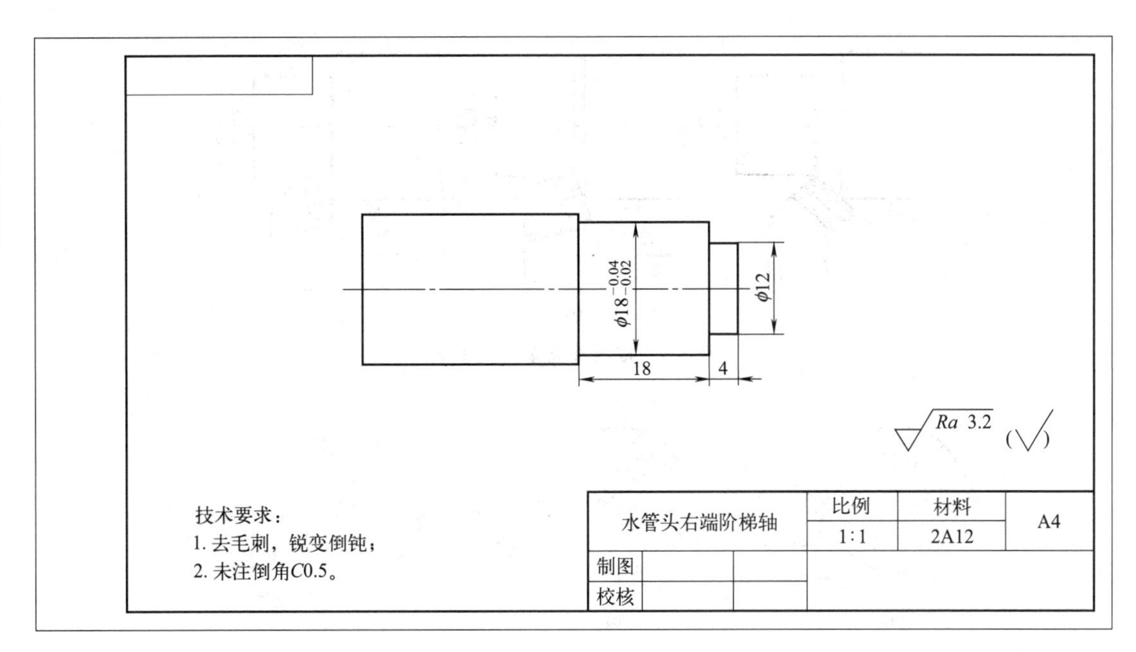


图 3-2 水管头右端阶梯轴

**表 3-1 实训物品清单**

| 序号 | 实训资源 | 种类 | 数量 | 备注 |
|---|---|---|---|---|
| 1 | 机床 | CKA6150 型数控车床 | 6 台 | 或者其他数控车床 |
| 2 | 参考资料 | 《数控车床使用说明书》<br>《FANUC 0i-TC 车床编程手册》<br>《FANUC 0i-TC 车床操作手册》<br>《FANUC 0i-TC 车床连接调试手册》 | 各 6 本 | |
| 3 | 刀具 | 90°外圆车刀 | 6 把 | QEFD2020R10 |
| 4 | 量具 | 0～150mm 游标卡尺 | 6 把 | |
| | | 0～25mm 千分尺 | 6 把 | |
| | | 百分表 | 6 块 | |
| 5 | 辅具 | 百分表架 | 6 套 | |
| | | 内六角扳手 | 6 把 | |
| | | 套管 | 6 把 | |
| | | 卡盘扳手 | 6 把 | |
| | | 毛刷 | 6 把 | |
| 6 | 材料 | 2A12 | 6 根 | $\phi$20mm×55mm |
| 7 | 工具车 | | 6 辆 | |

## 【相关知识】

### 一、基础知识

**1. 车刀的安装要求**（图 3-3）

① 车刀安装在刀架上，不宜伸出太长。

② 车刀刀尖一般应安装得与工件轴线等高，否则会引起刀具的损坏（如图 3-4）。

③ 车刀安装时，刀柄中心线应与进给方向垂直，否则会使主偏角和副偏角发生变化。

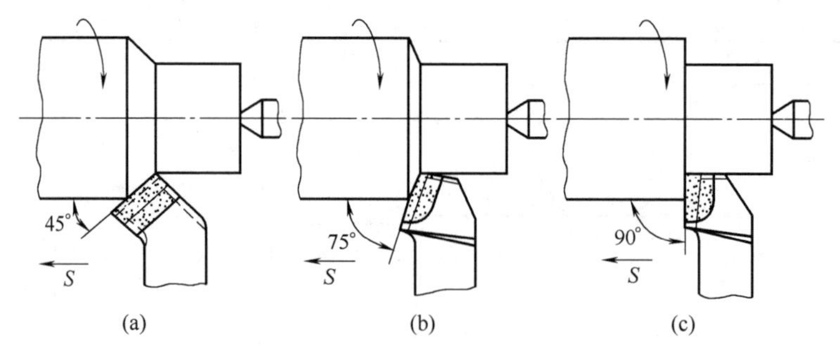


图 3-3 常用外圆车刀的安装

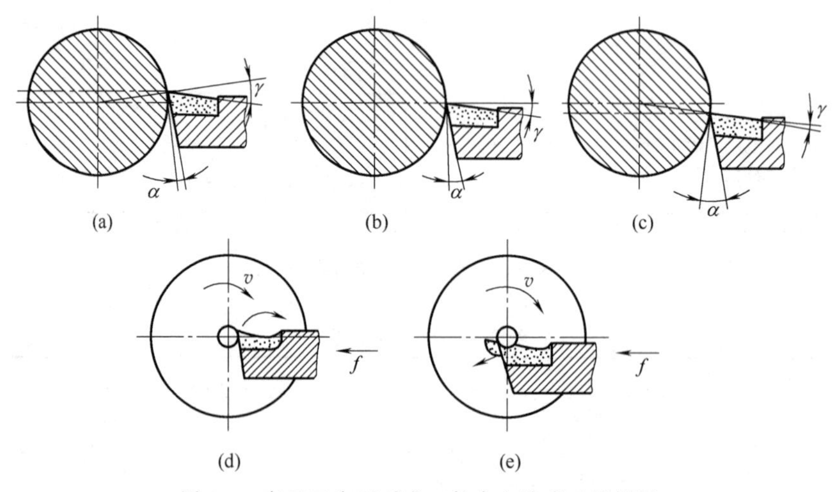


图 3-4 车刀刀尖不对准工件中心造成刀具损坏

④ 车刀至少要用两个螺钉压紧在刀架上，并轮流逐个拧紧，拧紧时不宜用力过大。

**2. 一夹一顶装夹**

一夹一顶车削外圆（如图 3-5）是轴类零件车削的基本装夹方法，使用于工件伸出较长、较重的轴类零件的车削，目的是增加工件刚性、承受切削力。

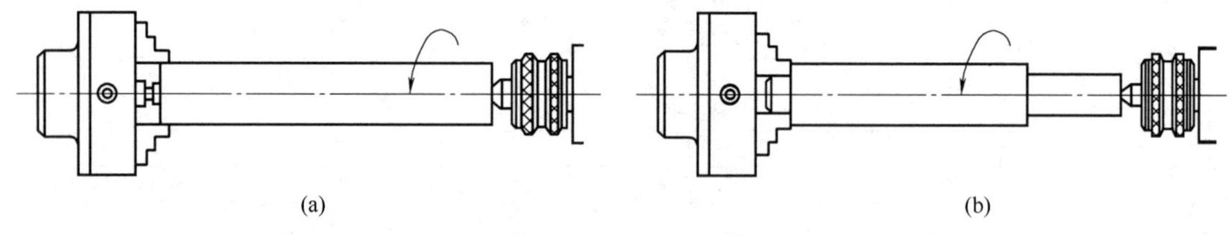


图 3-5 一夹一顶装夹定位的两种形式

使用时，应注意以下几点：

① 工件端面必须有中心孔。

② 为了防止切削过程中产生轴向窜动，必须车限位台阶或在机床主轴内放置限位装置。

③ 卡盘夹持部位不能过长，否则会出现重复定位。

④ 车床尾座轴线必须和机床主轴轴线重合，否则工件外圆会产生锥度。

⑤ 车床尾座套筒不宜伸出过长，在不影响刀具进刀的情况下，尽量伸出短一些，增加尾座支撑的刚性。

### 3. 中心钻的使用

（1）常见形式　如图 3-6 所示，为中心钻的常见形式。

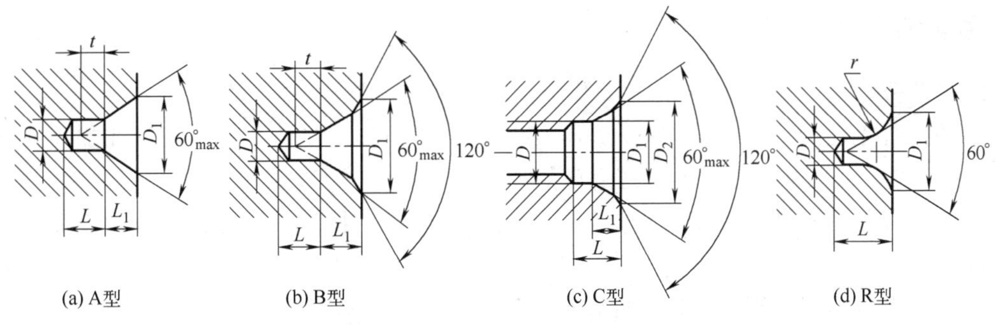


图 3-6　中心钻的常见形式

（2）钻中心孔的方法

① 在车床上钻中心孔。把工件夹在卡盘上，尽可能伸出短些，找正后车平端面，然后缓慢均匀地摇动尾座手轮，钻出中心孔。

② 定出中心后钻中心孔。直径较大、重量较重或比较复杂的工件，无法在车床上钻中心孔时，常常在工件上先划好中心，然后在钻床上用手电钻或在镗床上钻出中心孔。

（3）中心钻折断的原因及预防措施

① 中心钻轴线与工件旋转轴线不一致，使中心钻受到一个附加力的影响而弯曲折断。

② 工件端面不平整或中心处留有凸头，使中心钻不能准确地定心而折断。

③ 切削用量选择不当，如工件转速太低，而中心钻进给太快，使中心钻折断。

④ 中心钻磨钝后，强行钻入工件，使中心钻折断。

⑤ 没有浇注充分的切削液或没有及时清除切屑，导致切屑堵塞在中心孔内而挤断中心钻。

## 二、相关工艺知识

（1）技术要求　轴类零件的技术要求主要是支承轴颈和配合轴颈的径向尺寸精度和形位精度，轴向一般要求不高。轴颈的直径公差等级通常为 IT6-IT8，几何形状精度主要是圆度和圆柱度，一般要求限制在直径公差范围之内。相互位置精度主要是同轴度和圆跳动，保证配合轴颈对于支承轴颈的同轴度，是轴类零件位置精度的普遍要求之一。

（2）毛坯选择　轴类零件除光滑轴和直径相差不大的阶梯轴采用热轧或冷拉圆棒料外，一般采用锻件；发动机曲轴等一类轴件采用球墨铸铁铸件比较多。

（3）定位基准选择　轴类零件外圆表面、内孔、螺纹等表面的同轴度，以及端面对轴中心线的垂直度是其相互位置精度的主要项目，而这些表面的设计基准一般都是轴中心线。用两中心孔定位符合基准重合原则，并且能够最大限度地在一次装夹中加工出多格外圆表面和端面，因此常用中心孔作为轴加工的定位基准。

当不能采用中心孔时或粗加工时，为了提高工作装夹刚性，可采用轴的外圆表面作定位基准，或以外圆表面和中心孔共同作为定位基准，能承受较大的切削力，但重复定位精度并不高。

数控车削时，为了能用同一程序重复加工和工件调头加工轴向尺寸的准确性，或为了端面余量均匀，工件轴向需要定位。采用中心孔定位时，中心孔尺寸及两端中心孔间的距离要保持一致。以外圆定位时，则应采用三爪自定心卡盘反爪装夹或采用限位支承，以工件端面或台阶面作为轴向定位基准。

## 【任务实施】

### 1. 工艺分析

① 该零件毛坯为 $\phi$20mm×55mm 的 2A12，材料的长度足够，所以我们在加工时选择夹住零件左端，从而加工零件右端各表面的加工方法。

② 由于零件的外圆圆柱尺寸要求较高，所以要分粗、精加工以保证零件的表面质量和尺寸精度。

### 2. 根据图样填写水管头右端阶梯轴加工工艺卡（表 3-2）

表 3-2　水管头右端阶梯轴加工工艺卡

| 零件名称 | | 材料 | 设备名称 | 毛坯 | | | | | |
|---|---|---|---|---|---|---|---|---|---|
| 水管头 | | 2A12 | CKA6150 | 种类 | 铝棒 | 规格 | $\phi$20mm×55mm | | |
| 任务内容 | | | 程序号 | O1011 | 数控系统 | FANUC 0i-TC | | | |
| 工序号 | 工步 | 工步内容 | 刀号 | 刀具名称 | 主轴转速 $n$/(r/min) | 进给量 $f$/(mm/r) | 背吃刀量 $a_p$/(mm/r) | 余量/mm | 备注 |
| | 1 | 粗加工右端外圆各表面 | 1 | 90°外圆车刀 | 800 | 0.2 | 2.0 | 0.5 | |
| | 2 | 精加工右端外圆各表面 | 1 | 90°外圆车刀 | 1000 | 0.08 | 0.25 | 0 | |
| 编制 | | | | 教师 | | | 共 1 页 | 第 1　页 | |

### 3. 准备材料、设备及工量具（表 3-3）

表 3-3　准备材料、设备及工量具

| 序号 | 材料、设备及工量具名称 | 规格 | 数量 |
|---|---|---|---|
| 1 | 圆铝 | $\phi$20mm×55mm | 6 块 |
| 2 | 数控车床 | CKA6150 | 6 台 |
| 3 | 千分尺 | 0～25mm | 6 把 |
| 4 | 游标卡尺 | 0～150mm | 6 把 |
| 5 | 90°外圆车刀 | 25mm×25mm | 6 把 |

### 4. 加工参考程序

根据 FANUC 0i-TC 编程要求制订的加工工艺，编写零件加工程序如下（参考）表 3-4：

表 3-4　水管头右端阶梯轴加工程序

| 程序段号 | 程序内容 | 说明注释 |
|---|---|---|
| N10 | O1011 | 程序号 |
| N20 | G97 G99 S800 M03 F0.2 | 转速 800r/min，进给设定为 0.2mm/r |
| N30 | T0101 | 1 号刀具，1 号刀补 |
| N40 | G00 X22. Z2. | 刀具定位点 |
| N50 | G71 U2.0 R1.0 | 切削深度 2mm，退刀量 1mm |
| N60 | G71 P70 Q160 U0.5 W0.05 | $X$ 向精加工余量为 0.5mm，$Z$ 向精加工余量为 0.05mm |
| N70 | G42 G00 X11. | 精加工起始段 |
| N80 | G01 Z0. | |
| N90 | X12. Z−0.5 | |
| N100 | Z−4. | |
| N110 | X17. | |
| N120 | X18. Z−4.5 | |
| N140 | Z−22. | |

续表

| 程序段号 | 程序内容 | 说明注释 |
|---|---|---|
| N150 | X20. | |
| N160 | G40 G00 X22. | 精加工结束段 |
| N170 | X200.0 Z100.0 | 退刀 |
| N180 | M00 | 程序停止 |
| N190 | S1000 M03 F0.08 | 转速 1000r/min,进给设定为 0.08mm/r |
| N200 | T0101 | 1号刀具,1号刀补 |
| N210 | G00 X22.0 Z2.0 | 刀具加工循环起点 |
| N220 | G70 P70 Q160 | 精加工 |
| N230 | X200.0 Z100.0 | 退刀 |
| N240 | M30 | 程序结束 |

## 5. 仿真加工

用数控仿真软件，FANUC 0i-TC 数控系统进行程序录入及程序仿真加工的步骤如表 3-5 所示。

表 3-5　FANUC 0i-TC 程序录入及程序仿真加工操作

| 步骤 | 操作过程 | 图示 |
|---|---|---|
| 安装毛坯 | 设定毛坯为 $\phi$20mm×55mm 的 2A12，调整零件伸出长度，保证伸出长度足够 | 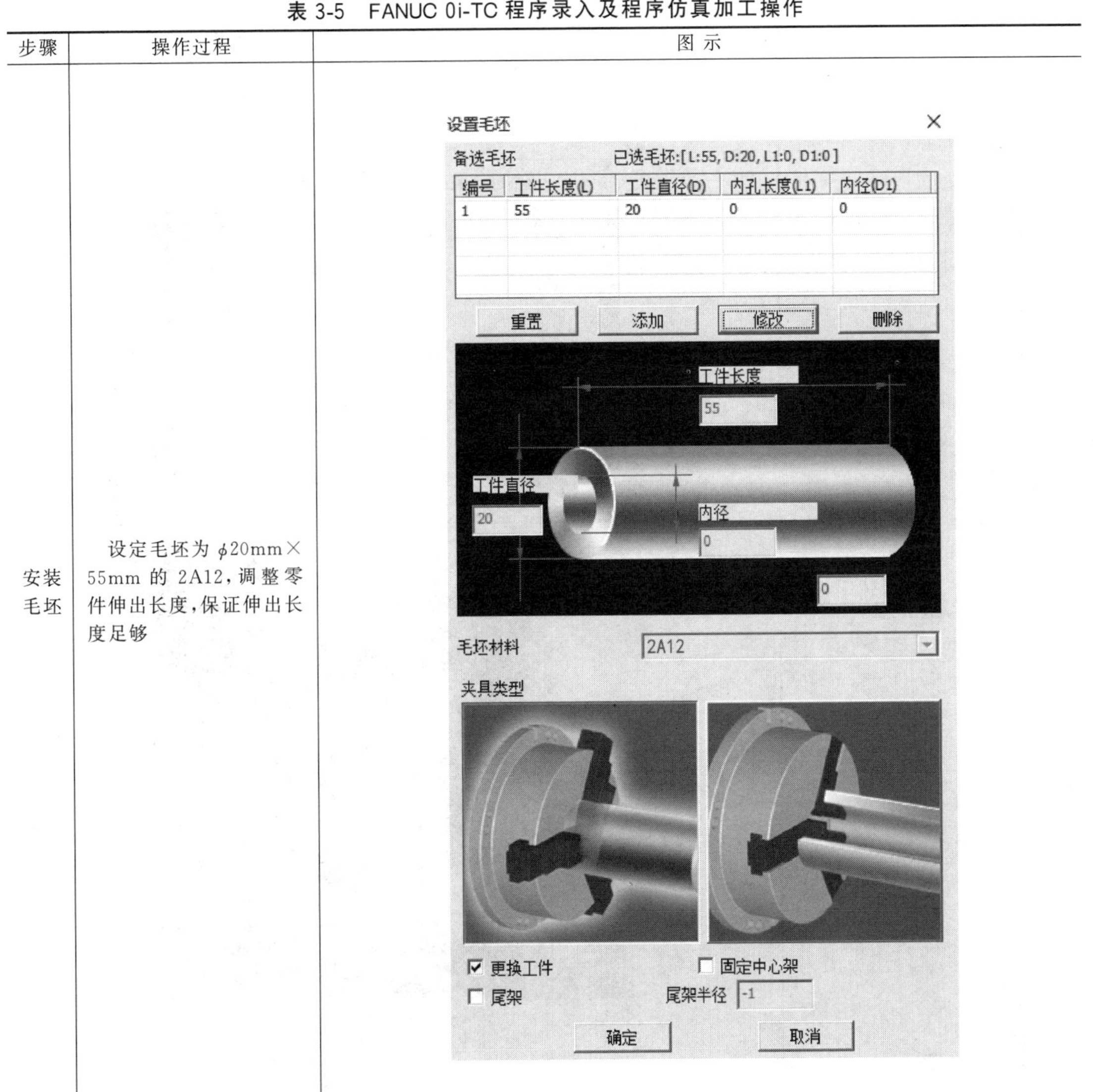 |

续表

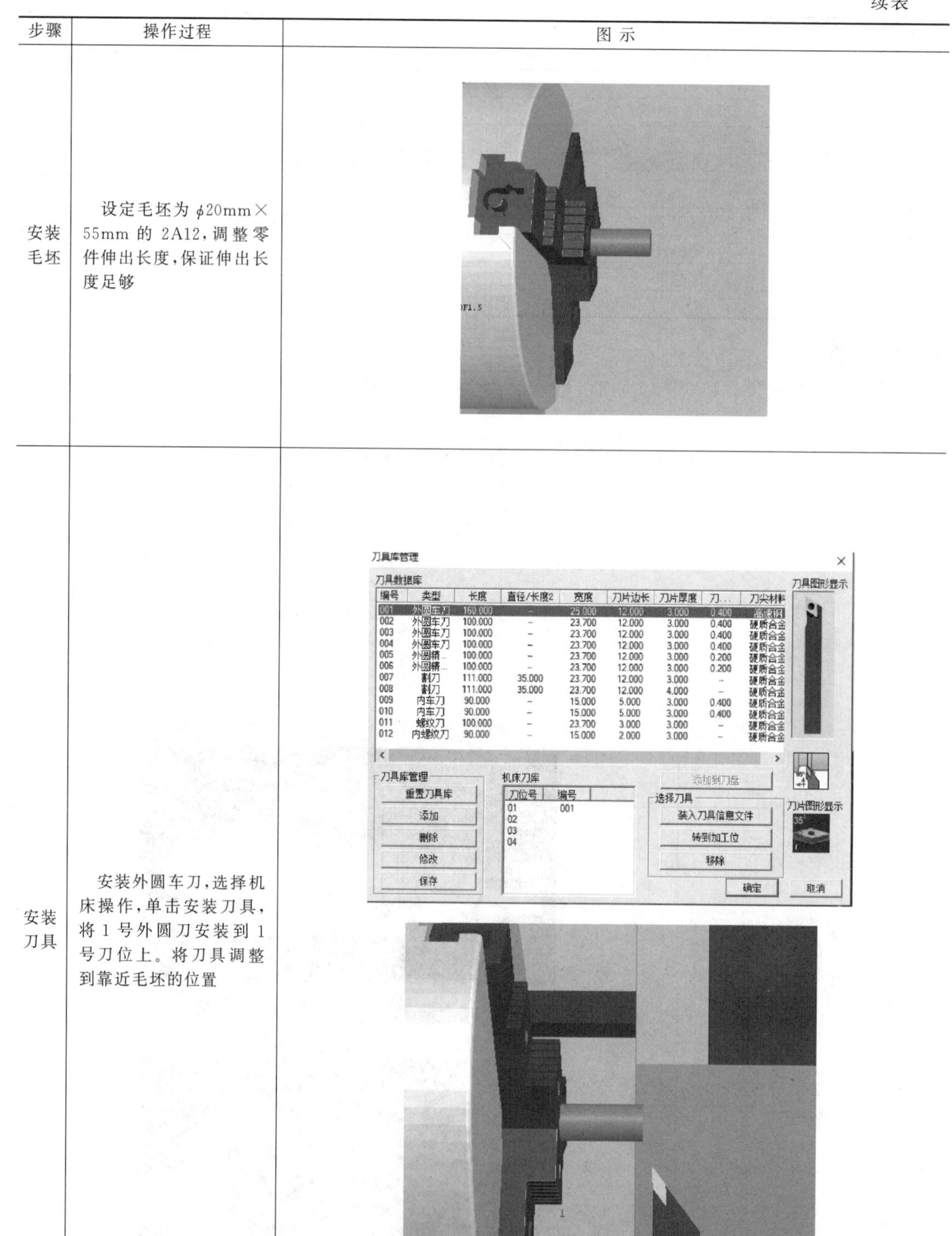


| 步骤 | 操作过程 | 图示 |
| --- | --- | --- |
| 安装毛坯 | 设定毛坯为 $\phi$20mm×55mm 的 2A12，调整零件伸出长度，保证伸出长度足够 | |
| 安装刀具 | 安装外圆车刀，选择机床操作，单击安装刀具，将 1 号外圆刀安装到 1 号刀位上。将刀具调整到靠近毛坯的位置 | |

续表

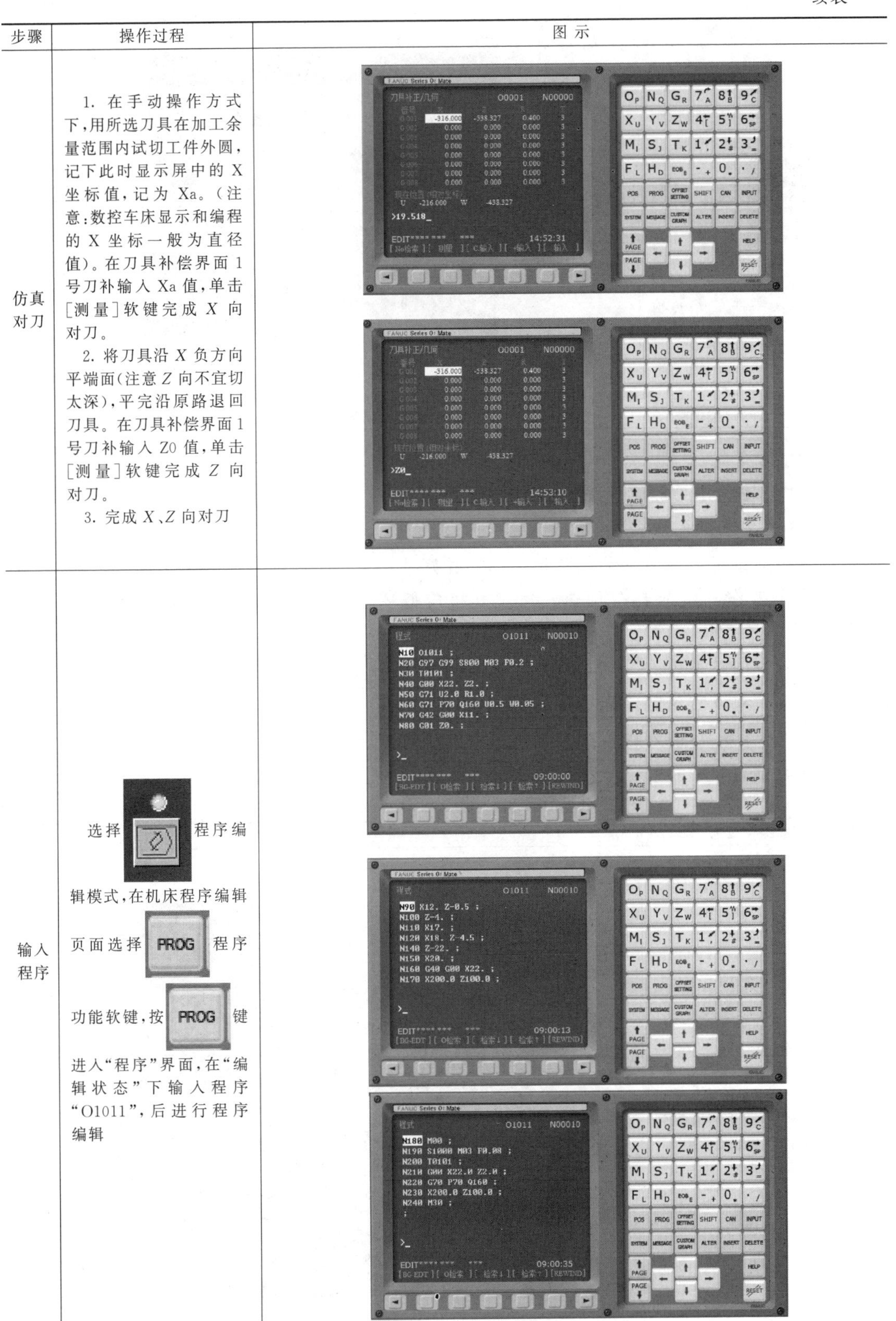

| 步骤 | 操作过程 | 图示 |
| --- | --- | --- |
| 仿真对刀 | 1. 在手动操作方式下，用所选刀具在加工余量范围内试切工件外圆，记下此时显示屏中的 X 坐标值，记为 Xa。（注意：数控车床显示和编程的 X 坐标一般为直径值）。在刀具补偿界面 1 号刀补输入 Xa 值，单击[测量]软键完成 X 向对刀。<br>2. 将刀具沿 X 负方向平端面（注意 Z 向不宜切太深），平完沿原路退回刀具。在刀具补偿界面 1 号刀补输入 Z0 值，单击[测量]软键完成 Z 向对刀。<br>3. 完成 X、Z 向对刀 | |
| 输入程序 | 选择［按键图］程序编辑模式，在机床程序编辑页面选择 PROG 程序功能软键，按 PROG 键进入“程序”界面，在“编辑状态”下输入程序“O1011”，后进行程序编辑 | |

续表

| 步骤 | 操作过程 | 图示 |
| --- | --- | --- |
| 仿真加工 | 选择"自动运行"状态，按"循环启动"按钮进行零件加工，按"循环启动"按钮运行程序，加工零件完成后，检查尺寸是否正确  |  |

6. **加工零件**

加工零件操作步骤如表 3-6 所示。

企业生产安全操作提示：

① 工作前按规定穿戴好劳动防护用品，扎好袖口。严禁戴手套或敞开衣服进行操作。

② 机床工作开始前要有预热，每次开机应低速运行 3～5min，查看各部分运行是否正常。

③ 开机先回参考点。

④ 模拟结束以后一定要先回零后加工。

⑤ 机床在试运行前需进行图形模拟加工，避免程序错误、刀具碰撞卡盘。

⑥ 快速进刀和退刀时，一定注意不要碰触工件和三爪卡盘。

**表 3-6　加工零件步骤**

| 步骤 | 操作过程 | 图示 |
| --- | --- | --- |
| 装夹零件毛坯 | 对数控车床进行安全检查，打开机床电源并开机，在机床索引页面按程序开关打开后，将毛坯装夹到卡盘上，伸出长度≥30mm |  |

续表

| 步骤 | 操作过程 | 图示 |
| --- | --- | --- |
| 安装车刀 | 将90°外圆车刀安装在1号刀位，利用垫刀片调整刀尖高度，并使用顶尖检验刀尖高度位置 | |
| 试切法Z轴对刀 | 主轴正转，用快速进给方式控制车刀靠近工件，然后手轮进给方式×10挡位慢速靠近毛坯端面，沿X向切削毛坯端面，切削量约0.5mm，刀具切削到毛坯中心，沿X向退刀。按  键切换至刀补测量页面，光标在01号刀补位置输入“Z0.”后按[测量]软键，完成Z轴对刀 |    |

续表

| 步骤 | 操作过程 | 图示 |
| --- | --- | --- |
| 试切法 $X$ 轴对刀 | 主轴正转，手动控制车刀靠近工件，然后手轮方式×10挡位慢速靠近工件 $\phi$20mm 外圆面，沿 $Z$ 方向切削毛坯料约1mm，切削长度以方便卡尺测量为准，沿 $Z$ 向退出车刀，主轴停止，测量工件外圆，按   键切换至刀补测量页面，光标在01号刀补位置输入测量值“X19.06”后按[测量]软键，完成 $X$ 轴对刀 | <br> |
| 运行程序加工工件 | 手动方式将刀具退出一定距离，按   键进入程序画面，检索到“O1011”程序，选择单段运行方式，按“循环启动”按钮，开始程序自动加工，当车刀完成一次单段运行后，可以关闭单段模式，让程序连续运行 |  |

续表

| 步骤 | 操作过程 | 图示 |
| --- | --- | --- |
| 测量工件修刀补并精车工件 | 程序运行结束后，用千分尺测量零件外径尺寸，根据实测值计算出刀补值，对刀补进行修整。按"循环启动"按钮，再次运行程序，完成工件加工，并测量各尺寸是否符合图纸要求 | |
| 维护保养 | 清扫维护机床，刀具、量具擦净 | |

## 【任务检测】

小组成员分工检测零件，并将检测结果填入表 3-7。

**表 3-7　零件检测表**

| 序号 | 检测项目 | 检测内容 | 配分 | 检测要求 | 学生自评 | | 老师测评 | |
| --- | --- | --- | --- | --- | --- | --- | --- | --- |
| | | | | | 自测 | 得分 | 检测 | 得分 |
| 1 | 直径 | $\phi$12mm | 15 | 超差不得分 | | | | |
| 2 | 直径 | $\phi$18mm | 15 | 超差不得分 | | | | |
| 3 | 长度 | 4mm | 10 | 超差不得分 | | | | |
| 4 | 长度 | 18mm | 10 | 超差不得分 | | | | |
| 5 | 倒角 | C1 两处 | 8 | 超差不得分 | | | | |
| 6 | 表面质量 | *Ra*1.6 两处 | 6 | 超差不得分 | | | | |
| 7 | | 去除毛刺飞边 | 6 | 未处理不得分 | | | | |
| 8 | 时间 | 工件按时完成 | 10 | 未按时完成不得分 | | | | |
| 9 | 现场操作规范 | 安全操作 | 10 | 违反操作规程按程度扣分 | | | | |
| 10 | | 工量具使用 | 5 | 工量具使用错误，每项扣 2 分 | | | | |
| 11 | | 设备维护保养 | 5 | 违反维护保养规程，每项扣 2 分 | | | | |
| 12 | 合计(总分) | | 100 | 机床编号 | 总得分 | | | |
| 13 | 开始时间 | | 结束时间 | | 加工时间 | | | |

## 【工作评价与鉴定】

1. **评价**（90%，表 3-8）

表 3-8 综合评价表

| 项目 | 出勤情况（10%） | 工艺编制、编程（20%） | 机床操作能力（10%） | 零件质量（30%） | 职业素养（20%） | 成绩合计 |
|---|---|---|---|---|---|---|
| 个人评价 | | | | | | |
| 小组评价 | | | | | | |
| 教师评价 | | | | | | |
| 平均成绩 | | | | | | |

2. **鉴定**（10%，表 3-9）

表 3-9 实训鉴定表

| | |
|---|---|
| 自我鉴定 | 通过本节课我有哪些收获：<br>学生签名：________<br>____年____月____日 |
| 指导教师鉴定 | 指导教师签名：________<br>____年____月____日 |

# 任务二 加工水管头右端沟槽

## 【任务要求】

任务一已经完成了水管头右端阶梯轴的加工，本任务要求完成水管头右端沟槽的加工，如图 3-7 所示的水管头零件，材料为 2A12，毛坯为 $\phi$20mm×55mm，请根据图纸要求，合

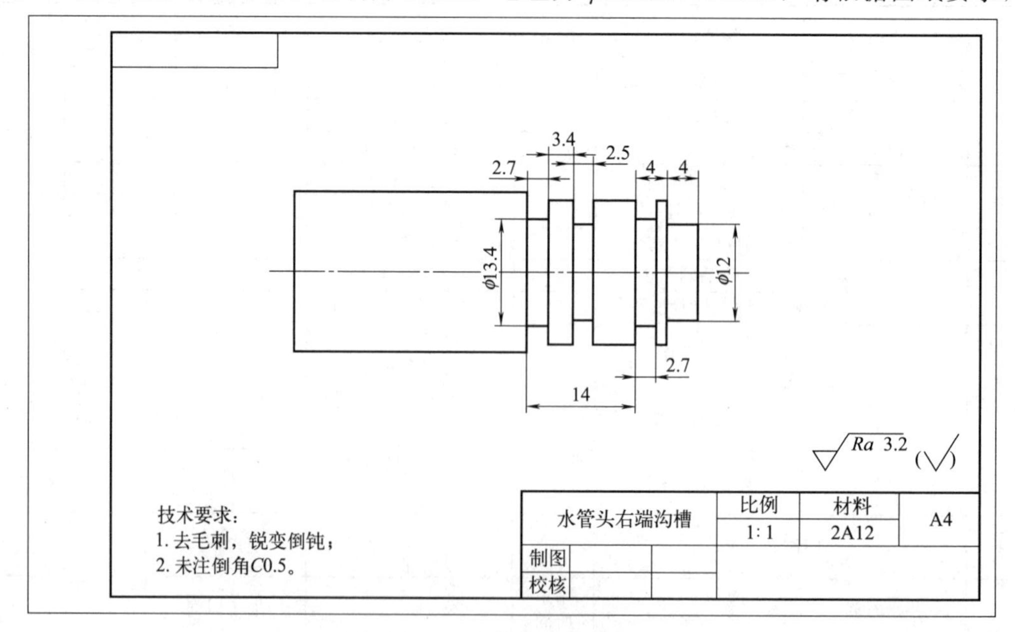


图 3-7 水管头右端沟槽

理制订加工工艺，安全操作机床，达到规定的精度和表面质量要求。

## 【任务准备】

完成该任务需要准备的实训物品如表 3-10 所示。

表 3-10 实训物品清单

| 序号 | 实训资源 | 种类 | 数量 | 备注 |
|---|---|---|---|---|
| 1 | 机床 | CKA6150 型数控车床 | 6 台 | 或者其他数控车床 |
| 2 | 参考资料 | 《数控车床使用说明书》<br>《FANUC 0i-TC 车床编程手册》<br>《FANUC 0i-TC 车床操作手册》<br>《FANUC 0i-TC 车床连接调试手册》 | 各 6 本 | |
| 3 | 刀具 | 2mm 切槽车刀 | 6 把 | |
| 4 | 量具 | 0～150mm 游标卡尺 | 6 把 | |
| | | 0～25mm 千分尺 | 6 套 | |
| | | 百分表 | 6 块 | |
| 5 | 辅具 | 百分表架 | 6 套 | |
| | | 内六角扳手 | 6 把 | |
| | | 套管 | 6 把 | |
| | | 卡盘扳手 | 6 把 | |
| | | 毛刷 | 6 把 | |
| 6 | 材料 | 2A12 | 6 根 | |
| 7 | 工具车 | | 6 辆 | |

## 【相关知识】

### 一、基础知识

车槽或切断过程中，由于切削参数选择不当或刀具、工件装夹不牢等问题很容易造成刀具损坏。

#### 1. 切槽的特点

（1）切削变形大　切槽或切断时，主切削刃和左、右副切削刃同时参与切削，切屑排出时，受到槽两侧的摩擦、挤压作用，随着切削的深入，切断处直径逐渐变小，相对切削速度也减小，挤压现象更为严重，以致切削变形大。

（2）切削力大　由于切槽或切断过程中刀具与工件的摩擦，以及被切金属的条件塑性变形大，所以在切削用量相同的条件下，切槽或切断时的切削力比一般车外圆时的切削力大 20%～25%。

（3）切削热集中　切槽时，塑性变形大，摩擦剧烈。产生的切削热也较多，另外，切槽或切断刀处于半封闭状态，同时刀具切削部分的散热面积小，切削温度较高，使切削热集中在刀具切削刃上，因而会加剧刀具磨损。

（4）刀具刚性差　通常切断刀主切削刃宽度较窄（一般 2～6mm），刀头狭长，所以刀具的刚性差，切削过程容易振动。

（5）排屑困难　切槽是切屑在狭窄的切槽内排出，受到槽壁摩擦阻力的影响，切削排出比较困难，并且断碎的切屑还可能卡在槽内，引起振动和损坏刀具。

#### 2. 切槽或切断的注意事项

① 确保刀具悬伸尽可能短以提高稳定性，最大为刀片宽度的 8～10 倍（选择宽度较窄

的刀片也可以帮助节省材料）。

② 确保中心高度在±0.1mm 范围内，这样可以获得最佳的切削性能，低于中心将增大飞边尺寸，而高于中心将加快后刀面磨损。需要注意的是进行长悬伸加工时，最好将切削刃置于高出中心的位置，以补偿刀具本身向下的挠曲度。

③ 在零件掉落之前的 2mm 处，将进给率最多减少 75%，这样会减小切削力并大幅延长刀具寿命。

④ 为了避免刀片破裂，进给最好不要过中心点。一般来说，距离中心点 0.3 mm 时就可以停止进给，零件会在自身重力作用下掉落。如果机床带有副主轴，则可以在到达中心前停止加工，并用副夹头将零件拉断。

⑤ 合理使用冷却液是应对断屑问题的关键。当加工具有低导热性的材料，比如某些不锈钢、钛合金和耐热合金时，高压冷却液能带来最佳的加工效果。高压冷却液对减少低碳钢、铝和双相不锈钢等黏性材料的断屑也会起到很大作用。最新喷嘴技术可以将冷却液射流精确地引向切削位置，与专用刀片槽型配合使用，还可以改进切削参数，延长刀具寿命。

## 二、相关工艺知识

### 1. 成形槽的切削

成形槽包括圆弧槽和梯形槽等。

（1）较窄的圆弧槽或梯形槽　将车槽刀刃磨成与成形槽的形状和尺寸相同的形式，一次横向进给车削。

（2）较宽、较深的成形槽　特别是内孔的成形槽，由于受到车刀刚度的制约，往往采取以下两种方法：

① 分两步切削。一般是先用切槽刀车削出直槽，然后用成形刀车削成形。

② 左右窜刀进给或斜向进给。当 V 形槽特宽特深时，可在中滑板横向进给的同时，摇动小滑板，使车刀做或左或右的微量移动，形成单面切削的左右窜刀进给。或在中滑板横向进给的同时，摇动小滑板，使车刀沿一个方向做微量移动的单面斜向进给。粗车后留有余量，再用精车刀车削至规定尺寸。

### 2. 端面槽的切削

切削端面槽的切槽刀，具有外圆车刀和内孔车刀的综合特性，内外两个刀尖，一个相当于外圆车刀，另一个相当于内孔车刀。因此车床应根据它们各自的切削特点刃磨切槽刀。

（1）车端面直槽切槽刀的几何形状　车刀外侧刀尖相当于车削内孔，因此它的副后面应按端面圆弧的大小，磨出相应的圆弧形副后角 $R$，以防止副后面与外槽面相碰。

（2）车 T 形槽切槽刀　应用三种车刀分三步进行：

① 用端面直槽切槽刀，纵向进给，车出端面直槽。

② 改用弯头右切槽刀，如同车内孔直槽，车出外侧沟槽。

③ 用弯头左切槽刀，车出内侧沟槽。

（3）车燕尾槽的步骤和方法　与切削 T 形槽的方法基本相同，也用三种车刀分三步进行，即先车端面直槽后，分别使用左、右斜面成形刀，使燕尾槽成形。

在车削 T 形槽和燕尾槽时，车削外侧的切削刃也应按照内孔车刀的原则刃磨。又由于端面直槽的宽度有限，左、右弯头切槽刀和左、右斜面成形刀的刀杆较细，刀头的强度较差，所以应适当减小进给量，并随时观察排屑状况，及时清除。车床在使用高速钢车刀时，也应降低切削速度，并加注切削液。

## 【任务实施】

### 1. 工艺分析

① 该零件毛坯为 $\phi$20mm×55mm 的 2A12，水管头右端外圆已经加工完成，现需要加工水管头右端沟槽。

② 由于零件沟槽精度要求不高，可以一次完成加工。

### 2. 根据图样填写水管头右端沟槽加工工艺卡（表 3-11）

表 3-11　水管头右端沟槽加工工艺卡

| 零件名称 | | 材料 | 设备名称 | 毛坯 | | | | | |
|---|---|---|---|---|---|---|---|---|---|
| 水管头 | | 2A12 | CKA6150 | 种类 | 铝棒 | 规格 | $\phi$20mm×55mm | | |
| 任务内容 | | | 程序号 | O1012 | 数控系统 | FANUC 0i-TC | | | |
| 工序号 | 工步 | 工步内容 | 刀号 | 刀具名称 | 主轴转速 $n$/(r/min) | 进给量 $f$/(mm/r) | 背吃刀量 $a_p$/(mm/r) | 余量/mm | 备注 |
| | 1 | 加工沟槽 | 1 | 2mm 槽刀 | 500 | 0.1 | 2.0 | 0 | |
| 编制 | | | 教师 | | | | 共 1 页 | 第 1 页 | |

### 3. 准备材料、设备及工量具（表 3-12）

表 3-12　准备材料、设备及工量具

| 序号 | 材料、设备及工量具名称 | 规格 | 数量 |
|---|---|---|---|
| 1 | 2A12 | $\phi$25mm×55mm | 6 块 |
| 2 | 数控车床 | CKA6150 | 6 台 |
| 3 | 千分尺 | 0～25mm | 6 把 |
| 5 | 游标卡尺 | 0～150mm | 6 把 |
| 6 | 2mm 槽刀 | 25mm×25mm | 6 把 |

### 4. 加工参考程序

根据 FANUC 0i-TC 编程要求制订的加工工艺，编写零件加工程序如（参考）表 3-13。

表 3-13　水管头右端沟槽加工程序

| 程序段号 | 程序内容 | 说明注释 |
|---|---|---|
| N10 | O1012 | 程序号 |
| N20 | G97 G99 S500 M03 F0.1 | 转速 500r/min，进给设定为 0.1mm/r |
| N30 | T0202 | 2 号刀具，2 号刀补 |
| N40 | G00 X22. Z2. | 定位点 |
| N50 | Z−8. | |
| N60 | G01 X13.5 | 余量 0.1mm |
| N70 | X22. | |
| N80 | W0.7 | |
| N90 | X13.4 | 切槽 $\phi$13.4mm |
| N100 | Z−8. | |
| N110 | X22. | 抬刀 |
| N115 | G00 Z−15.9 | |
| N120 | G01 X12.1 | 余量 0.1mm |
| N160 | X22. | |
| N170 | W0.5 | |
| N180 | X12. | 切槽 $\phi$12mm |
| N190 | Z−15.9 | |
| N200 | X22. | 抬刀 |
| N210 | G00 Z−22. | |
| N220 | G01 X13.5 | 余量 0.1mm |
| N230 | X22. | |
| N240 | W0.7 | |
| N250 | X13.4 | 切槽 $\phi$13.4mm |

续表

| 程序段号 | 程序内容 | 说明注释 |
|---|---|---|
| N260 | Z－22. | |
| N270 | X22. | 抬刀 |
| N280 | G00 X100. Z100. | 退刀 |
| N290 | M30 | 程序结束 |

## 5. 仿真加工

用数控仿真软件，FANUC 0i-TC 数控系统进行程序录入及程序仿真加工的步骤如表 3-14 所示。

表 3-14　FANUC 0i-TC 程序录入及程序仿真加工操作

| 步骤 | 操作过程 | 图示 |
|---|---|---|
| 安装毛坯 | 零件外圆加工已经完成，本次任务要求加工水管头右端沟槽 | 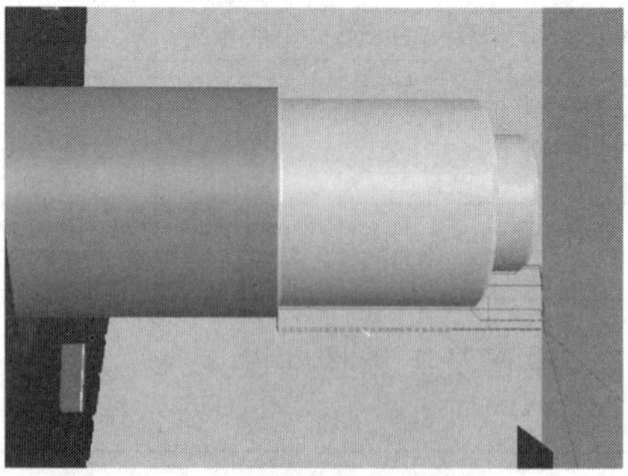 |
| 安装刀具 | 安装 2mm 宽的切槽刀 | 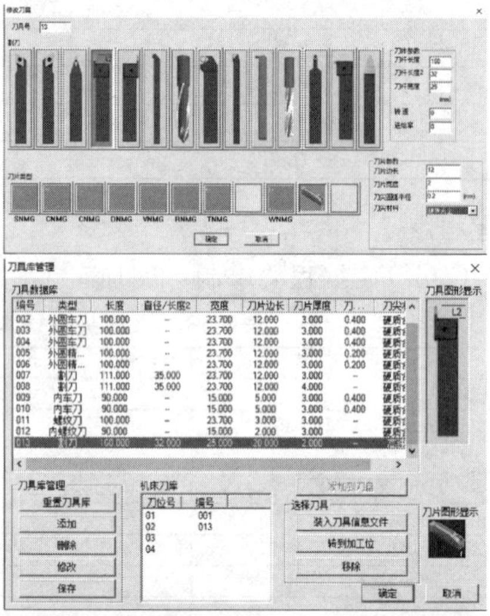 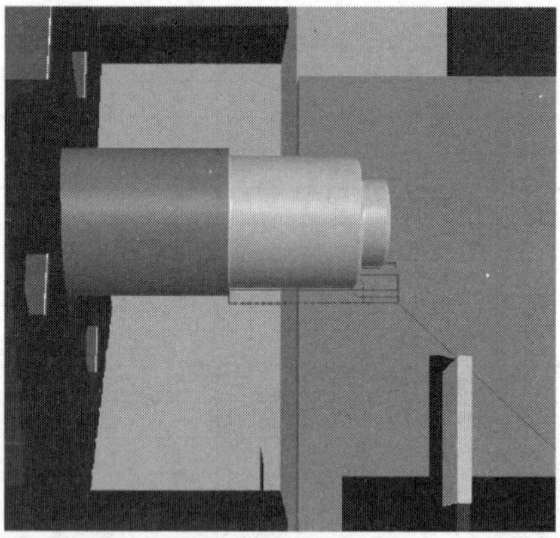  |

续表

| 步骤 | 操作过程 | 图示 |
| --- | --- | --- |
| 仿真对刀 | 1. 在手轮操作方式下，用切槽刀靠近 $\phi$12mm 外圆端面，用 $Z$ 向×1 倍率靠上，在刀具补偿界面 2 号刀补输入“Z0.”，单击［测量］软键完成 $Z$ 向对刀。<br>2. 在手轮操作方式下，用切槽刀靠近 $\phi$12mm 外圆表面，用 $X$ 向×1 倍率靠上外圆，在刀具补偿界面 2 号刀补输入该处直径“X12.”，单击［测量］软键完成 $X$ 向对刀 | 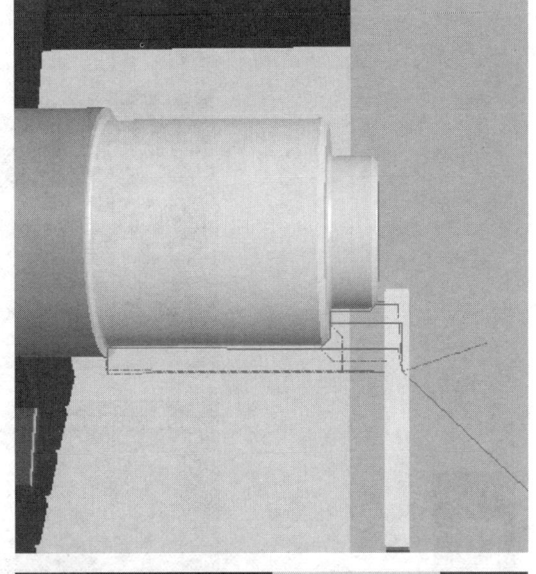<br>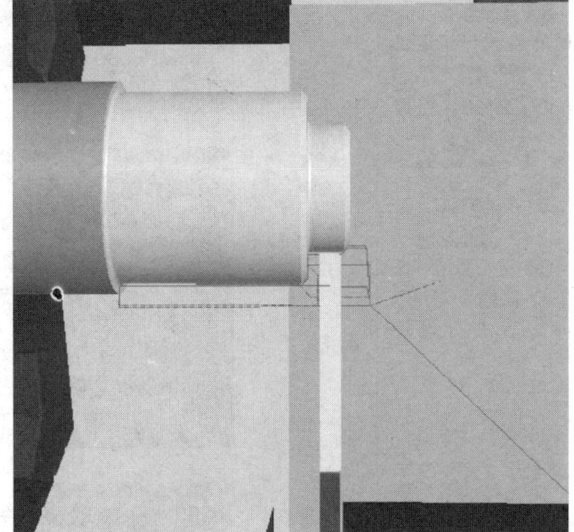<br>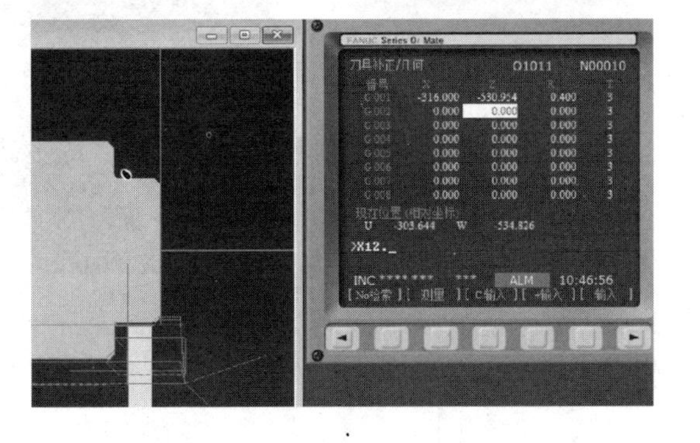<br> |

续表

| 步骤 | 操作过程 | 图示 |
| --- | --- | --- |
| 输入程序 | 选择 程序编辑模式，在机床程序编辑页面选择 PROG 程序功能软键，按 PROG 键进入“程序”界面，在“编辑状态”下输入程序“O1012”，后进行程序编辑 | 见下图 |

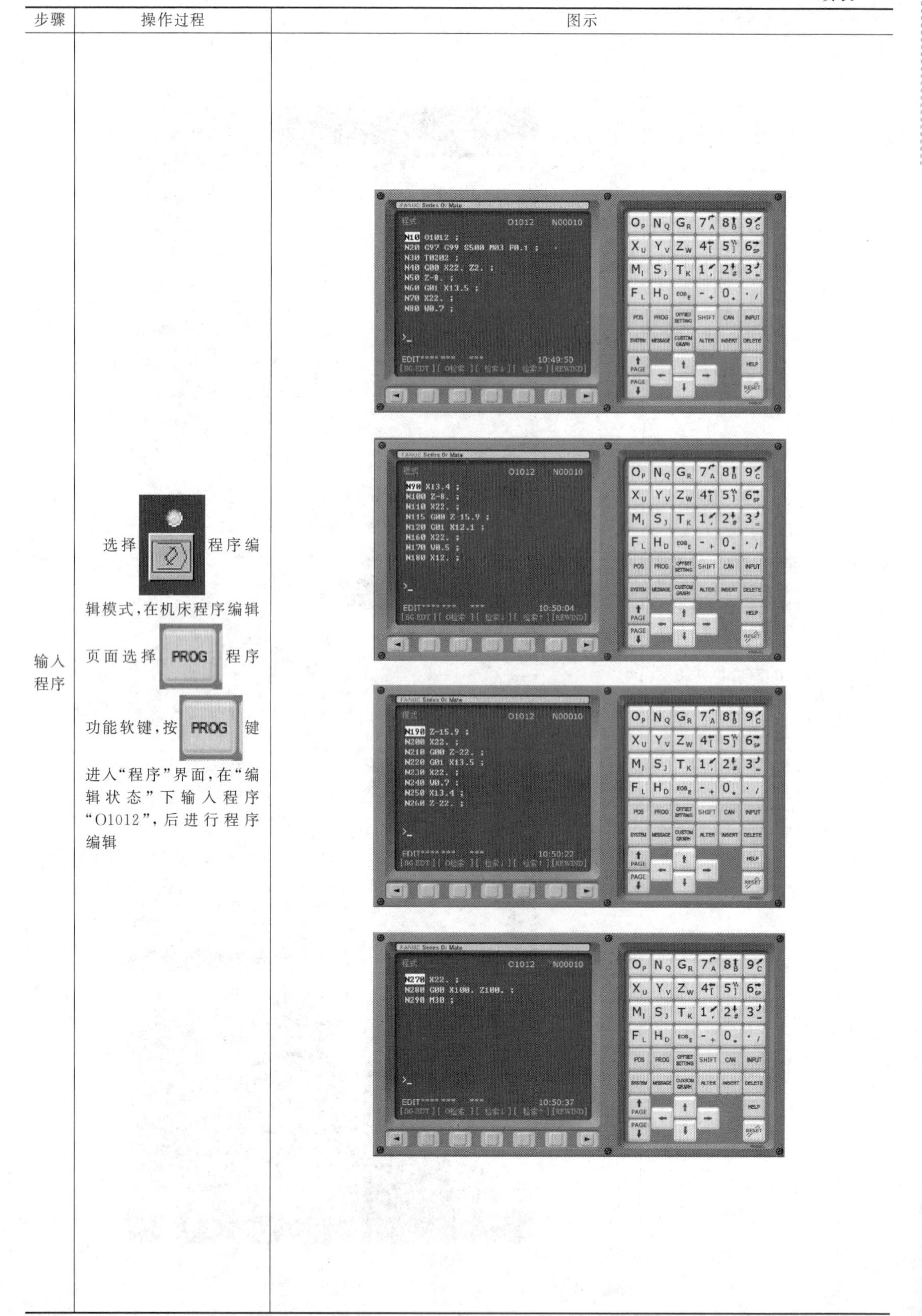

续表

| 步骤 | 操作过程 | 图示 |
| --- | --- | --- |
| 仿真加工 | 选择“自动运行”状态，按“循环启动”按钮进行零件加工，按“循环启动”按钮运行程序，加工零件完成后，检查尺寸是否正确  | 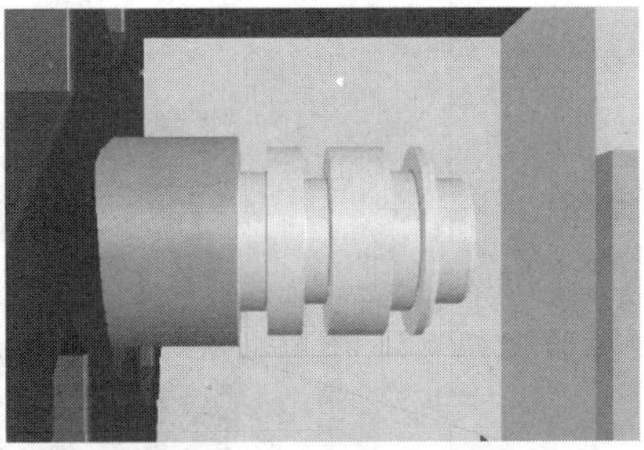 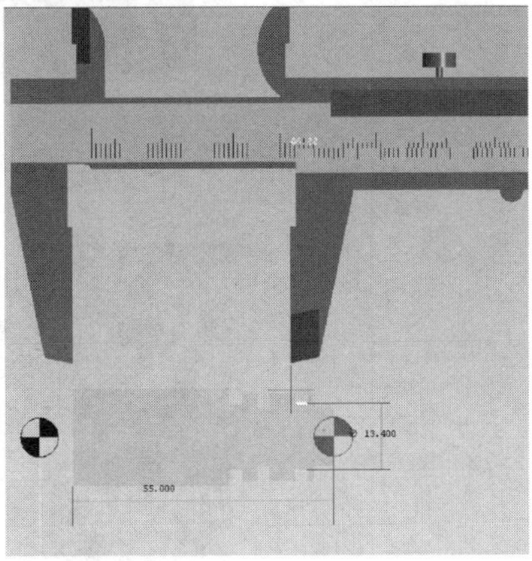 |

6. **加工零件**

加工零件操作步骤如表 3-15 所示。

企业生产安全操作提示：

① 模拟结束以后一定要先回零后加工。

② 加工时选择单段运行程序，确认定位点无误后开始加工。

③ 开始加工时，倍率开关选择小倍率。

④ 单人操作加工，加工时一定要关上防护门。

⑤ 安装毛坯及测量工件时，机床需处于编辑模式。

⑥ 安装刀具车时，车刀刀尖必须与工件中心等高，否则会引起刀具的损坏。

**表 3-15　加工零件步骤**

| 步骤 | 操作过程 | 图示 |
| --- | --- | --- |
| 装夹零件毛坯 | 右端外圆已经加工完成，接着加工右端外沟槽 |  |

续表

| 步骤 | 操作过程 | 图示 |
| --- | --- | --- |
| 安装车刀 | 将切槽刀装在2号刀位，利用垫刀片调整刀尖高度，并使用顶尖检验刀尖高度位置 |  |
| 槽刀试切法Z轴对刀 | 主轴正转，用快速进给方式控制车刀靠近工件，然后手轮进给方式×1挡位慢速靠近毛坯端面，将刀具左刀尖轻轻靠在工件端面上，沿X向退刀。按   键切换至刀补测量页面，光标在02号刀补位置输入“Z0.”后按[测量]软键，完成Z轴对刀 | <br>偏置 / 形状 O1012 N00000<br>号 X轴 Z轴 半径 TIP<br>G 001 -208.633 -529.960 0.400 3<br>G 002 -197.780 -517.444 0.000 0<br>G 003 -259.128 -439.794 0.400 0<br>G 004 -228.660 -499.589 0.400 3<br>G 005 0.000 0.000 0.000 0<br>G 006 0.000 0.000 0.000 0<br>G 007 0.000 0.000 0.000 0<br>G 008 0.000 0.000 0.000 0<br>相对坐标 U -10.970 W -122.900<br>A) Z0. _<br>S 509 T0202<br>HND STOP *** *** 10:38:49<br>号搜索 测量 C输入 +输入 输入 |

续表

| 步骤 | 操作过程 | 图示 |
| --- | --- | --- |
| 槽刀试切法 $X$ 轴对刀 | 主轴正转，手动控制车刀靠近工件，然后手轮方式×1挡位慢速靠近工件，沿 $Z$ 向轻车工件外圆，切削长度以方便卡尺测量为准，沿 $Z$ 向退出车刀，主轴停止，测量工件外圆，按键切换至刀补测量页面，光标在02号刀补位置输入测量值“X12.”后按[测量]软键，完成 $X$ 轴对刀 | <br> |
| 运行程序加工工件 | 手动方式将刀具退出一定距离，按键进入程序界面，检索到“O1012”程序，选择单段运行方式，按“循环启动”按钮，开始程序自动加工，当车刀完成一次单段运行后，可以关闭单段模式，让程序连续运行 |  |

续表

| 步骤 | 操作过程 | 图示 |
| --- | --- | --- |
| 测量工件修刀补并精车工件 | 程序运行结束后，用千分尺测量零件外径尺寸，根据实测值计算出刀补值，对刀补进行修整。按“循环启动”按钮，再次运行程序，完成工件加工，并测量各尺寸是否符合图纸要求 | |
| 维护保养 | 卸下工件，清扫维护机床，刀具、量具擦净 | |

## 【任务检测】

小组成员分工检测零件，并将检测结果填入表3-16中。

表3-16　零件检测表

| 序号 | 检测项目 | 检测内容 | 配分 | 检测要求 | 学生自评 | | 老师测评 | |
| --- | --- | --- | --- | --- | --- | --- | --- | --- |
| | | | | | 自测 | 得分 | 检测 | 得分 |
| 1 | 直径 | $\phi$12mm两处 | 15 | 超差不得分 | | | | |
| 2 | 直径 | $\phi$13.4mm两处 | 15 | 超差不得分 | | | | |
| 3 | 长度 | 2.5mm | 10 | 超差不得分 | | | | |
| 4 | 长度 | 2.7mm两处 | 10 | 超差不得分 | | | | |
| 5 | 长度 | 3.4mm | 10 | 超差不得分 | | | | |
| 6 | 长度 | 4mm | 10 | 超差不得分 | | | | |
| 7 | 表面质量 | $Ra$1.6两处 | 3 | 超差不得分 | | | | |
| 8 | | 去除毛刺飞边 | 2 | 未处理不得分 | | | | |
| 9 | 时间 | 工件按时完成 | 5 | 未按时完成不得分 | | | | |
| 10 | 现场操作规范 | 安全操作 | 10 | 违反操作规程按程度扣分 | | | | |
| 11 | | 工量具使用 | 5 | 工量具使用错误，每项扣2分 | | | | |
| 12 | | 设备维护保养 | 5 | 违反维护保养规程，每项扣2分 | | | | |
| 13 | 合计(总分) | | 100 | 机床编号 | | 总得分 | | |
| 14 | 开始时间 | | 结束时间 | | | 加工时间 | | |

## 【工作评价与鉴定】

1. **评价**（90%，表 3-17）

表 3-17 综合评价表

| 项目 | 出勤情况（10%） | 工艺编制、编程（20%） | 机床操作能力（10%） | 零件质量（30%） | 职业素养（20%） | 成绩合计 |
|---|---|---|---|---|---|---|
| 个人评价 | | | | | | |
| 小组评价 | | | | | | |
| 教师评价 | | | | | | |
| 平均成绩 | | | | | | |

2. **鉴定**（10%，表 3-18）

表 3-18 实训鉴定表

| | |
|---|---|
| 自我鉴定 | 通过本节课我有哪些收获：<br>学生签名：________<br>____年____月____日 |
| 指导教师鉴定 | 指导教师签名：________<br>____年____月____日 |

# 任务三 加工水管头左端台阶

## 【任务要求】

任务一、二已经完成了水管头右端外圆轮廓及沟槽的加工，本任务要求完成水管头如图 3-8 所示左端台阶的加工，材料为 2A12，毛坯为已加工完右端外圆的水管头零件，请根据图纸要求，合理制订加工工艺，安全操作机床，达到规定的精度和表面质量要求。

## 【任务准备】

完成该任务需要准备的实训物品，如表 3-19 所示。

表 3-19 实训物品清单

| 序号 | 实训资源 | 种类 | 数量 | 备注 |
|---|---|---|---|---|
| 1 | 机床 | CKA6150 型数控车床 | 6 台 | 或者其他数控车床 |
| 2 | 参考资料 | 《数控车床使用说明书》《FANUC 0i-TC 车床编程手册》<br>《FANUC 0i-TC 车床操作手册》<br>《FANUC 0i-TC 车床连接调试手册》 | 各 6 本 | |
| 3 | 刀具 | 90°外圆车刀 | 6 把 | |
| 4 | 量具 | 0～150mm 游标卡尺 | 6 把 | |
| | | 0～25mm 千分尺 | 6 套 | |
| | | 百分表 | 6 块 | |
| 5 | 辅具 | 百分表架 | 6 套 | |
| | | 内六角扳手 | 6 把 | |
| | | 套管 | 6 把 | |
| | | 卡盘扳手 | 6 把 | |
| | | 毛刷 | 6 把 | |
| 6 | 材料 | 2A12 | 6 根 | |
| 7 | 工具车 | | 6 辆 | |

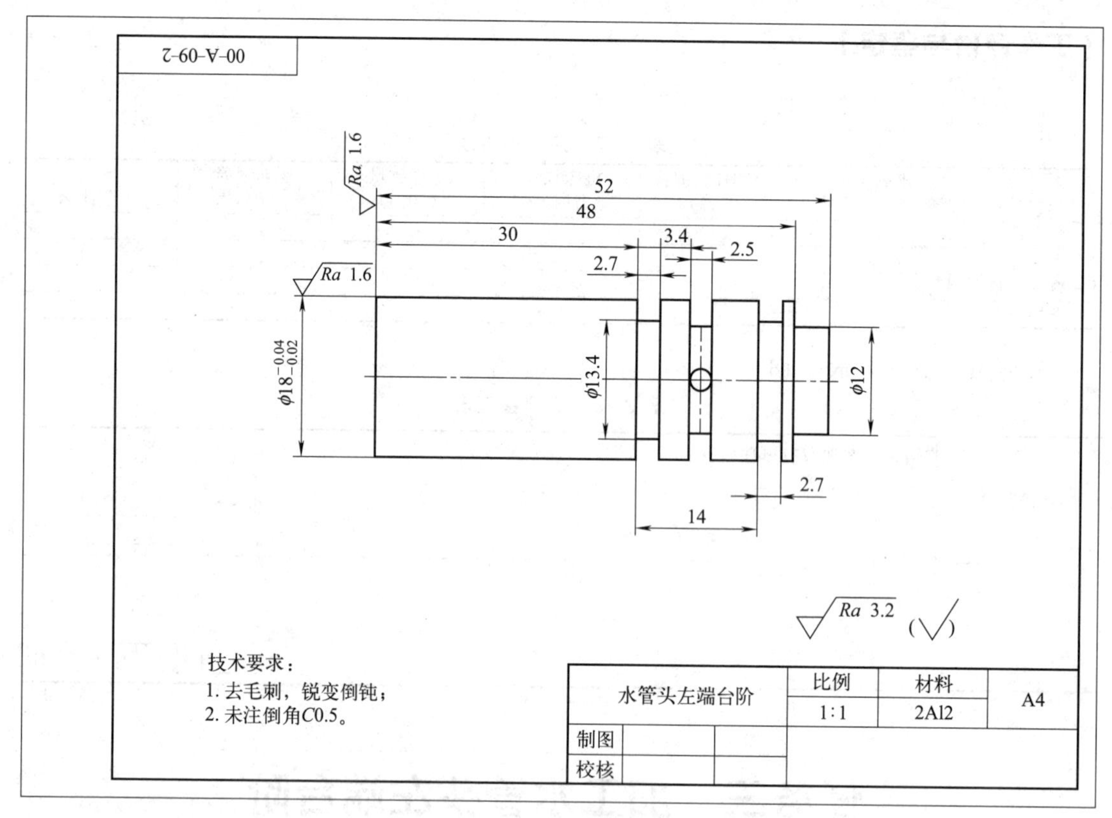


图 3-8　水管头左端台阶

## 【相关知识】

## 一、基础知识

G94 端面加工循环的使用技巧如下：

(1) G94 单一端面循环的编程格式：

G94　X(U)__　Z(W)__　F __;　　　　(车削直端面)

或 G94　X(U)__　Z(W)__　R __　F __;(车削锥度端面)

说明：

① X __、Z __为端面切削终点坐标。

② U、W 为端平面切削的终点相对于循环起点的坐标增量。

③ F __为切削进给量。

④ R __为锥面轴向尺寸，R=圆锥起点 Z 坐标－圆锥终点 Z 坐标。

⑤ G94 指令循环车削直端面、锥端面如图 3-9 所示：循环起点 $A \to B \to C \to D \to A$ 循环终点 。

(2) G94 指令编程实例　对直径差比较大的毛坯（如图 3-10）进行加工时，如果使用普通外圆刀加工，将会浪费加工时间，在实际生产中可以选用切断刀，利用 G94 指令端面加工功能对工件外圆进行加工，提高效率。

G94 指令加工编程：

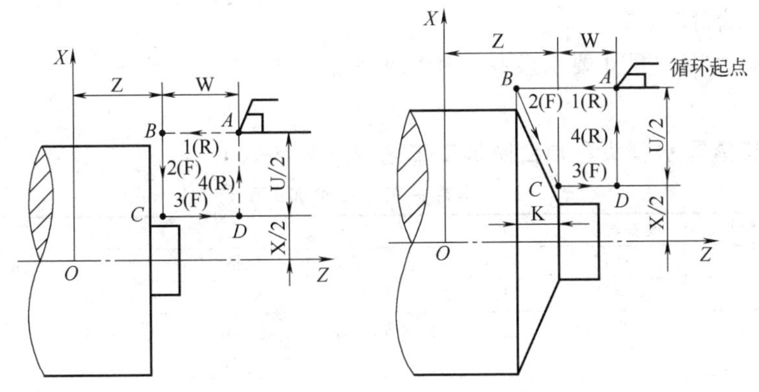


图 3-9　G94 指令端面循环的路径

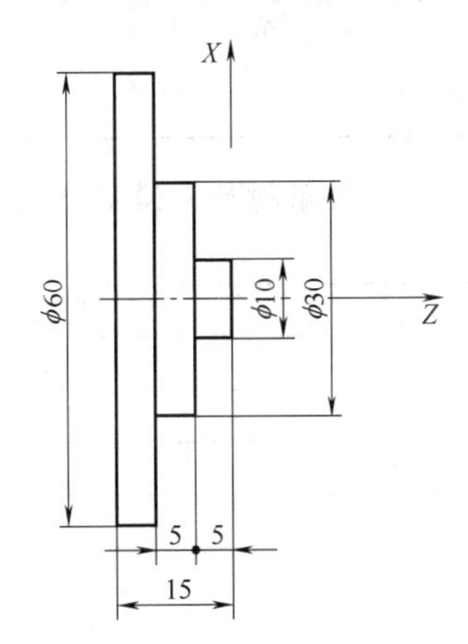


图 3-10　直径差较大的毛坯

```
O0002;
T0101;
G97  S600  M03;
G00  X65.  Z2.  M08;
G94  X10.  Z-5.  F0.15;
X-10.  Z-10.;
G00 X100. Z100.  M09;
M05;
```

## 二、相关工艺知识

轴类零件走刀路线基本原则如下。

(1) 先粗后精原则　即粗加工—半精加工—精加工顺序，粗加工时应充分发挥机床的性能和刀具切削性能，快速切除工件大部分加工余量，尽可能减少走刀次数，缩短粗加工的时间；精加工时要注意保证加工件的精度和表面质量。

(2) 先近后远、先面后孔原则　先近后远不仅可以缩短刀具移动距离，减少空刀时间，还有利于保持加工件的刚性。而先面后孔是因为铣平面时切削力较大，导致加工件容易发生变形，可以在铣平面等待其变形后恢复再键孔，有利于保证孔的加工精度。若先孔后面的话，在孔口就会出现毛刺飞边的情况，后续会影响孔的装配。

(3) 先内后外、内外交叉原则　加工顺序：内表面粗加工—外表面粗加工—内表面精加工—外表面精加工，以保证加工件的精度和表面质量。

(4) 刀具调用次数减少原则　即同一把刀具尽可能地加工完工件上所有要用该刀具加工的每个部位后，再换第二把刀具加工其他部位，避免同一把刀具多次调用安装，减少换刀时间，压缩空刀时间。

(5) 走刀路线最短原则　在保证加工质量的前提下，使加工程序进行最短的走刀路线，若能合理选择起刀点和换刀点，合理安排各路径空刀的衔接，不仅能节省加工时间，还可以减少一些不必要的刀具磨损和其他的损耗。

## 【任务实施】

### 1. 工艺分析

① 该零件毛坯为 $\phi$20mm×55mm 的 2A12，水管头右端已经加工完成，用三爪卡盘夹

紧右端，加工左端台阶。

② 由于零件的圆柱尺寸要求较高，所以要分粗、精加工以保证零件的表面质量和尺寸精度。

### 2. 根据图样填写水管头左端台阶加工工艺卡（表 3-20）

表 3-20 水管头左端台阶加工工艺卡

| 零件名称 | | 材料 | 设备名称 | 毛坯 | | | | | |
|---|---|---|---|---|---|---|---|---|---|
| 水管头 | | 2A12 | CKA6150 | 种类 | 铝棒 | 规格 | $\phi$20mm×55mm | | |
| 任务内容 | | | 程序号 | O1013 | 数控系统 | FANUC 0i-TC | | | |
| 工序号 | 工步 | 工步内容 | 刀号 | 刀具名称 | 主轴转速 $n$/(r/min) | 进给量 $f$/(mm/r) | 背吃刀量 $a_p$/(mm/r) | 余量/mm | 备注 |
| | 1 | 粗加工外圆各表面 | 1 | 90°外圆车刀 | 800 | 0.2 | 2.0 | 0.5 | |
| | 2 | 精加工外圆各表面 | 1 | 90°外圆车刀 | 1000 | 0.08 | 0.25 | 0 | |
| 编制 | | | | 教师 | | | 共 1 页 | 第 1 页 | |

### 3. 准备材料、设备及工量具（表 3-21）

表 3-21 准备材料、设备及工量具

| 序号 | 材料、设备及工量具名称 | 规格 | 数量 |
|---|---|---|---|
| 1 | 2A12 | $\phi$25mm×55mm | 6 块 |
| 2 | 数控车床 | CKA6150 | 6 台 |
| 3 | 千分尺 | 0～25mm | 6 把 |
| 4 | 千分尺 | 25～50mm | 6 把 |
| 5 | 游标卡尺 | 0～150mm | 6 把 |
| 6 | 90°外圆车刀 | 25mm×25mm | 6 把 |

### 4. 加工参考程序

根据 FANUC 0i-TC 编程要求制订的加工工艺，编写零件加工程序如（参考）表 3-22。

表 3-22 左端台阶加工程序

| 程序段号 | 程序内容 | 说明注释 |
|---|---|---|
| N10 | O1013 | 程序号 |
| N20 | G97 G99 S800 M03 F0.2 | 转速 800r/min，进给设定为 0.2mm/r |
| N30 | T0101 | 1 号刀具 1 号刀补 |
| N40 | G00 X22. Z2. | 刀具定位点 |
| N50 | G71 U2.0 R1.0 | 切削深度 2mm，退刀量 1mm |
| N60 | G71 P70 Q120 U0.5 W0.05 | $X$ 向精加工余量为 0.5mm，$Z$ 向精加工余量为 0.05mm |
| N70 | G42 G00 X17. | 精加工起始段 |
| N80 | G01 Z0. | |
| N90 | X18. Z−0.5 | |
| N100 | Z−31. | |
| N110 | X20. | |
| N120 | G40 G00 X22. | 精加工结束段 |
| N130 | X200.0 Z100.0 | 退刀 |
| N140 | M00 | 程序停止 |
| N150 | S1000 M03 F0.08 | 转速 1000r/min，进给设定为 0.08mm/r |
| N160 | T0101 | 1 号刀具，1 号刀补 |

续表

| 程序段号 | 程序内容 | 说明注释 |
| --- | --- | --- |
| N170 | G00 X22.0 Z2.0 | 刀具加工循环起点 |
| N180 | G70 P70 Q160 | 精加工 |
| N190 | X200.0 Z100.0 | 退刀 |
| N200 | M30 | 程序结束 |

5. 仿真加工

用数控仿真软件，FANUC 0i-TC 数控系统进行程序录入及程序仿真加工的步骤如表 3-23 所示。

表 3-23　FANUC 0i-TC 程序录入及程序仿真加工操作

| 步骤 | 操作过程 | 图示 |
| --- | --- | --- |
| 安装毛坯 | 零件的左端已经加工完成，选择机床操作，单击工件调头 | 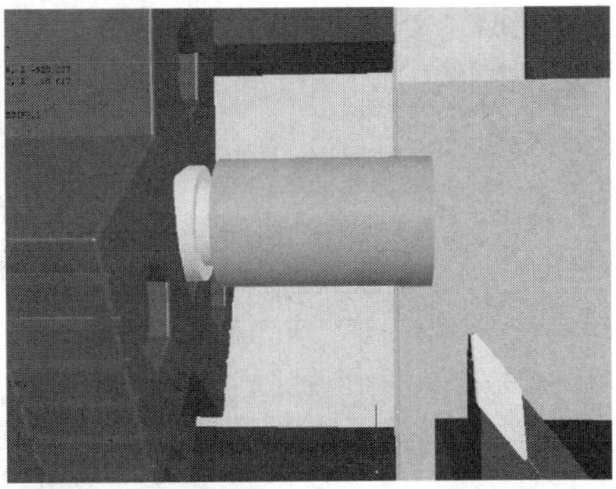 |
| 保证零件总长 | 将刀具调整到靠近工件的位置，切端面，测量零件长度，将多余的长度切除 | 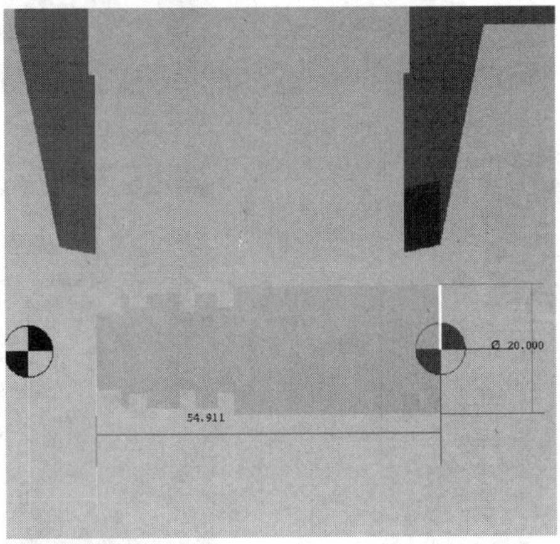 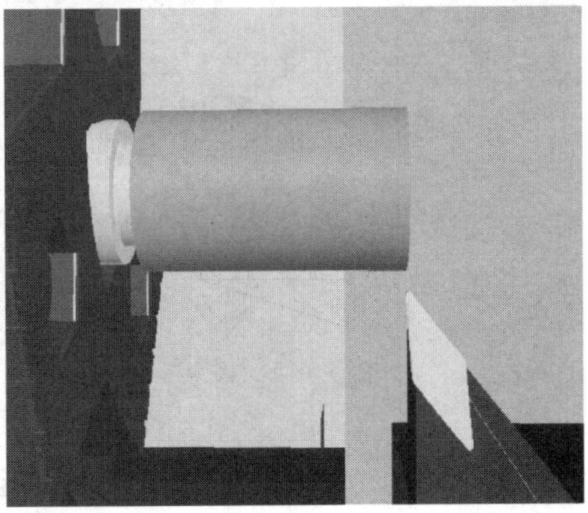 |

续表

| 步骤 | 操作过程 | 图示 |
| --- | --- | --- |
| 仿真对刀 | 1. 在手动操作方式下,用所选刀具在加工余量范围内试切工件外圆,记下此时显示屏中的 X 坐标值,记为 Xa。(注意:数控车床显示和编程的 X 坐标一般为直径值)。在刀具补偿界面 1 号刀补输入 Xa 值,单击[测量]软键完成 *X* 向对刀。<br>2. 用刀具将材料多余的长度切除,在刀具补偿界面 1 号刀补输入 Z0 值,单击[测量]软键完成 *Z* 向对刀 | 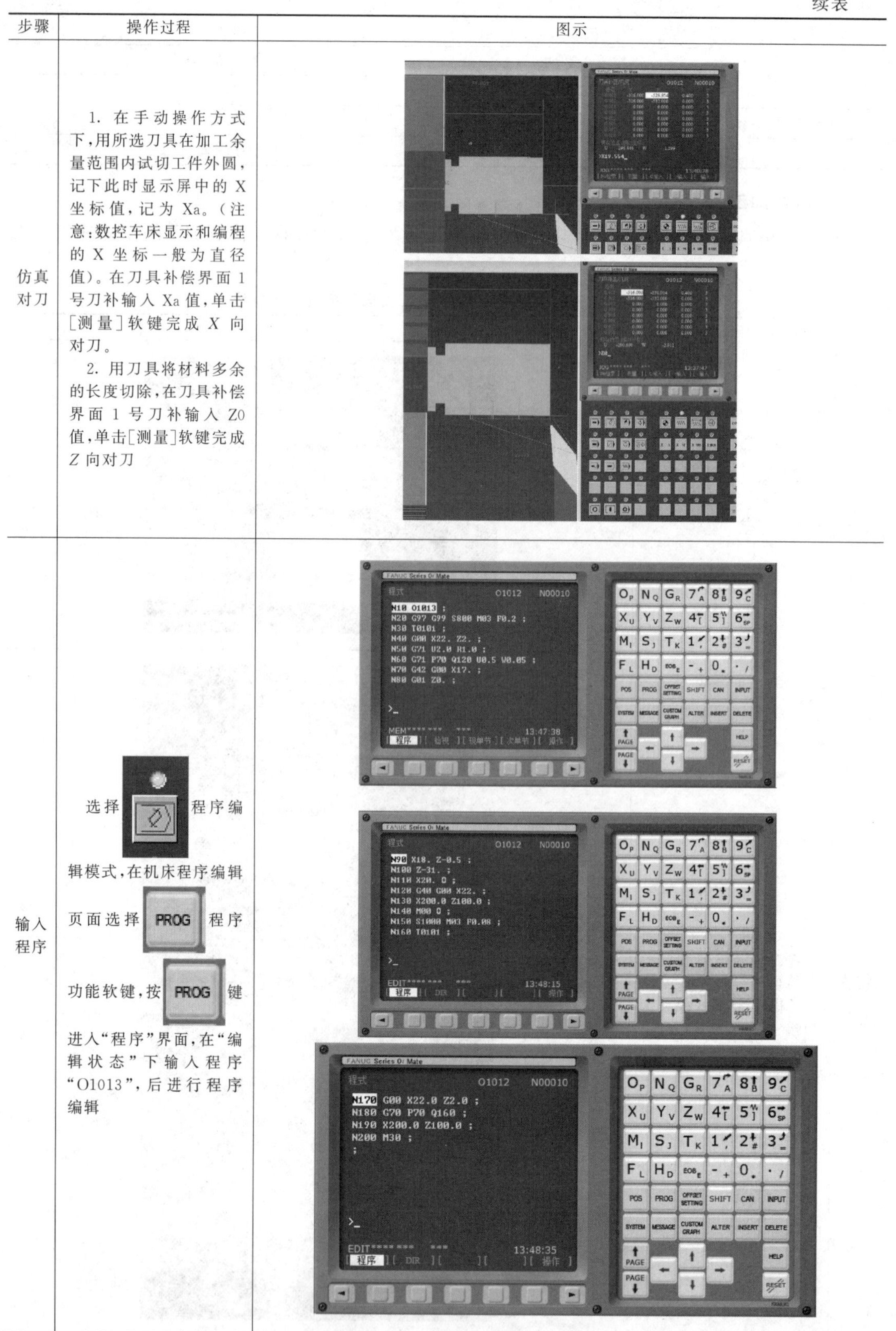 |
| 输入程序 | 选择 程序编辑模式,在机床程序编辑页面选择 PROG 程序功能软键,按 PROG 键进入"程序"界面,在"编辑状态"下输入程序"O1013",后进行程序编辑 | |

续表

| 步骤 | 操作过程 | 图示 |
| --- | --- | --- |
| 仿真加工 | 选择"自动运行"状态，按  "循环启动"按钮进行零件加工，按"循环启动"按钮运行程序，加工零件完成后，检查尺寸是否正确 |  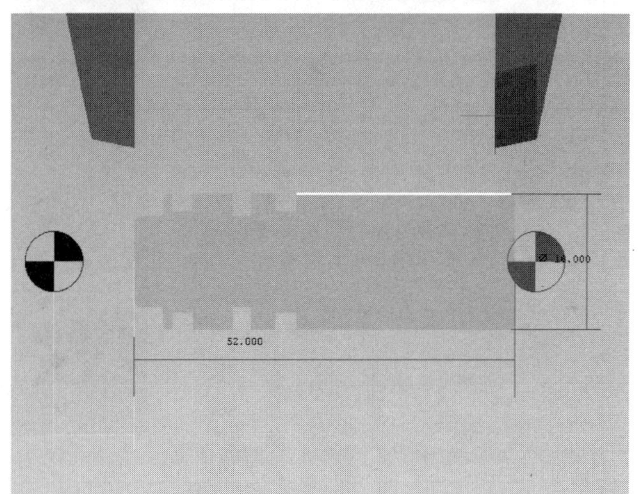  |

## 6. 加工零件

加工零件操作步骤如表 3-24 所示。

企业生产安全操作提示：

① 模拟结束以后一定要先回零后加工。

② 加工时选择单段运行程序，确认定位点无误后开始加工。

③ 开始加工时，倍率开关选择小倍率。

④ 单人操作加工，加工时一定要关上防护门。

⑤ 安装毛坯及测量工件时，机床需处于编辑模式。

⑥ 安装刀具车时，车刀刀尖必须与工件中心等高，否则会引起刀具的损坏。

表 3-24 加工零件步骤

| 步骤 | 操作过程 | 图示 |
| --- | --- | --- |
| 装夹零件毛坯 | 调头装夹零件，用 90°外圆刀切削端面，保证工件总长，并进行外圆刀对刀，外圆刀对刀方法同上 |  |
| 运行程序加工工件 | 手动方式将刀具退出一定距离，按  PROG 键进入程序界面，检索到"O1013"程序，选择单段运行方式，按"循环启动"按钮，开始程序自动加工，当车刀完成一次单段运行后，可以关闭单段模式，让程序连续运行 |  |
| 测量工件修刀补并精车工件 | 程序运行结束后，用千分尺测量零件外径尺寸，根据实测值计算出刀补值，对刀补进行修整。按"循环启动"按钮，再次运行程序，完成工件加工，并测量各尺寸是否符合图纸要求 |  |

续表

| 步骤 | 操作过程 | 图示 |
| --- | --- | --- |
| 维护保养 | 清扫维护机床，刀具、量具擦净 |  |

## 【任务检测】

小组成员分工检测零件，并将检测结果填入表 3-25 中。

表 3-25　零件检测表

| 序号 | 检测项目 | 检测内容 | 配分 | 检测要求 | 学生自评 |  | 老师测评 |  |
| --- | --- | --- | --- | --- | --- | --- | --- | --- |
|  |  |  |  |  | 自测 | 得分 | 检测 | 得分 |
| 1 | 直径 | $\phi$18mm | 30 | 超差不得分 |  |  |  |  |
| 2 | 长度 | 52mm | 30 | 超差不得分 |  |  |  |  |
| 3 | 表面质量 | $Ra$1.6 两处 | 6 | 超差不得分 |  |  |  |  |
| 4 |  | 去除毛刺飞边 | 4 | 未处理不得分 |  |  |  |  |
| 5 | 时间 | 工件按时完成 | 10 | 未按时完成不得分 |  |  |  |  |
| 6 | 现场操作规范 | 安全操作 | 10 | 违反操作规程按程度扣分 |  |  |  |  |
| 7 |  | 工量具使用 | 5 | 工量具使用错误，每项扣 2 分 |  |  |  |  |
| 8 |  | 设备维护保养 | 5 | 违反维护保养规程，每项扣 2 分 |  |  |  |  |
|  | 合计(总分) |  | 100 | 机床编号 |  | 总得分 |  |  |
|  | 开始时间 |  | 结束时间 |  |  | 加工时间 |  |  |

## 【工作评价与鉴定】

1. **评价**（90%，表 3-26）

表 3-26　综合评价表

| 项目 | 出勤情况(10%) | 工艺编制、编程(20%) | 机床操作能力(10%) | 零件质量(30%) | 职业素养(20%) | 成绩合计 |
| --- | --- | --- | --- | --- | --- | --- |
| 个人评价 |  |  |  |  |  |  |
| 小组评价 |  |  |  |  |  |  |
| 教师评价 |  |  |  |  |  |  |
| 平均成绩 |  |  |  |  |  |  |

2. **鉴定**（10%，表 3-27）

表 3-27　实训鉴定表

| 自我鉴定 | 通过本节课我有哪些收获：<br>学生签名：________<br>____年____月____日 |
| --- | --- |

续表

| 指导教师鉴定 | 指导教师签名：________<br>____年____月____日 |
|---|---|

# 任务四　加工水管头左端内孔

## 【任务要求】

前三个任务已经完成了水管头右端台阶、沟槽及左端台阶的加工，目前只缺少左端内孔的加工，本任务要求完成如图 3-11 所示的水管头左端内孔加工，材料为 2A12，毛坯为前三个任务所加工的零件，请根据图纸要求，合理制订加工工艺，安全操作机床，达到规定的精度和表面质量要求。

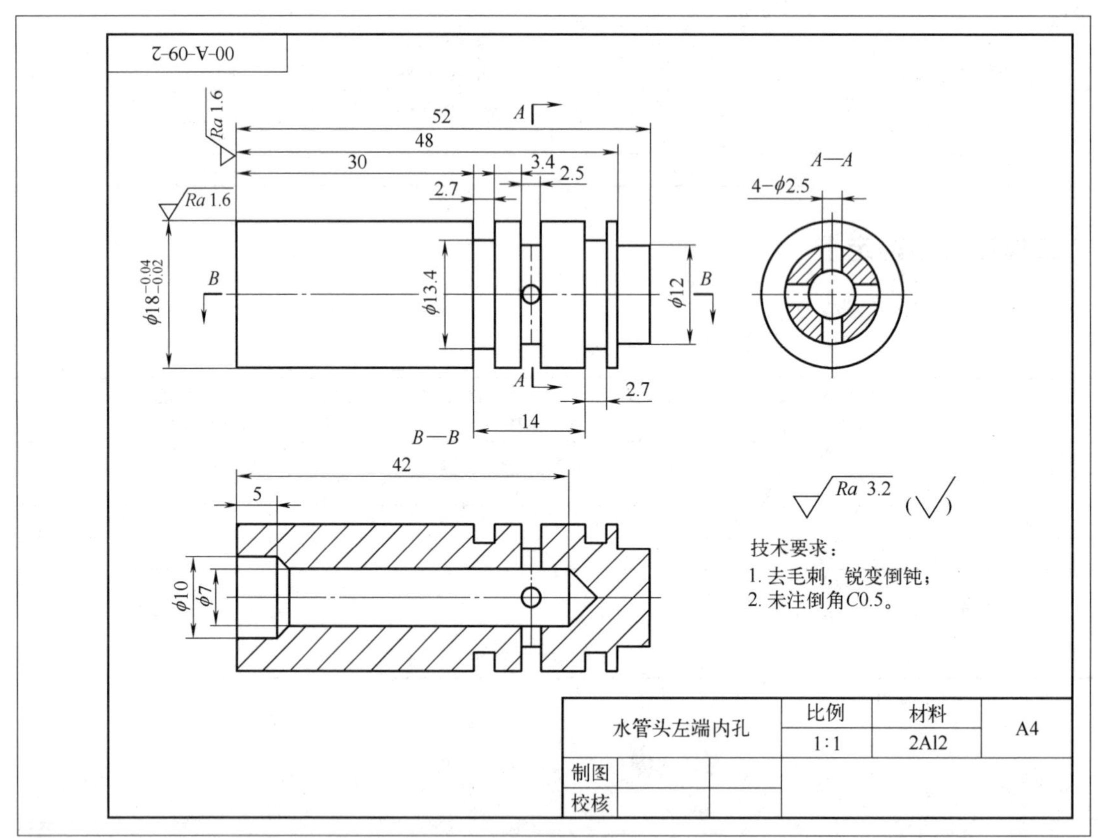


图 3-11　水管头左端内孔

## 【任务准备】

完成该任务需要准备的实训物品，如表 3-28 所示。

表 3-28　实训物品清单

| 序号 | 实训资源 | 种类 | 数量 | 备注 |
| --- | --- | --- | --- | --- |
| 1 | 机床 | CKA6150 型数控车床 | 6 台 | 或者其他数控车床 |
| 2 | 参考资料 | 《数控车床使用说明书》<br>《FANUC 0i-TC 车床编程手册》<br>《FANUC 0i-TC 车床操作手册》<br>《FANUC 0i-TC 车床连接调试手册》 | 各 6 本 | |
| 3 | 刀具 | 内孔车刀 | 6 把 | |
| 4 | 量具 | 0～150mm 游标卡尺 | 6 把 | |
| | | 0～25mm 内孔千分尺 | 6 套 | |
| 5 | 辅具 | 百分表架 | 6 套 | |
| | | 内六角扳手 | 6 把 | |
| | | 套管 | 6 把 | |
| | | 卡盘扳手 | 6 把 | |
| | | 毛刷 | 6 把 | |
| 6 | 材料 | 2A12 | 6 根 | |
| 7 | 工具车 | | 6 辆 | |

## 【相关知识】

### 一、基础知识

#### 1. 镗孔相关编程知识

镗孔是常用的孔加工方法之一，镗孔精度一般可达 IT7-IT8，表面粗糙度 *Ra* 值为 1.6-3.2。安装内孔车刀的刀尖要略高于工件回转中心，安装时要先看一下镗孔刀是否和孔内壁发生干涉，否则应重新调整或刃磨。为了增加车削刚性，防止产生振动，要尽量选择粗的刀杆，装夹时刀杆伸出长度尽可能短，只要略大于孔深即可。为了确保安全，可在镗孔前，先用内孔刀在孔内试走一遍。精车内孔时，应保持刀刃锋利，否则容易产生让刀，把孔车成锥形。在内孔加工过程中，主要是控制切屑流出方向来解决排屑问题。精镗孔时要求切屑流向待加工表面（前排屑），前排屑主要采用正刃倾角内孔车刀。

套类工件内孔的加工通常用到钻、扩、镗等工序，但目前多数钻孔加工还是通过手动操作完成的。下面重点以内孔车削加工来说明相关指令的应用。

#### 2. 粗车内孔

粗车内孔一般可以用 G90 指令/G71 指令，基本用法同外圆车削编程。

① 应用 G90 指令时，定位点应处于小于工件钻后孔半径 0.5～1mm，如图 3-12（a）所示。

② 应用 G71 指令时，指令中的 *X* 轴方向加余量方向为负向，故一般取 U 为－1.0～－0.5，循环定位点的确定原则同 G90 指令，如图 3-12（a）。

#### 3. 精车内孔

通常可以直接用 G01 指令，编程应用时主要应合理确定加工路线，刀具初始定位点的 X 坐标应小于工件的底孔直径，进退刀时要注意刀具的走刀路线、方向，如图 3-12（b）。

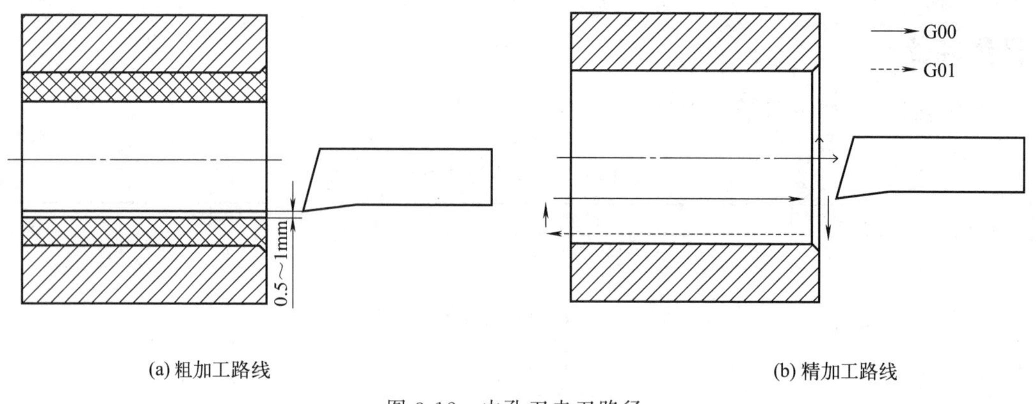


图 3-12　内孔刀走刀路径

## 二、相关工艺知识

### 1. 内孔车刀的分类

（1）通孔车刀　如图 3-13，通孔车刀的几何形状与外圆车刀相似，为了减少径向切削力，防止振动，主偏角（$\kappa$r）通孔车刀的主偏角一般取 60°～75°，副偏角（$\kappa$r′）一般取 15°～30°。为了防止内孔车刀后刀面和孔壁摩擦，又不使后角磨得太大，一般磨成两个后角（如图 3-14）。

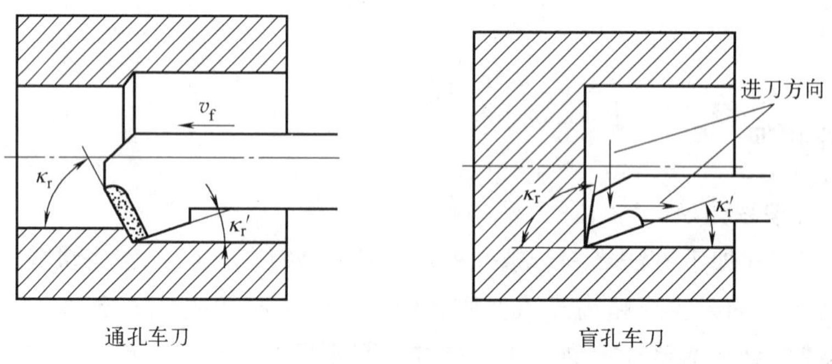


图 3-13　内孔车刀种类

（2）盲孔车刀　如图 3-13，盲孔车刀用来车盲孔或阶台孔，切削部分的几何形状基本上与 90°偏刀相似，其主偏角（$\kappa$r）应大于 90°，一般取 92°～95°，副偏角（$\kappa$r′）一般取 10°以下，后角的要求和通孔车刀一样，刀尖在刀杆的最前端。刀尖到刀杆外端的距离应小于孔半径，否则无法车平孔的底面。

当内孔尺寸较小时，车刀一般做成整体式，如图 3-15（a），若内孔尺寸允许，为了节省刀具材料，提高刀杆刚度，可把高速钢或硬质合金做成较小的刀头，装在刀杆前端的方孔内，用螺钉固定，如图 3-15（b）、（c）。

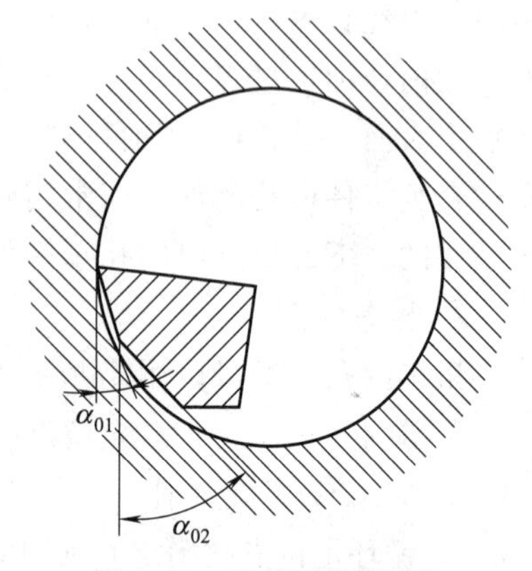


图 3-14　后刀面的两个角

### 2. 车内孔的方法

车内孔的方法基本上与车外圆相同，只是车内孔的工作条件较差，加上刀杆刚性差，容易引起振动，因此切削用量应比车外圆时低一些。

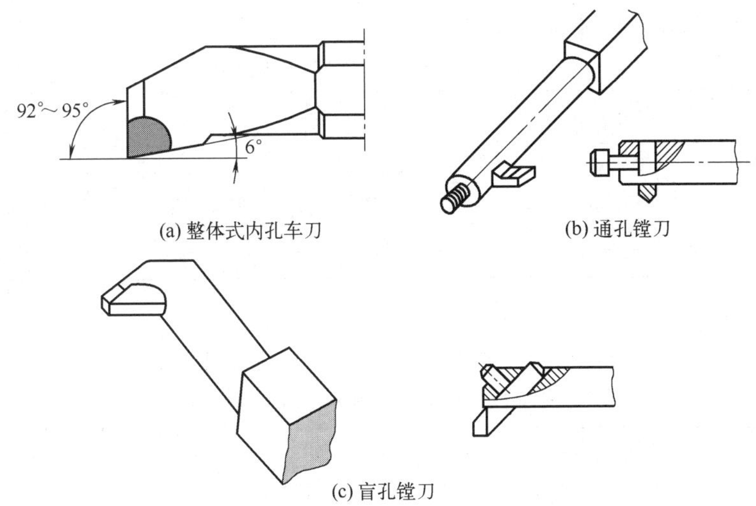


(a) 整体式内孔车刀　(b) 通孔镗刀

(c) 盲孔镗刀

图 3-15　内孔车刀结构

车内孔的关键问题是解决内孔车刀的刚性和排屑问题。为此，在车孔前对车孔刀的几何角度、刀杆尺寸以及车孔刀的安装要充分注意以下几点：

① 装夹内孔车刀时，刀尖应与工件中心等高或稍高。如果刀尖低于工件中心，由于切削力的作用，容易将刀杆压低而产生扎刀现象，并可造成孔径扩大。

② 为了增加车孔刀的强度和刚度，应尽可能选用截面尺寸较大的刀杆。

③ 为了增加刀杆强度，刀杆伸出长度应尽可能短些，只要刀杆伸出长度略大于孔深即可。如果刀杆需伸出较长，可在刀杆下面垫一块垫铁支撑刀杆，以免因刀杆伸出太长，刚度降低而引起振动。

④ 刀杆要平行于工件轴线，否则车削时刀杆容易碰到内孔表面。

⑤ 为了顺利排屑，精车通孔时要求切屑流向待加工表面（前排屑），可以采用刃倾角为正值的内孔车刀。加工盲孔时，应采用刃倾角为负值的内孔车刀，使切屑从孔口排出（后排屑）。

## 【任务实施】

### 1. 工艺分析

① 该零件毛坯为 $\phi$20mm×55mm 的 2A12，水管头右端已经加工完成，并且左端外圆已加工，现需加工左端内孔。

② 由于零件的圆柱内孔尺寸要求较高，所以要分粗、精加工以保证零件的表面质量和尺寸精度。

### 2. 根据图样填写水管头左端内孔加工工艺卡（表 3-29）

表 3-29　水管头左端内孔加工工艺卡

| 零件名称 | | 材料 | 设备名称 | 毛坯 | | | | | |
|---|---|---|---|---|---|---|---|---|---|
| 水管头 | | 2A12 | CKA6150 | 种类 | 铝棒 | 规格 | $\phi$25mm×55mm | | |
| 任务内容 | | | 程序号 | O1014 | 数控系统 | FANUC 0i-TC | | | |
| 工序号 | 工步 | 工步内容 | 刀号 | 刀具名称 | 主轴转速 $n$/(r/min) | 进给量 $f$/(mm/r) | 背吃刀量 $a_p$/(mm/r) | 余量 /mm | 备注 |
| | 1 | 钻 $\phi$7 孔 | | | | | | | |
| | 2 | 粗车 $\phi$10 内孔 | 3 | 内孔刀 | 500 | 0.2 | 1.5 | 0.5 | |
| | 3 | 精车 $\phi$10 内孔 | 3 | 内孔刀 | 800 | 0.08 | 0.25 | 0 | |
| 编制 | | | | 教师 | | | 共 1 页 | 第 1 页 | |

3. 准备材料、设备及工量具表 3-30。

表 3-30 准备材料、设备及工量具

| 序号 | 材料、设备及工量具名称 | 规格 | 数量 |
|---|---|---|---|
| 1 | 铝棒 | $\phi$20mm×55mm | 6 块 |
| 2 | 数控车床 | CKA6150 | 6 台 |
| 3 | 内径千分尺 | 0～25mm | 6 把 |
| 4 | 游标卡尺 | 0～150mm | 6 把 |
| 5 | 90°外圆车刀 | 25mm×25mm | 6 把 |
| 6 | 内孔刀 | 25mm×25mm | 6 把 |

4. 加工参考程序

根据 FANUC 0i-TC 编程要求制订的加工工艺，编写零件加工程序如（参考）表 3-31。

表 3-31 水管头左端内孔加工程序

| 程序段号 | 程序内容 | 说明注释 |
|---|---|---|
| N10 | O1014 | 程序号 |
| N20 | G97 G99 S500 M03 F0.2 | 转速 500r/min，进给设定为 0.2mm/r |
| N30 | T0303 | 3 号刀具，3 号刀补 |
| N40 | G00 X6. Z2. | 刀具定位点 |
| N50 | G71 U1.5 R0.5 | 切削深度 1.5mm，退刀量 0.5mm |
| N60 | G71 P70 Q120 U-0.5 W0.05 | $X$ 向精加工余量为 0.5mm，$Z$ 向精加工余量为 0.05mm |
| N70 | G00 X11. | 精加工起始段 |
| N80 | G41 G01 Z0. | |
| N90 | X10. Z-0.5 | |
| N100 | Z-5. | |
| N110 | X7. Z-6.5 | |
| N120 | G40 G00 X6. | 精加工结束段 |
| N130 | X200.0 Z100.0 | 退刀 |
| N140 | M00 | 程序停止 |
| N150 | S800 M03 F0.08 | 转速 800r/min，进给设定为 0.08mm/r |
| N160 | T0303 | 3 号刀具，3 号刀补 |
| N170 | G00 X6.0 Z2.0 | 刀具加工循环起点 |
| N180 | G70 P70 Q120 | 精加工 |
| N190 | X200.0 Z100.0 | 退刀 |
| N200 | M30 | 程序结束 |

5. 仿真加工

用数控仿真软件，FANUC 0i-TC 数控系统进行程序录入及程序仿真加工的步骤如表 3-32 所示。

表 3-32 FANUC 0i-TC 程序录入及程序仿真加工操作

| 步骤 | 操作过程 | 图示 |
|---|---|---|
| 安装毛坯 | 零件的左右端外圆和沟槽都已经加工完成，本任务要求加工水管头内孔 | 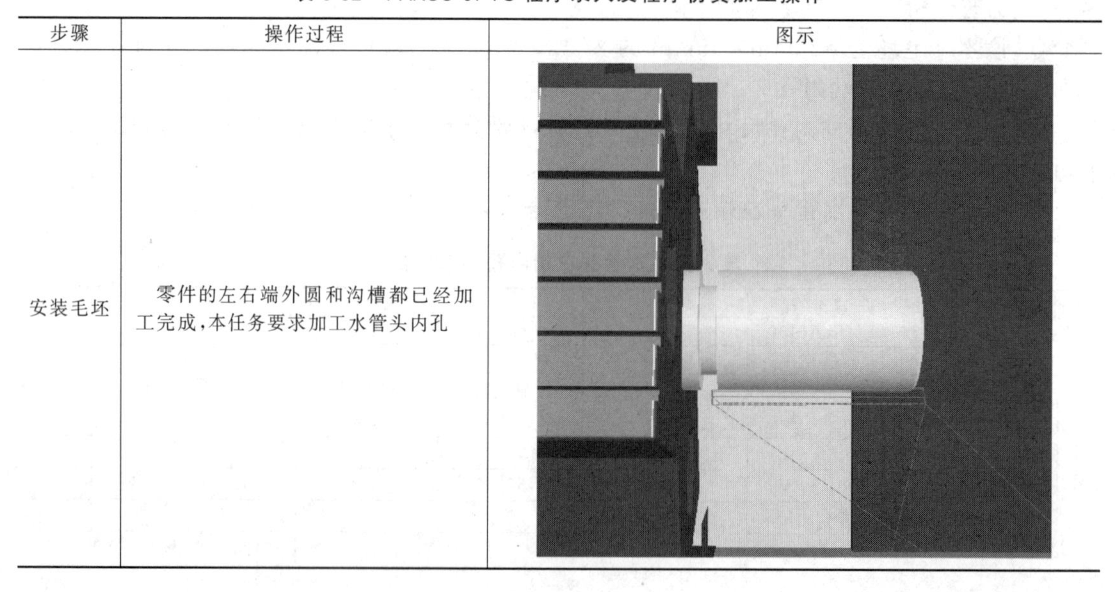 |

续表

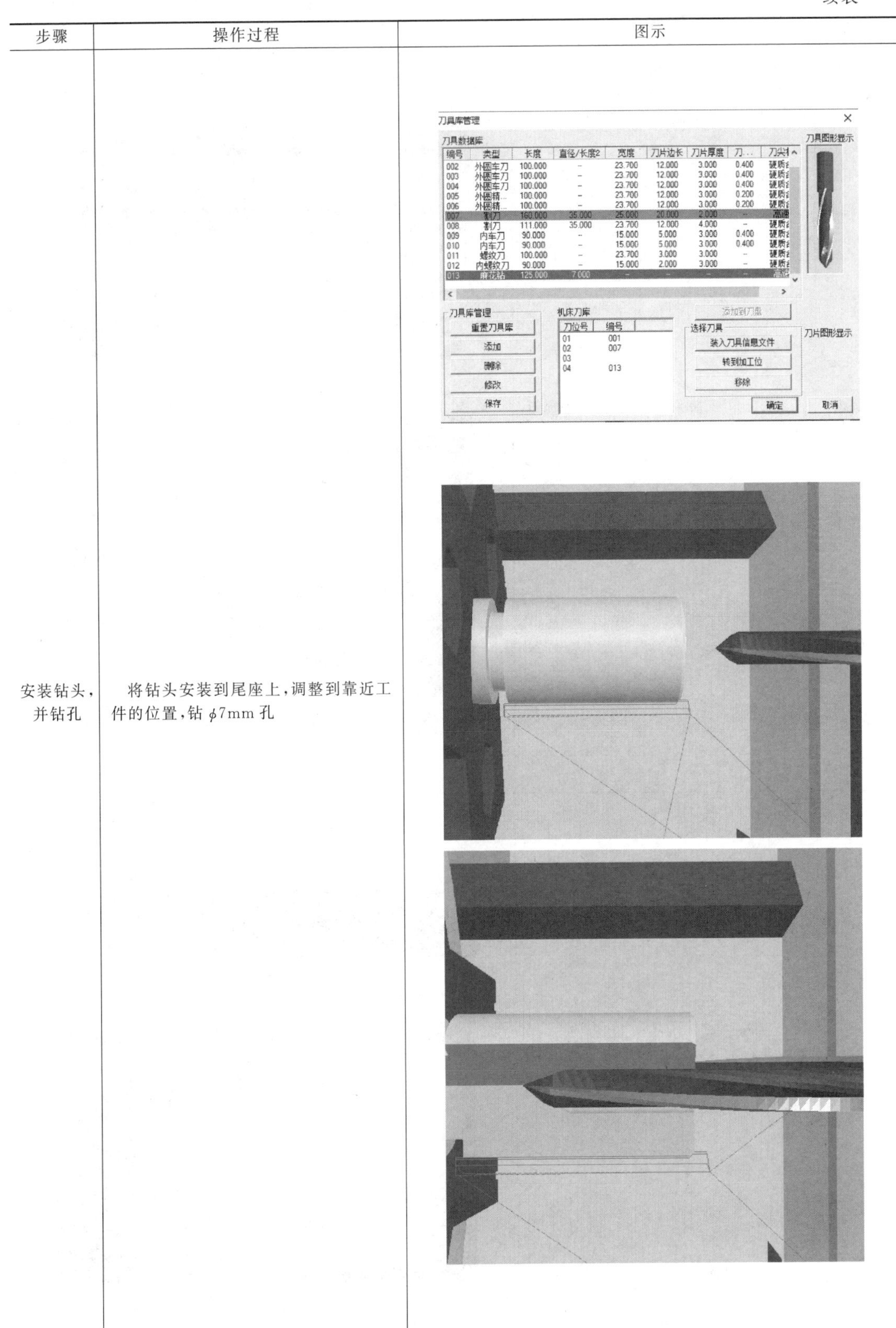


| 步骤 | 操作过程 | 图示 |
| --- | --- | --- |
| 安装钻头，并钻孔 | 将钻头安装到尾座上，调整到靠近工件的位置，钻 $\phi$7mm 孔 | |

续表

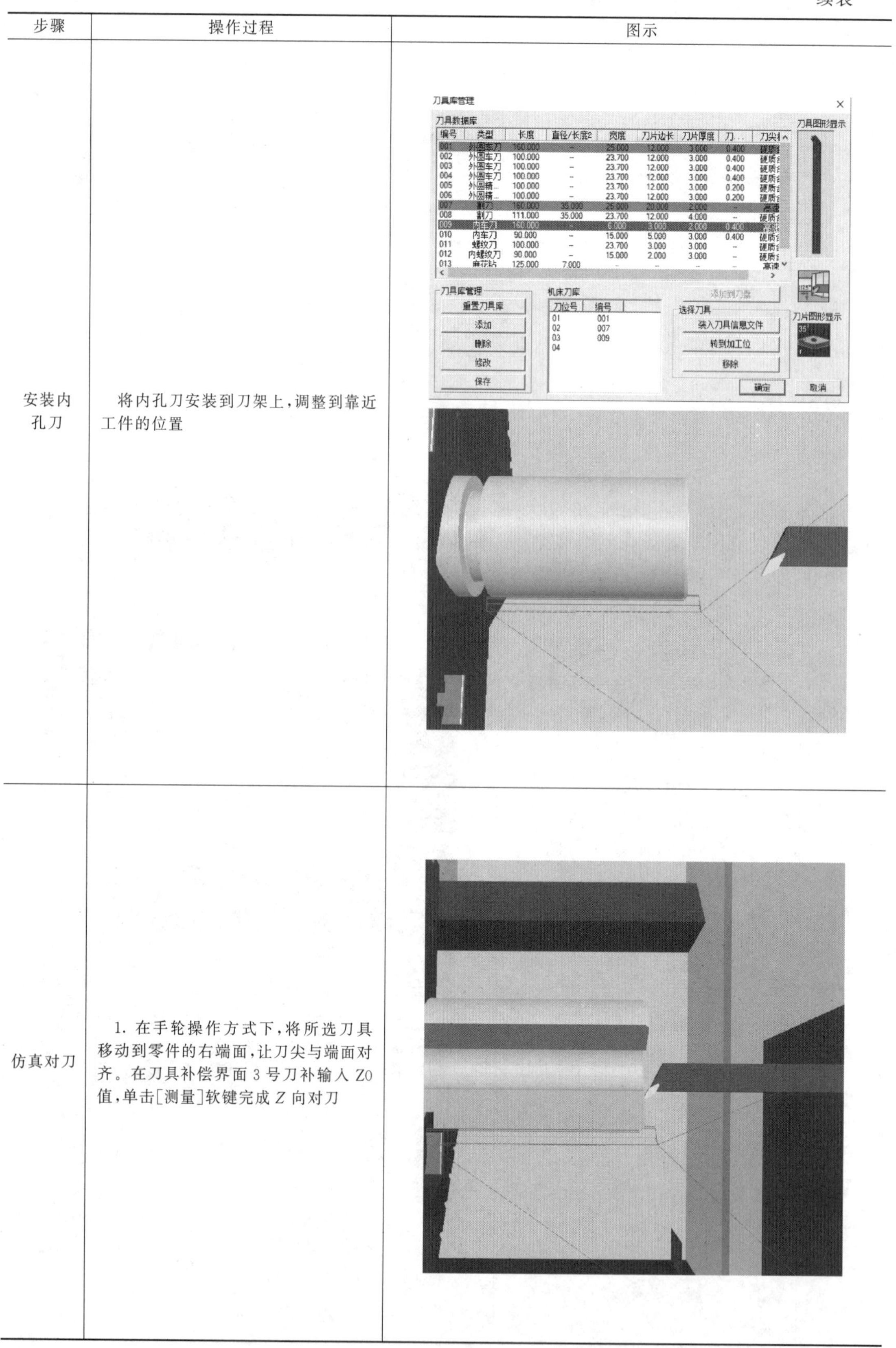


| 步骤 | 操作过程 | 图示 |
| --- | --- | --- |
| 安装内孔刀 | 将内孔刀安装到刀架上，调整到靠近工件的位置 | |
| 仿真对刀 | 1. 在手轮操作方式下，将所选刀具移动到零件的右端面，让刀尖与端面对齐。在刀具补偿界面3号刀补输入Z0值，单击[测量]软键完成 $Z$ 向对刀 | |

续表

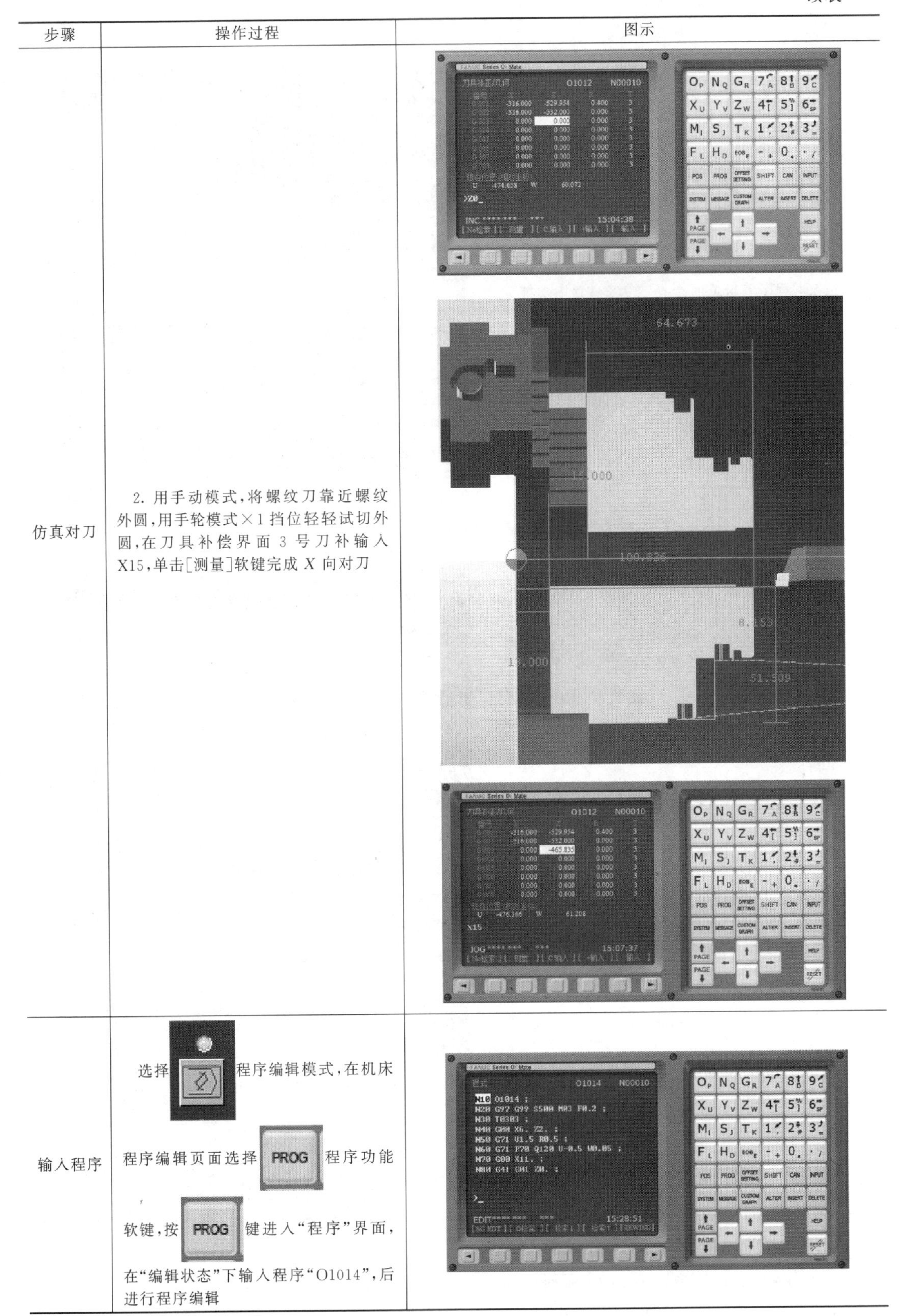

| 步骤 | 操作过程 | 图示 |
| --- | --- | --- |
| 仿真对刀 | 2. 用手动模式，将螺纹刀靠近螺纹外圆，用手轮模式×1挡位轻轻试切外圆，在刀具补偿界面3号刀补输入X15，单击[测量]软键完成X向对刀 | |
| 输入程序 | 选择程序编辑模式，在机床程序编辑页面选择PROG程序功能软键，按PROG键进入“程序”界面，在“编辑状态”下输入程序“O1014”，后进行程序编辑 | |

续表

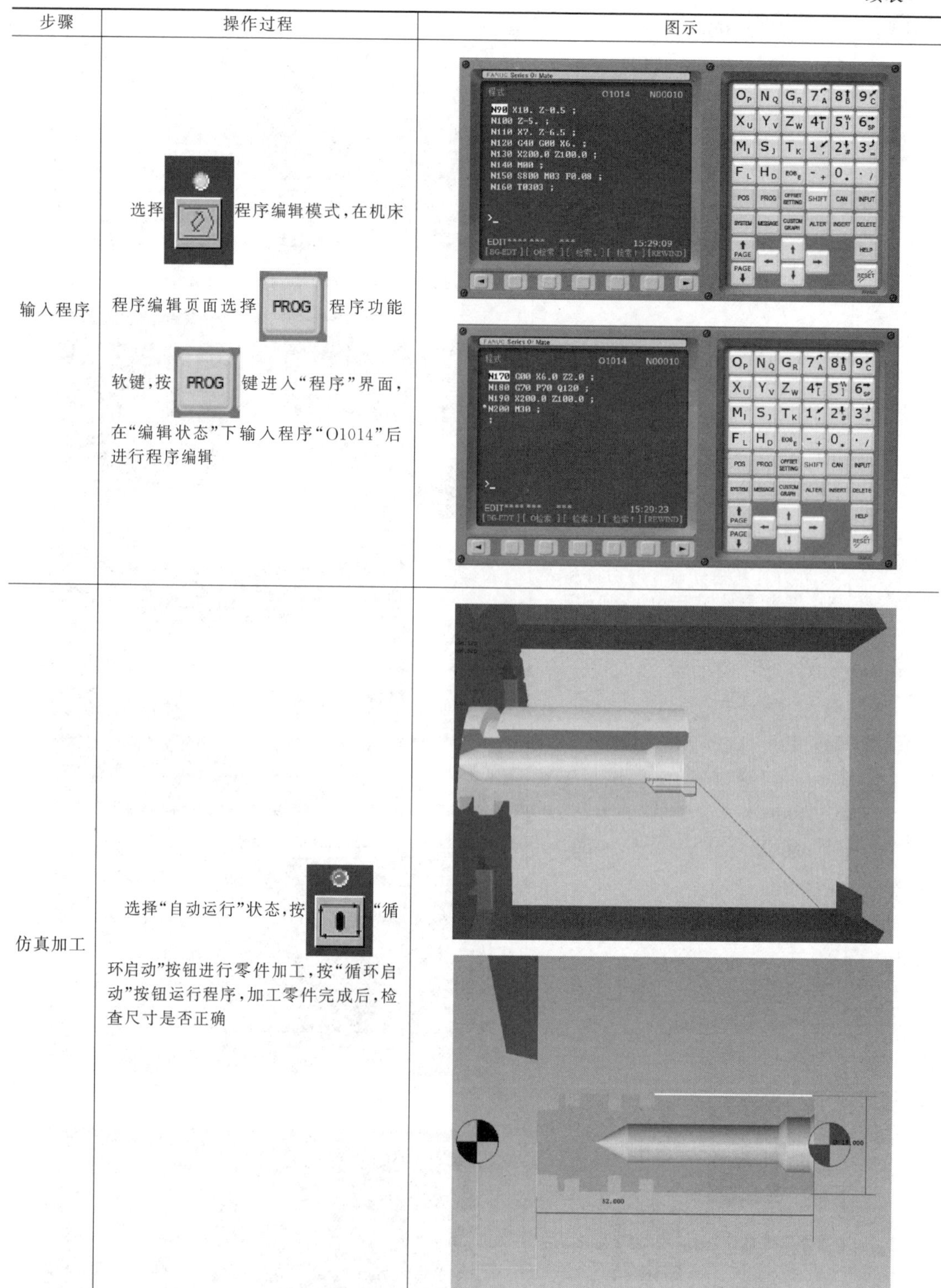

| 步骤 | 操作过程 | 图示 |
| --- | --- | --- |
| 输入程序 | 选择[程序编辑模式按键]程序编辑模式，在机床程序编辑页面选择 PROG 程序功能软键，按 PROG 键进入“程序”界面，在“编辑状态”下输入程序“O1014”后进行程序编辑 | |
| 仿真加工 | 选择“自动运行”状态，按[循环启动按钮]“循环启动”按钮进行零件加工，按“循环启动”按钮运行程序，加工零件完成后，检查尺寸是否正确 | |

## 6. 加工零件

加工零件操作步骤如表 3-33 所示。

企业生产安全操作提示：

① 模拟结束以后一定要先回零后加工。

② 加工时选择单段运行程序，确认定位点无误后开始加工。

③ 开始加工时，倍率开关选择小倍率。

④ 单人操作加工，加工时一定要关上防护门。

⑤ 安装毛坯及测量工件时，机床需处于编辑模式。

⑥ 安装刀具车时，车刀刀尖必须与工件中心等高，否则会引起刀具的损坏。

表 3-33　加工零件步骤

| 步骤 | 操作过程 | 图示 |
| --- | --- | --- |
| 装夹零件毛坯 | 左端外圆已加工完成，工件直接使用，接着加工左端内孔 |  |
| 钻中心孔 | 700r/min，用中心钻钻中心孔 |   |

续表

| 步骤 | 操作过程 | 图示 |
| --- | --- | --- |
| 钻 $\phi 7$ 孔 | 500r/min，用钻头钻 $\phi 7$mm 孔 |  |
| 安装车刀 | 将内孔刀在 3 号刀位，利用垫刀片调整刀尖高度，并使用顶尖检验刀尖高度位置 |  |
| 内孔刀试切法 $Z$ 轴对刀 | 主轴正转，用快速进给方式控制车刀靠近工件，然后手轮进给方式×1 挡位慢速靠近毛坯端面，将内孔刀刀尖轻轻靠在工件端面，沿 $X$ 向退刀。按键切换至刀补测量页面，光标在 03 号刀补位置输入"Z0."后按[测量]软键，完成 $Z$ 轴对刀 |  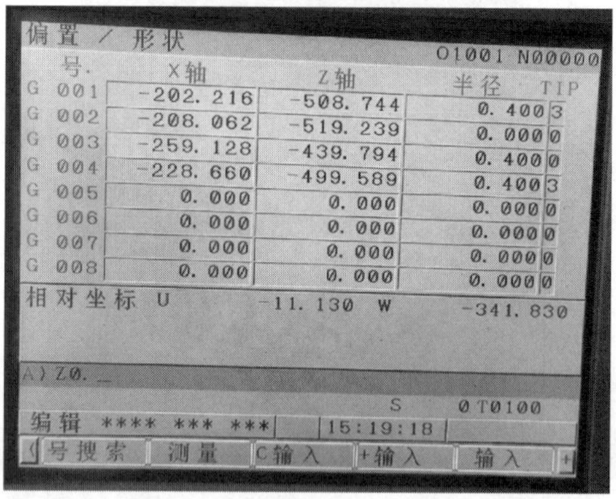 偏置 / 形状 O1001 N00000<br>号. X轴 Z轴 半径 TIP<br>G 001 -202.216 -508.744 0.400 3<br>G 002 -208.062 -519.239 0.000 0<br>G 003 -259.128 -439.794 0.400 0<br>G 004 -228.660 -499.589 0.400 3<br>G 005 0.000 0.000 0.000 0<br>G 006 0.000 0.000 0.000 0<br>G 007 0.000 0.000 0.000 0<br>G 008 0.000 0.000 0.000 0<br>相对坐标 U -11.130 W -341.830<br>A）Z0. _<br>S 0 T0100<br>编辑 **** *** *** 15:19:18<br>号搜索 测量 C输入 +输入 输入 |

续表

| 步骤 | 操作过程 | 图示 |
| --- | --- | --- |
| 内孔刀<br>试切法<br>$X$ 轴对刀 | 主轴正转，手动控制车刀靠近工件，然后手轮方式×10 挡位慢速靠近工件 $\phi 7$ 内孔，沿 $Z$ 向切削毛坯料约 1mm，切削长度以方便卡尺测量为准，沿 $Z$ 向退出车刀，主轴停止，测量工件外圆，按 OFS/SET 键切换至刀补测量页面，光标在 03 号刀补位置输入测量值“X7.92”后按[测量]软键，完成 $X$ 轴对刀 | <br>偏置 / 形状 O1001 N00000<br>号. X轴 Z轴 半径 TIP<br>G 001 -202.216 -508.744 0.400 3<br>G 002 -208.062 -519.239 0.000 0<br>G 003 -259.128 -463.834 0.400 0<br>G 004 -228.660 -499.589 0.400 3<br>G 005 0.000 0.000 0.000 0<br>G 006 0.000 0.000 0.000 0<br>G 007 0.000 0.000 0.000 0<br>G 008 0.000 0.000 0.000 0<br>相对坐标 U -133.730 W -396.920<br>A)X7.92_<br>S 0 T0100<br>HND **** *** *** 15:28:28<br>号搜索 测量 C输入 +输入 输入 |
| 运行程序<br>加工工件 | 手动方式将刀具退出一定距离，按  键进入程序界面，检索到“O1014”程序，选择单段运行方式，按“循环启动”按钮，开始程序自动加工，当车刀完成一次单段运行后，可以关闭单段模式，让程序连续运行 |  |

续表

| 步骤 | 操作过程 | 图示 |
|---|---|---|
| 测量工件修刀补并精车工件 | 程序运行结束后，用千分尺测量零件内孔尺寸，根据实测值计算出刀补值，对刀补进行修整。按“循环启动”按钮，再次运行程序，完成工件加工，并测量各尺寸是否符合图纸要求 | 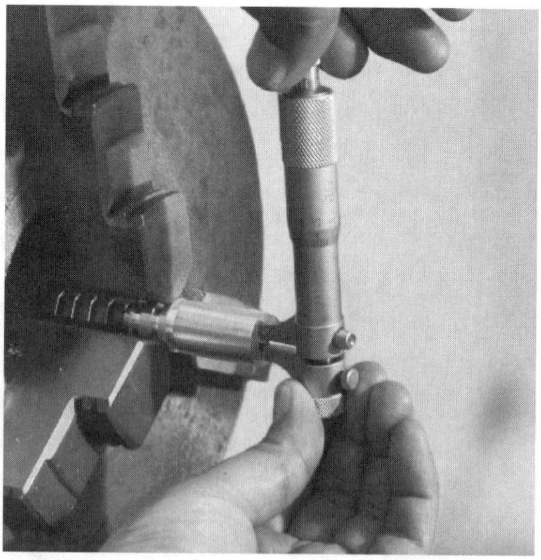 |
| 维护保养 | 卸下工件，清扫维护机床，刀具、量具擦净 | 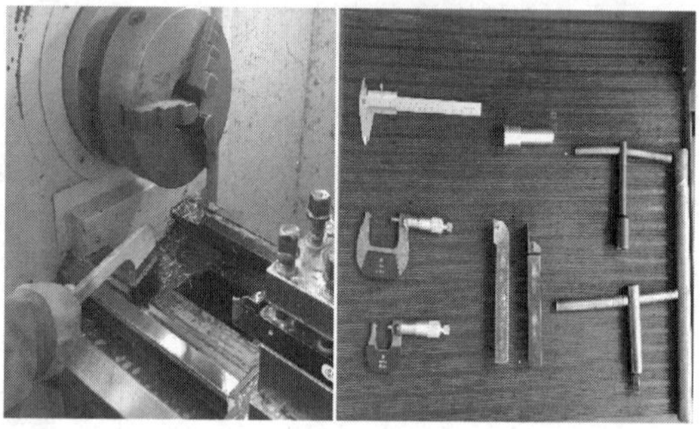 |

## 【任务检测】

小组成员分工检测零件，并将检测结果填入表3-34中。

表3-34　零件检测表

| 序号 | 检测项目 | 检测内容 | 配分 | 检测要求 | 学生自评 | | 老师测评 | |
|---|---|---|---|---|---|---|---|---|
| | | | | | 自测 | 得分 | 检测 | 得分 |
| 1 | 直径 | $\phi$10mm | 30 | 超差不得分 | | | | |
| 2 | 直径 | $\phi$7mm | 20 | 超差不得分 | | | | |
| 3 | 长度 | 5mm | 10 | 超差不得分 | | | | |
| 4 | 表面质量 | $Ra$1.6 两处 | 6 | 超差不得分 | | | | |
| 5 | | 去除毛刺飞边 | 4 | 未处理不得分 | | | | |
| 6 | 时间 | 工件按时完成 | 10 | 未按时完成不得分 | | | | |
| 7 | 现场操作规范 | 安全操作 | 10 | 违反操作规程按程度扣分 | | | | |
| 8 | | 工量具使用 | 5 | 工量具使用错误，每项扣2分 | | | | |
| 9 | | 设备维护保养 | 5 | 违反维护保养规程，每项扣2分 | | | | |
| | 合计(总分) | | 100 | 机床编号 | | 总得分 | | |
| | 开始时间 | | 结束时间 | | | 加工时间 | | |

## 【工作评价与鉴定】

1. **评价**（90%，表 3-35）

表 3-35　综合评价表

| 项目 | 出勤情况（10%） | 工艺编制、编程（20%） | 机床操作能力（10%） | 零件质量（30%） | 职业素养（20%） | 成绩合计 |
| --- | --- | --- | --- | --- | --- | --- |
| 个人评价 | | | | | | |
| 小组评价 | | | | | | |
| 教师评价 | | | | | | |
| 平均成绩 | | | | | | |

2. **鉴定**（10%，表 3-36）

表 3-36　实训鉴定表

| | |
| --- | --- |
| 自我鉴定 | 通过本节课我有哪些收获：<br><br>学生签名：________<br>____年____月____日 |
| 指导教师鉴定 | 指导教师签名：________<br>____年____月____日 |

# 项目四　加工小摆轮

## 项目引入

小摆轮是全技能液压刀架的重要零件，也是数控车削加工的典型零件，包括外圆、端面、沟槽、内孔。本项目的主要任务就是掌握小摆轮的编程及加工方法，掌握数控车削编程与操作的基本能力。如图 4-1 所示的小摆轮零件，材料为 45＃钢，毛坯为 $\phi$85mm×60mm。请根据图纸要求，合理制订加工工艺，安全操作机床，达到规定的精度和表面质量要求。

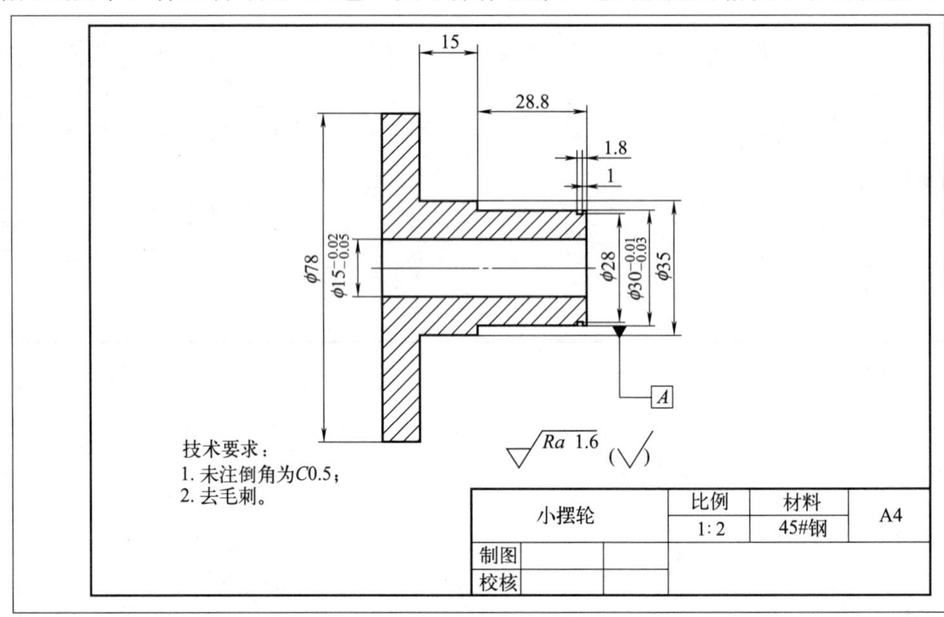


图 4-1　小摆轮

## 项目目标

会一般小摆轮零件的加工。

## 知识目标

1. 掌握一般轴类零件数控车削工艺制订方法。

2. 掌握 G00 指令、G01 指令、G40 指令、G41 指令、G42 指令、G71 指令、G70 指令的应用和编程方法。

3. 掌握外圆的加工工艺知识和编程加工方法。

4. 掌握内孔的加工工艺知识和编程加工方法。

## 技能目标

1. 能够读懂轴类零件的图样。

2. 能够完成数控车床上工件的装夹、找正、试切对刀。

3. 能够独立完成简单阶梯轴的加工。

4. 能够独立完成内孔的加工。

5. 能够解决小摆轮加工过程中出现的问题。

## 思政目标

1. 树立正确的学习观、价值观，树立质量第一的工匠精神意识。

2. 具有人际交往和团队协作能力。

3. 爱护设备，具有安全文明生产和遵守操作规程的意识。

# 任务一　加工小摆轮阶梯轴

## 【任务要求】

本任务要求完成小摆轮阶梯轴的加工，如图 4-2 所示，材料为 45＃钢，毛坯为 $\phi$85mm×60mm。请根据图纸要求，合理制订加工工艺，安全操作机床，达到规定的精度和表面质量要求。

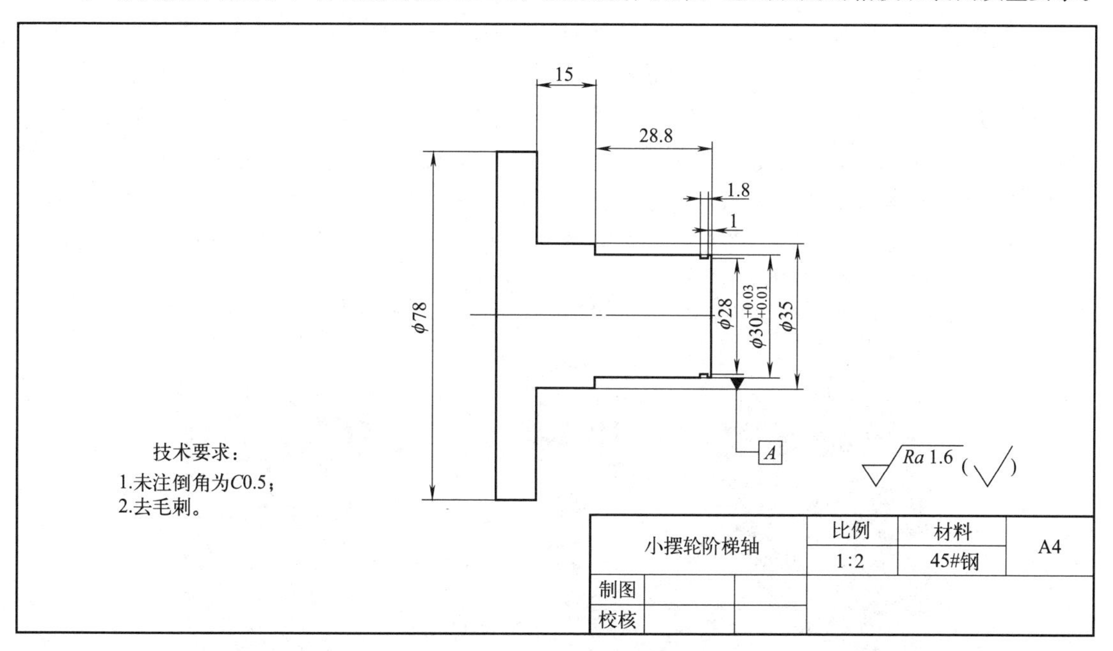


图 4-2　小摆轮阶梯轴

## 【任务准备】

完成该任务需要准备的实训物品，如表 4-1 所示。

表 4-1　实训物品清单

| 序号 | 实训资源 | 种类 | 数量 | 备注 |
| --- | --- | --- | --- | --- |
| 1 | 机床 | CKA6150 型数控车床 | 6 台 | 或者其他数控车床 |
| 2 | 参考资料 | 《数控车床使用说明书》<br>《FANUC 0i-TC 车床编程手册》<br>《FANUC 0i-TC 车床操作手册》<br>《FANUC 0i-TC 车床连接调试手册》 | 各 6 本 | |
| 3 | 刀具 | 90°外圆车刀 | 6 把 | QEFD2020R10 |
| | | 切槽刀 | 6 把 | |
| 4 | 量具 | 0～150mm 游标卡尺 | 6 把 | |
| | | 0～100mm 千分尺 | 6 套 | |
| | | 内径百分表 | 6 块 | |
| 5 | 辅具 | 百分表架 | 6 套 | |
| | | 内六角扳手 | 6 把 | |
| | | 套管 | 6 把 | |
| | | 卡盘扳手 | 6 把 | |
| | | 毛刷 | 6 把 | |
| | | 麻花钻 | 6 把 | |
| 6 | 材料 | 45＃钢 | 6 根 | $\phi$85mm×60mm |
| 7 | 工具车 | | 6 辆 | |

## 【相关知识】

### 1. 游标卡尺

游标卡尺（图 4-3），是一种测量长度、内外径、深度的量具。游标卡尺由主尺和附在主尺上能滑动的游标两部分构成。若从背面看，游标是一个整体。游标与尺身之间有一弹簧片，利用弹簧片的弹力使游标与尺身靠紧。游标上部有一紧固螺钉，可将游标固定在尺身上的任意位置。主尺一般以 mm 为单位，而游标上则有 10、20 或 50 个分格，根据分格的不同，游标卡尺可分为十分度游标卡尺、二十分度游标卡尺、五十分度游标卡尺等。游标卡尺的主尺和游标上有两副活动量爪，分别是内量爪和外量爪，内量爪通常用来测量内径，外量爪通常用来测量长度和外径。深度尺与游标连在一起，可以测量槽和筒的深度。

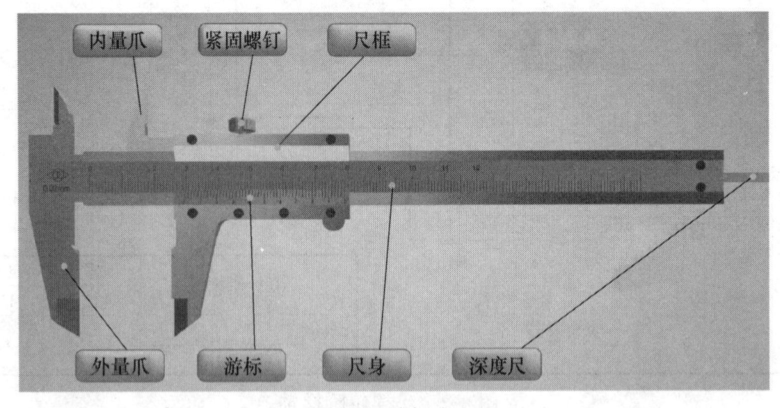


图 4-3　游标卡尺

游标卡尺的测量步骤：

① 戴上手套把游标卡尺拿出来，用布把尺的表面油污擦干净（防止尺身生锈），使其并拢，查看游标和尺身的零刻度线是否对齐。如果对齐就可以进行测量，如没有对齐则要记取零误差。

② 测量时，右手拿住尺身，大拇指移动游标，左手拿待测外径（或内径）的物体，使待测物位于外量爪（内量爪）之间，当与外量爪（内量爪）紧紧相贴时，即可读数（注意要使量爪两臂都贴紧物体）。

③ 读数时首先以游标零刻度线为准，在尺身上读取毫米整数。

2. 千分尺

外径千分尺（图 4-4）由固定的尺架、测钻、测微螺杆、固定套管、微分筒、测力装置、锁紧装置等组成。固定套管上有一条水平线，这条线上、下各有一列间距为 1mm 的刻度线，上面的刻度线恰好在下面两相邻刻度线中间。微分筒上的刻度线是将圆周分为 50 等份的水平线，它是旋转运动的。

千分尺的测量步骤：

① 使用前应先检查零点：微分筒前沿与横刻度线对齐，主轴刻度基线与微分筒的零刻度线对齐。

② 测量物体时：首先旋转棘轮将测钻与测微螺杆的距离调到稍大于物体尺寸，然后将被测物放入其中，慢慢旋转棘轮至发出“咔咔”声时方可开始读数。

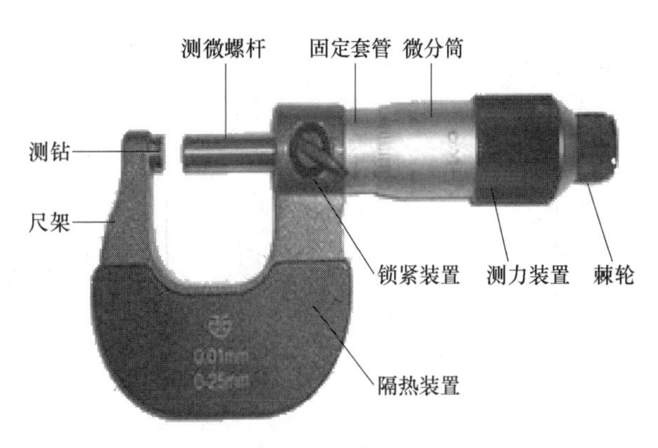


图 4-4　千分尺

③ 读数时：先读固定刻度，再读半刻度，若半刻度线已露出，记作 0.5mm，若半刻度线未露出，记作 0.0mm，再读可动刻度（注意估读）。记作 $n\times0.01$mm，最终读数结果为固定刻度＋半刻度＋可动刻度。

## 【任务实施】

1. 工艺分析

① 该零件毛坯为 $\phi$85mm×60mm 的 45＃钢料，采用三爪自定心卡盘装夹的方式进行零件加工。

② 由于零件的圆柱尺寸精度要求较高，所以要分粗、精加工以保证零件的表面质量和尺寸精度。

2. 根据图样填写小摆轮阶梯轴加工工艺卡（表 4-2）

表 4-2　小摆轮阶梯轴加工工艺卡

| 加工工艺卡片 | | | 零件名称 | 零件图号 | 计划数量 | 材料 | |
|---|---|---|---|---|---|---|---|
| | | | 小摆轮 | | | 45＃钢 | |
| 序号 | 工序 | 工序内容 | 工序简图 | | | 生产设备 | 工夹量具 |
| 1 | 备料 | $\phi$85mm×60mm，圆棒 | 略 | | | 锯床 | |

续表

| 加工工艺卡片 | | | 零件名称 / 零件图号 / 计划数量 | 材料 | |
|---|---|---|---|---|---|
| | | | 小摆轮 | 45＃钢 | |
| 序号 | 工序 | 工序内容 | 工序简图 | 生产设备 | 工夹量具 |
| 2 | 车右端面外圆 | 1. 三爪自定心卡盘夹持毛料外圆长 12mm。<br>2. 车端面。<br>3. 90°外圆粗精车刀加工 $\phi$30mm 外圆 28.8mm 和 $\phi$35mm 外圆 15mm 至尺寸 | 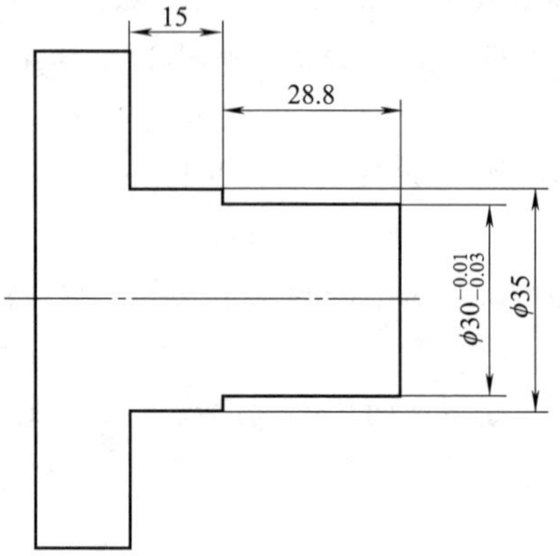 | CK6140 | 三爪卡盘<br>0～150mm 游标卡尺<br>25～50mm 外径千分尺 |
| 3 | 切槽 | 切槽刀切削 1.8mm×1mm 槽 | 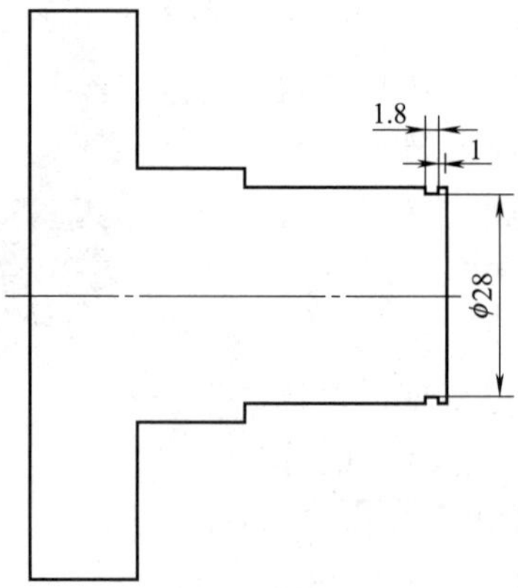 | CK6140 | 三爪卡盘<br>0～150mm 游标卡尺 |
| 4 | 调头装夹车外圆 | 1. 夹持 $\phi$30mm 外圆平端面保证总长。<br>2. 90°粗、精车偏刀加工锥度 $\phi$78mm 外圆至尺寸。<br>3. 倒角去毛刺 | 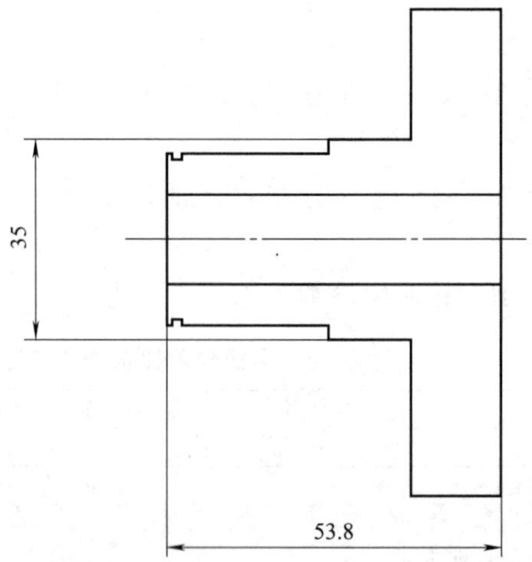 | CK6140 | 三爪卡盘<br>软卡爪<br>0～150mm 游标卡尺<br>25～50mm 外径千分尺<br>0～25mm 内径千分尺 |

续表

| 加工工艺卡片 | | | 零件名称 | 零件图号 | 计划数量 | 材料 |
|---|---|---|---|---|---|---|
| | | | 小摆轮 | | | 45＃钢 |
| 序号 | 工序 | 工序内容 | 工序简图 | | 生产设备 | 工夹量具 |
| 5 | 工件检验 | 1. 零件尺寸精度的检验。<br>2. 表面粗糙度检验 | 技术要求：<br>1. 未注倒角为C0.5；<br>2. 去毛刺。 | | | 0～150mm 游标卡尺<br>25～50mm 外径千分尺<br>0～25mm 内径千分尺<br>75～100mm 外径千分尺<br>内径百分表<br>表面粗糙度对比板 |
| 编制 | | 校核 | | 日期 | 年 月 日 | 审核 |

### 3. 加工参考程序

根据 FANUC 0i-TC 编程要求制订的加工工艺，编写零件加工程序如（参考）表 4-3。

**表 4-3 小摆轮阶梯轴加工程序**

| 程序段号 | 程序内容 | 说明注释 |
|---|---|---|
| N10 | O1011 | 程序号 |
| N20 | G40 G97 G99 | 取消刀尖半径补偿，恒转速，转进给 |
| N30 | T0303 | 3 号刀具，3 号刀补 |
| N40 | M03 S600 | 转速 600r/min |
| N50 | G00 X30 Z2 | |
| N60 | G71 U1.5 R0.5 | |
| N70 | G71 P1 Q2 U0.3 W0 | |
| N80 | N1 G42 G00 X0 S1000 F0.1 | |
| N90 | G01 Z0 | |
| N100 | X30 | |
| N130 | Z－28.8 | |
| N140 | X35 | |
| N150 | W－15 | |
| N160 | X85 | |
| N170 | N2 G40 G00 X100 Z2 | |
| N180 | M30 | |

### 4. 仿真加工

用数控仿真软件，FANUC 0i-TC 数控系统进行程序录入及程序仿真加工的步骤如表 4-4 所示。

表 4-4 FANUC 0i-TC 程序录入及程序仿真加工操作

| 步骤 | 操作过程 | 图示 |
| --- | --- | --- |
| 安装毛坯 | 将 $\phi$85mm×60mm 的 45#钢料安装于三爪卡盘上，并进行外圆、孔、轴的加工 |  |
| 安装外圆刀、切断刀、内孔刀 | 将螺纹刀具安装到刀架上，调整到靠近工件的位置 | 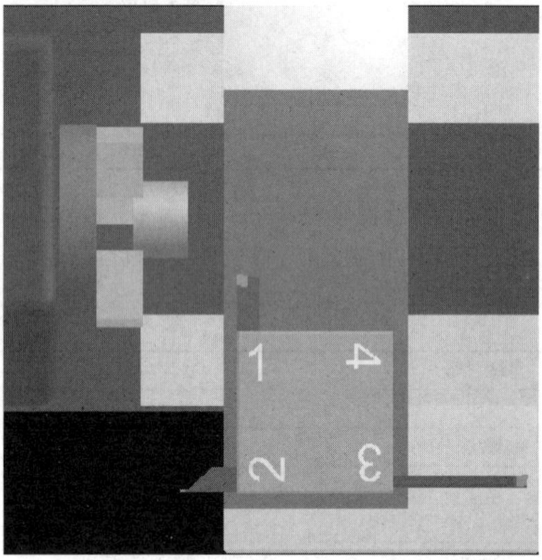 |
| 仿真对刀 | 1. 在手动操作方式下，用所选刀具在加工余量范围内试切工件外圆，记下此时显示屏中的 X 坐标值，记为 Xa。(注意：数控车床显示和编程的 X 坐标一般为直径值)。在刀具补偿界面 1 号刀补输入 Xa 值，单击[测量]软键完成 *X* 向对刀。<br>2. 用刀具将材料多余的长度切除，在刀具补偿界面 1 号刀补输入 Z0 值，单击[测量]软键完成 *Z* 向对刀 | 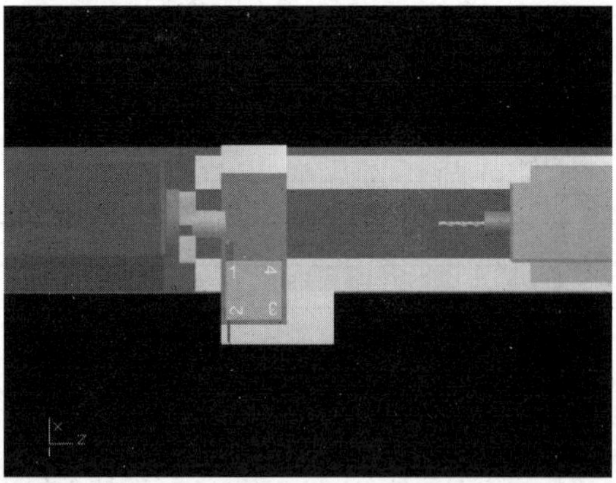 |

续表

| 步骤 | 操作过程 | 图示 |
| --- | --- | --- |
| 仿真对刀 | 1. 在手动操作方式下，用所选刀具在加工余量范围内试切工件外圆，记下此时显示屏中的 X 坐标值，记为 Xa。(注意：数控车床显示和编程的 X 坐标一般为直径值)。在刀具补偿界面 1 号刀补输入 Xa 值，单击[测量]软键完成 X 向对刀。<br>2. 用刀具将材料多余的长度切除，在刀具补偿界面 1 号刀补输入 Z0 值，单击[测量]软键完成 Z 向对刀 | 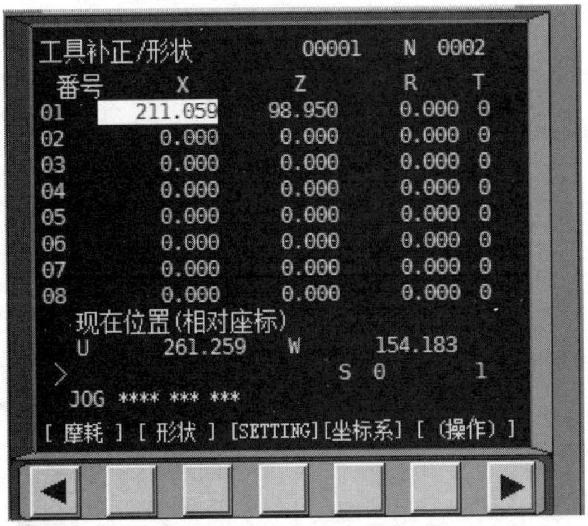 |
| 输入程序 | 将程序以 TXT 文本文档格式保存后，在“编辑”模式下，依次点击“操作-READ-DNC 传送”，选择 TXT 文本文档，即可将程序上传至仿真软件 | 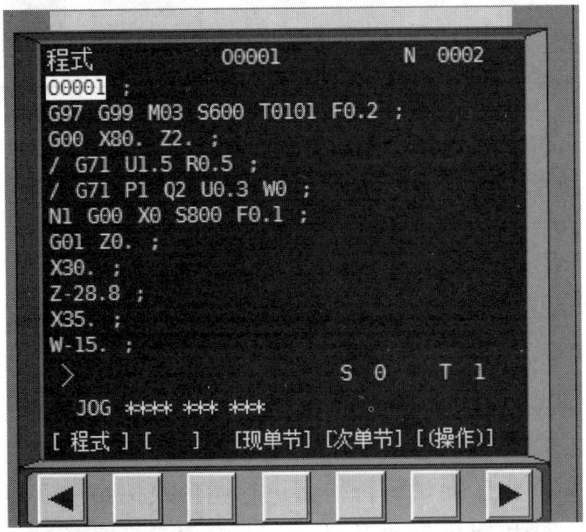 |
| 仿真加工 | 选择“自动运行”状态，按“循环启动”按钮进行零件加工，按“循环启动”按钮运行程序，加工零件完成后，检查尺寸是否正确  | 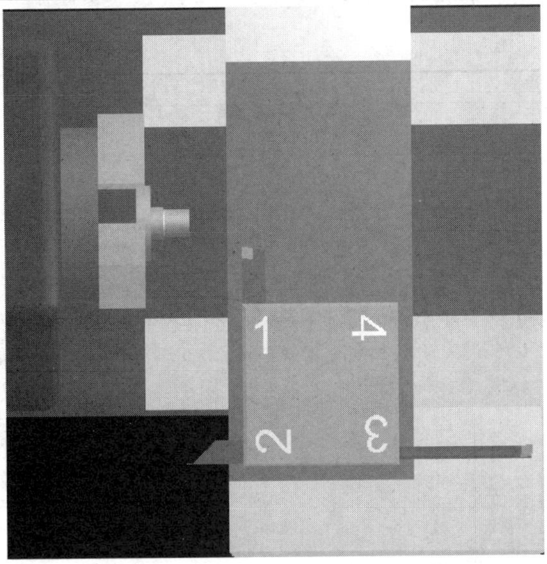 |

续表

| 步骤 | 操作过程 | 图示 |
| --- | --- | --- |
| 仿真加工 | 选择“自动运行”状态，按“循环启动”按钮进行零件加工，按“循环启动”按钮运行程序，加工零件完成后，检查尺寸是否正确  |  |

5. **加工零件**

加工零件操作步骤如表 4-5 所示。

企业生产安全操作提示：

① 工作前按规定穿戴好劳动防护用品，扎好袖口。严禁戴手套或敞开衣服操作。

② 机床工作开始前要有预热，每次开机应低速运行 3～5min，查看各部分运行是否正常。

③ 开机先回参考点。

④ 模拟结束以后一定要先回零后加工。

⑤ 机床在试运行前需进行图形模拟加工，避免程序错误、刀具碰撞卡盘。

⑥ 快速进刀和退刀时，一定注意不要碰触工件和三爪卡盘。

**表 4-5　加工零件步骤**

| 步骤 | 操作过程 | 图示 |
| --- | --- | --- |
| 装夹零件毛坯 | 对数控车床进行安全检查，打开机床电源并开机，在机床索引页面按程序开关打开后，将毛坯装夹到卡盘上，伸出长度≥45mm |  |

续表

| 步骤 | 操作过程 | 图示 |
|---|---|---|
| 加工精基准 | 平端面，车外圆，将毛坯表面加工为精基准 |  |
| 保证总长 | 调头装夹精基准外圆，平端面车外圆，保证零件总长 |  |
| 试切法 $X$、$Z$ 轴对刀 | 将零件调头装夹，找正。主轴正转，用快速进给方式控制车刀靠近工件，然后手轮进给方式 X10 挡位慢速靠近毛坯端面，沿 $Z$、$X$ 向切削毛坯端面，切削量约 0.5mm，刀具切削到毛坯中心，沿 $X$、$Z$ 向退刀。按 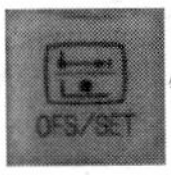 OFS/SET 键切换至刀补测量页面，光标在 01 号刀补位置输入“X”“Z”数值后按［测量］软键，完成 $X$、$Z$ 轴对刀 |  |
| 运行程序加工工件 | 手动方式将刀具退出一定距离，按  PROG 键进入程序画面，检索到“O1011”程序，选择单段运行方式，按“循环启动”按钮，开始程序自动加工，当车刀完成一次单段运行后，可以关闭单段模式，让程序连续运行 |  |

续表

| 步骤 | 操作过程 | 图示 |
|---|---|---|
| 切槽刀切槽 | 主轴正转，用快速进给方式控制车刀靠近工件，然后手轮进给方式×10挡位慢速靠近精加工面，沿 $Z$、$X$ 向切削端面靠近，完成 $X$、$Z$ 轴对刀。运行加工槽程序，加工小摆轮沟槽 |  |
| 维护保养 | 卸下工件，清扫维护机床，刀具、量具擦净 |  |

## 【任务检测】

小组成员分工检测零件，并将检测结果填入表4-6。

表4-6 零件检测表

| 序号 | 检测项目 | 检测内容 | 配分 | 检测要求 | 学生自评 | | 老师测评 | |
|---|---|---|---|---|---|---|---|---|
| | | | | | 自测 | 得分 | 检测 | 得分 |
| 1 | 直径 | $\phi30^{-0.01}_{-0.03}$mm | 10 | 超差不得分 | | | | |
| 2 | 直径 | $\phi78\pm0.1$mm | 5 | 超差不得分 | | | | |
| 3 | 直径 | $\phi28\pm0.1$mm | 5 | 超差不得分 | | | | |
| 4 | 直径 | $\phi35\pm0.1$mm | 5 | 超差不得分 | | | | |
| 5 | 长度 | 53.8mm | 5 | 超差不得分 | | | | |
| 6 | 长度 | 15mm | 5 | 超差不得分 | | | | |
| 7 | 长度 | 28.8mm | 5 | 超差不得分 | | | | |
| 8 | 长度 | 1mm | 5 | 超差不得分 | | | | |
| 9 | 长度 | 1.8mm | 5 | 超差不得分 | | | | |
| 10 | 倒角 | $C0.5$两处 | 5 | 超差不得分 | | | | |
| 11 | 表面质量 | $Ra1.6$两处 | 5 | 超差不得分 | | | | |
| 12 | | 去除毛刺飞边 | 5 | 未处理不得分 | | | | |
| 13 | 时间 | 工件按时完成 | 10 | 未按时完成不得分 | | | | |
| 14 | 现场操作规范 | 安全操作 | 10 | 违反操作规程按程度扣分 | | | | |
| 15 | | 工量具使用 | 5 | 工量具使用错误，每项扣2分 | | | | |
| 16 | | 设备维护保养 | 10 | 违反维护保养规程，每项扣2分 | | | | |
| 17 | 合计(总分) | | 100 | 机床编号 | 总得分 | | | |
| 18 | 开始时间 | | 结束时间 | | 加工时间 | | | |

## 【工作评价与鉴定】

1. 评价（90%，表 4-7）

表 4-7　综合评价表

| 项目 | 出勤情况（10%） | 工艺编制、编程（20%） | 机床操作能力（10%） | 零件质量（30%） | 职业素养（20%） | 成绩合计 |
|---|---|---|---|---|---|---|
| 个人评价 | | | | | | |
| 小组评价 | | | | | | |
| 教师评价 | | | | | | |
| 平均成绩 | | | | | | |

2. 鉴定（10%，表 4-8）

表 4-8　实训鉴定表

| | |
|---|---|
| 自我鉴定 | 通过本节课我有哪些收获：<br><br>学生签名：________<br>____年____月____日 |
| 指导教师鉴定 | 指导教师签名：________<br>____年____月____日 |

# 任务二　加工小摆轮内孔

## 【任务要求】

本任务要求完成小摆轮内孔的加工，如图 4-5 所示，材料为 45＃钢。请根据图纸要求，合理制订加工工艺，安全操作机床，达到规定的精度和表面质量要求。

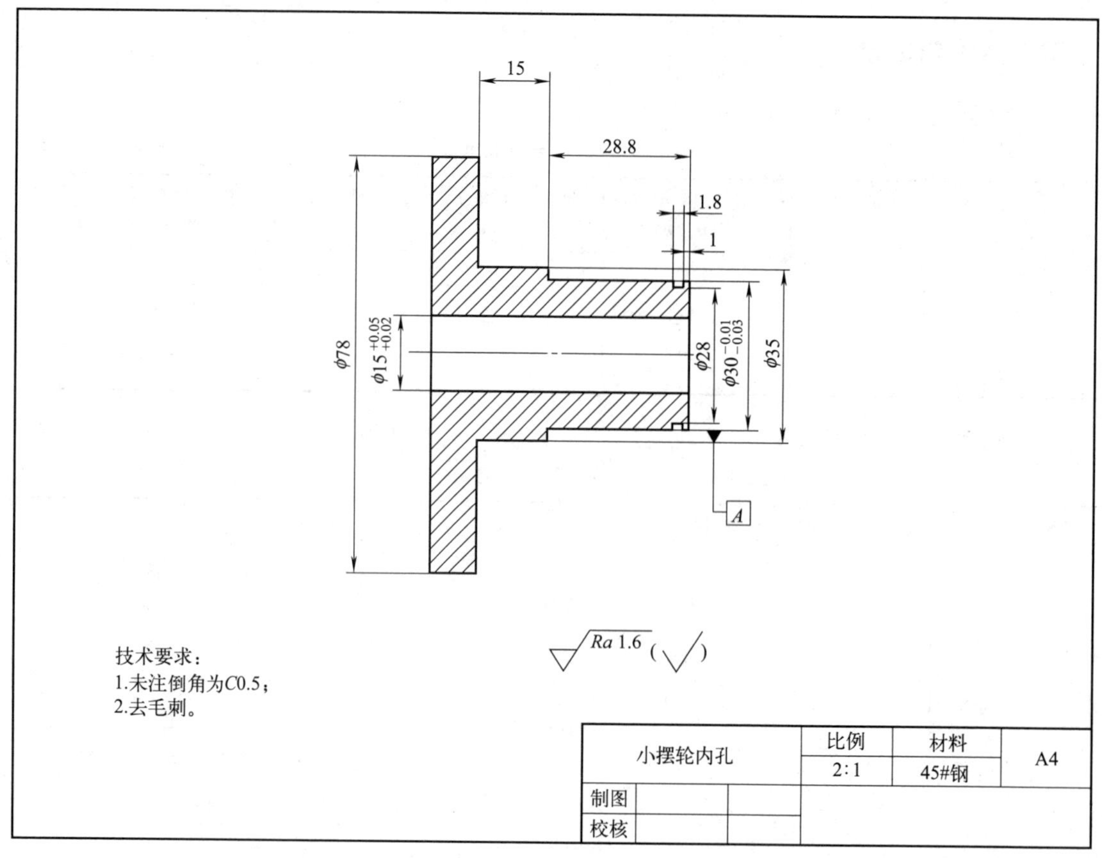


图 4-5　小摆轮内孔

## 【任务准备】

完成该任务需要准备的实训物品，如表 4-9 所示。

表 4-9　实训物品清单

| 序号 | 实训资源 | 种类 | 数量 | 备注 |
|---|---|---|---|---|
| 1 | 机床 | CKA6150 型数控车床 | 6 台 | 或者其他数控车床 |
| 2 | 参考资料 | 《数控车床使用说明书》<br>《FANUC 0i-TC 车床编程手册》<br>《FANUC 0i-TC 车床操作手册》<br>《FANUC 0i-TC 车床连接调试手册》 | 各 6 本 | |
| 3 | 刀具 | 内孔车刀 | 6 把 | |
| 4 | 量具 | 0～150mm 游标卡尺 | 6 把 | |
| 5 | 辅具 | 内六角扳手 | 6 把 | |
| | | 套管 | 6 把 | |
| | | 卡盘扳手 | 6 把 | |
| | | 毛刷 | 6 把 | |
| 6 | 工具车 | | 6 辆 | |

## 【相关知识】

### 1. 内孔车刀的分类

根据不同的加工情况，内孔车刀可分为通孔车刀和盲孔车刀两种，如图 4-6 所示。

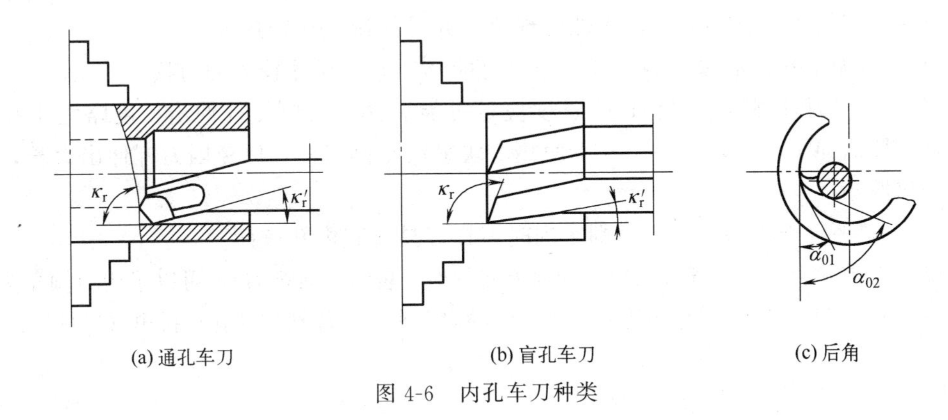


(a) 通孔车刀 (b) 盲孔车刀 (c) 后角

图 4-6 内孔车刀种类

(1) 通孔车刀 通孔车刀的形状与外圆车刀相似，为了减小径向切削力，防止车孔时振动，主偏角 $\kappa_r$，应取得大些，一般为 60°～75°，副偏角 $\kappa_r'$一般为 15°～30°。为了防止内孔车刀后刀面和孔壁摩擦又不使后角磨得太大，一般磨成两个后角，如图 4-6（c）所示的 $\alpha_{01}$ 和 $\alpha_{02}$，其中 $\alpha_{01}$ 取 6°～12°，$\alpha_{02}$ 取 30°左右。为了便于排屑，刃倾角 $\lambda_s$ 取正值（前排屑）。

(2) 盲孔车刀 盲孔车刀用来车削盲孔或台阶孔，切削部分的几何形状基本与 90°偏刀相似，其主偏角 $\kappa_r$ 大于 90°，一般为 92°～95°，后角的要求和通孔车刀一样。

当内孔尺寸较小时，车刀一般做成整体式，如图 4-7（a）所示。若内孔尺寸允许，为了节省刀具材料，提高刀杆刚度，可把高速钢或硬质合金做成较小的刀头，装在刀杆前端的方孔内，用螺钉固定，如图 4-7（b）、（c）所示。

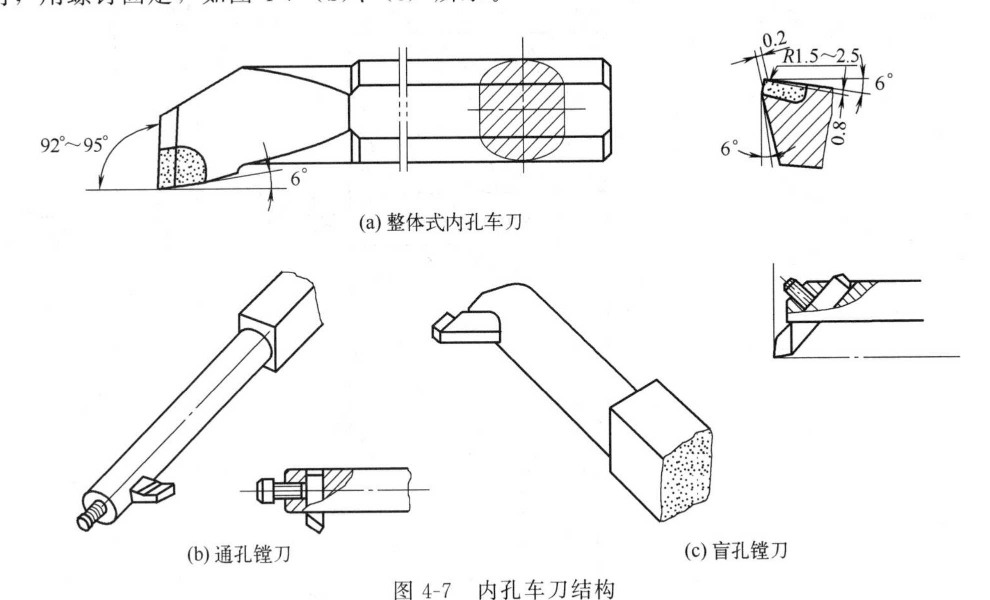


(a) 整体式内孔车刀

(b) 通孔镗刀 (c) 盲孔镗刀

图 4-7 内孔车刀结构

2. 车内孔的方法

基本上与车外圆相同，只是车内孔的工作条件较差，加上刀杆刚性差，容易引起振动，因此切削用量应比车外圆时低一些。

车内孔的关键问题是解决内孔车刀的刚性和排屑问题。为此，在车孔前对车孔刀的几何角度、刀杆尺寸以及车孔刀的安装要充分注意以下几点：

① 装夹内孔车刀时，刀尖应与工件中心等高或稍高。如果刀尖低于工件中心，由于切

削力的作用，容易将刀杆压低而产生扎刀现象，并可能造成孔径扩大。

② 为了增加车孔刀的强度和刚度，应尽可能选用截面尺寸较大的刀杆。

③ 为了增加刀杆强度，刀杆伸出长度应尽可能短些，只要刀杆伸出长度略大于孔深即可。如果刀杆需伸出较长，可在刀杆下面垫一块垫铁支撑刀杆，以免因刀杆伸出太长，刚度降低而引起振动。

④ 刀杆要平行于工件轴线，否则车削时刀杆容易碰到内孔表面。

⑤ 为了顺利排屑，精车通孔时要求切屑流向待加工表面（前排屑），可以采用刃倾角为正值的内孔车刀。加工盲孔时，应采用刃倾角为负值的内孔车刀，使切屑从孔口排出（后排屑）。

## 【任务实施】

**1. 工艺分析**

① 该零件为小摆轮阶梯轴，加工时采用三爪自定心卡盘装夹的方式。

② 由于零件的内孔尺寸精度要求较高，所以要分粗、精加工以保证零件的表面质量和尺寸精度。

**2. 根据图样填写小摆轮阶梯轴加工工艺卡**（表 4-10）

表 4-10 小摆轮阶梯轴加工工艺卡

| 加工工艺卡片 | | | 零件名称 | 零件图号 | 计划数量 | 材料 | |
|---|---|---|---|---|---|---|---|
| | | | 小摆轮 | | | 45＃钢 | |
| 序号 | 工序 | 工序内容 | 工序简图 | | | 生产设备 | 工夹量具 |
| 1 | 备料 | 阶梯轴 | 略 | | | CK6140 | |
| 2 | 钻通孔 | 三爪自定心卡盘夹持毛料外圆，钻 $\phi$12mm 的内孔 | $\phi$85　12　60 | | | CK6140 | 三爪卡盘<br>0～150mm 游标卡尺 |
| 3 | 车内孔 | 用内孔车刀粗精加工 $\phi$15mm 通孔至尺寸 | $\phi 15^{+0.05}_{+0.02}$ | | | | 三爪卡盘<br>0～150mm 游标卡尺<br>0～25mm 内径千分尺<br>内径百分表 |

续表

| 加工工艺卡片 | | | 零件名称 | 零件图号 | 计划数量 | 材料 | |
|---|---|---|---|---|---|---|---|
| | | | 小摆轮 | | | 45＃钢 | |
| 序号 | 工序 | 工序内容 | 工序简图 | | | 生产设备 | 工夹量具 |
| 4 | 工件检验 | 1. 零件尺寸精度的检验。<br>2. 表面粗糙度检验 | 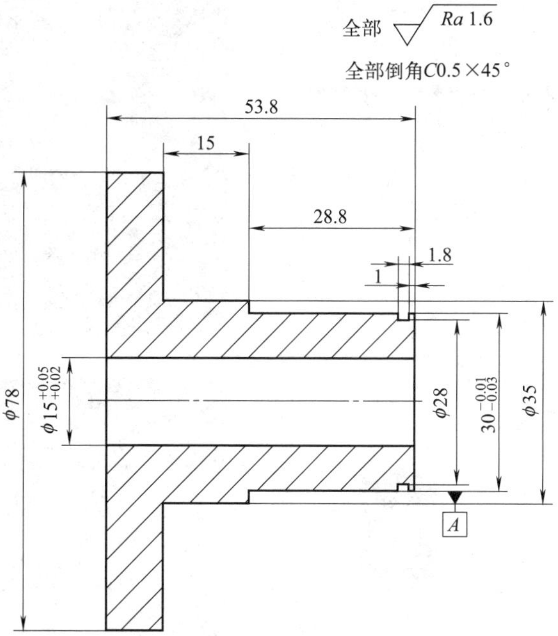 全部 Ra 1.6<br>全部倒角C0.5×45° | | | | 0～150mm 游标卡尺<br>内径百分表<br>表面粗糙度对比板 |
| 编制 | | 校对 | | 日期 | 年　月　日 | 审核 | |

3. 加工参考程序

根据 FANUC 0i-TC 编程要求制订的加工工艺，编写零件加工程序如（参考）表 4-11。

表 4-11　小摆轮阶梯轴加工程序

| 程序段号 | 程序内容 | 说明注释 |
|---|---|---|
| N190 | O0002 | |
| N200 | G97 G99 | |
| N210 | T0202 | |
| N220 | M03 S600 | |
| N230 | G00 X11 Z2 | |
| N240 | G71 U1.5 R0.5 | |
| N250 | G71 P1 Q2 U－0.3 W0 | |
| N260 | N1 G41 G01 X15 Z－55 | |
| N270 | N2 G40 X12 | |
| N280 | G00 Z100 | |
| N290 | M30 | |

4. 仿真加工

用数控仿真软件，FANUC 0i-TC 数控系统进行程序录入及程序仿真加工的步骤如表 4-12 所示。

表 4-12　FANUC 0i-TC 程序录入及程序仿真加工操作

| 步骤 | 操作过程 | 图示 |
| --- | --- | --- |
| 麻花钻钻毛坯通孔 | 将 $\phi$12mm 麻花钻安装于尾座，移动尾座靠近卡盘位置，主轴正转，摇动尾座把手，钻毛坯通孔 | 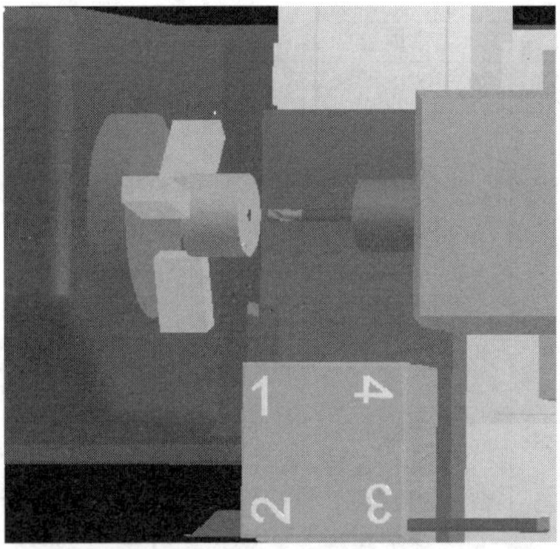 |
| 仿真加工 | 选择“自动运行”状态，按“循环启动”按钮进行零件加工，按“循环启动”按钮运行程序，加工零件完成后，检查尺寸是否正确  | 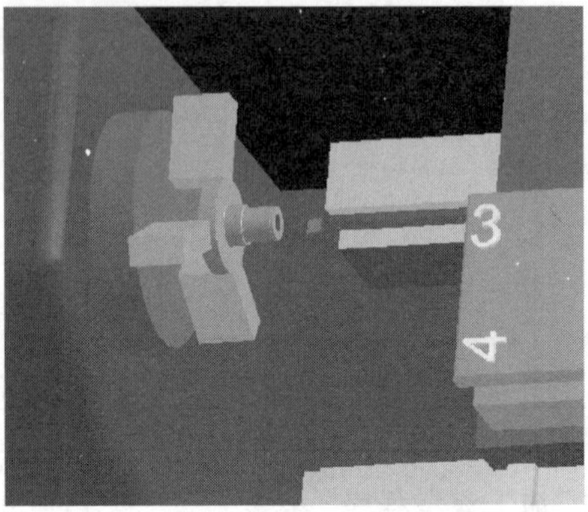 |

## 5. 加工零件

加工零件操作步骤如表 4-13 所示。

表 4-13　加工零件步骤

| 步骤 | 操作过程 | 图示 |
| --- | --- | --- |
| 钻中心孔 | 700r/min，用中心钻钻中心孔 |  |

续表

| 步骤 | 操作过程 | 图示 |
| --- | --- | --- |
| 钻中心孔 | 700r/min,用中心钻钻中心孔 | 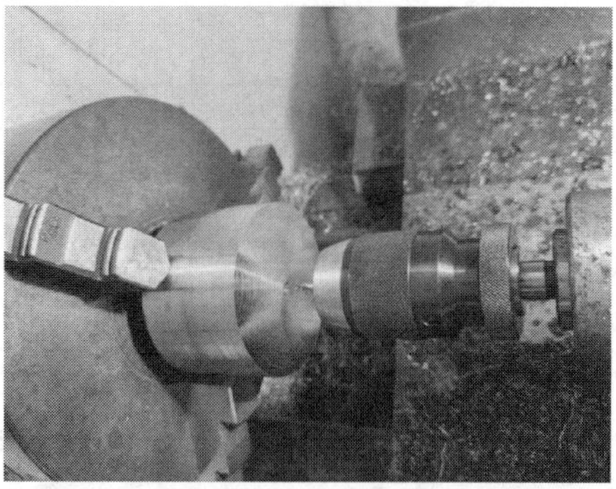 |
| 内孔刀镗孔 | 主轴正转,用快速进给方式控制车刀靠近工件,然后手轮进给方式×10挡位慢速靠近毛坯端面,沿内孔 $Z$、$X$ 向切削端面靠近,完成 $X$、$Z$ 轴对刀。运行内孔程序,加工小摆轮通孔 |  |
| 维护保养 | 卸下工件,清扫维护机床,刀具、量具擦净 |  |

企业生产安全操作提示:

① 工作前按规定穿戴好劳动防护用品,扎好袖口。严禁戴手套或敞开衣服操作。

② 机床工作开始前要有预热,每次开机应低速运行3~5min,查看各部分是否正常。

③ 开机先回参考点。

④ 模拟结束以后一定要先回零后加工。

⑤ 机床在试运行前需进行图形模拟加工,避免程序错误、刀具碰撞卡盘。

⑥ 快速进刀和退刀时,一定注意不要碰触工件和三爪卡盘。

## 【任务检测】

小组成员分工检测零件,并将检测结果填入表4-14。

表 4-14 零件检测表

| 序号 | 检测项目 | 检测内容 | 配分 | 检测要求 | 学生自评 | | 老师测评 | |
|---|---|---|---|---|---|---|---|---|
| | | | | | 自测 | 得分 | 检测 | 得分 |
| 1 | 直径 | $\phi 15^{+0.05}_{+0.02}$mm | 50 | 超差不得分 | | | | |
| 2 | 表面质量 | $Ra1.6$两处 | 10 | 超差不得分 | | | | |
| 3 | | 去除毛刺飞边 | 10 | 未处理不得分 | | | | |
| 4 | 时间 | 工件按时完成 | 10 | 未按时完成不得分 | | | | |
| 5 | 现场操作规范 | 安全操作 | 10 | 违反操作规程按程度扣分 | | | | |
| 6 | | 工量具使用 | 5 | 工量具使用错误，每项扣2分 | | | | |
| 7 | | 设备维护保养 | 5 | 违反维护保养规程，每项扣2分 | | | | |
| 8 | 合计(总分) | | 100 | 机床编号 | | 总得分 | | |
| 9 | 开始时间 | | 结束时间 | | | 加工时间 | | |

## 【工作评价与鉴定】

1. **评价**（90%，表 4-15）

表 4-15 综合评价表

| 项目 | 出勤情况（10%） | 工艺编制、编程（20%） | 机床操作能力（10%） | 零件质量（30%） | 职业素养（20%） | 成绩合计 |
|---|---|---|---|---|---|---|
| 个人评价 | | | | | | |
| 小组评价 | | | | | | |
| 教师评价 | | | | | | |
| 平均成绩 | | | | | | |

2. **鉴定**（10%，表 4-16）

表 4-16 实训鉴定表

| | |
|---|---|
| 自我鉴定 | 通过本节课我有哪些收获：<br>学生签名：______<br>___年___月___日 |
| 指导教师鉴定 | 指导教师签名：______<br>___年___月___日 |

# 项目五 加工活塞

## 项目引入

活塞是全技能液压刀架的关键零件，是数控车削加工的典型零件，包括外圆、沟槽、内孔。本项目的主要任务就是掌握活塞的编程及加工方法，掌握数控车削编程与操作的基本能力。如图5-1所示的活塞零件，材料为2A12，毛坯为$\phi$125mm×80mm。请根据图纸要求，合理制订加工工艺，安全操作机床，达到规定的精度和表面质量要求。

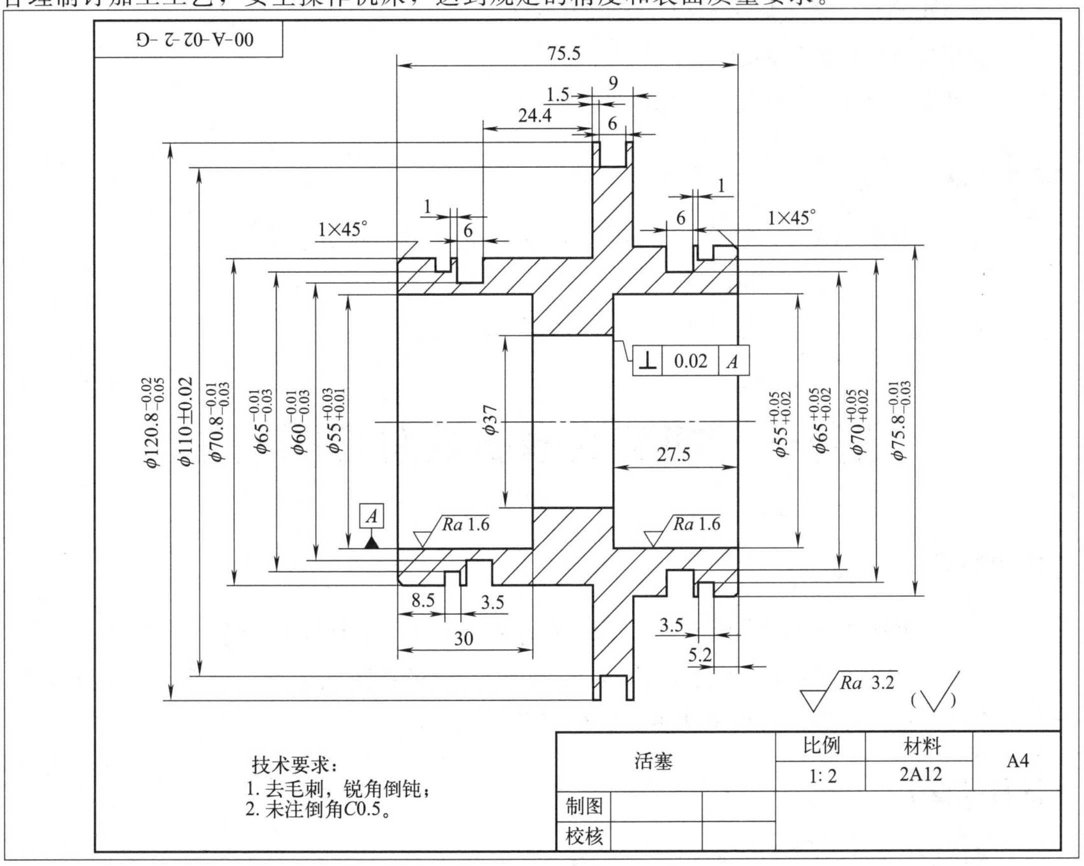


图5-1 活塞

## 项目目标

会一般活塞类零件的加工。

## 知识目标

1. 掌握一般活塞类零件数控车削工艺制订方法。

2. 掌握 G00 指令、G01 指令、G40 指令、G41 指令、G42 指令、G71 指令、G70 指令的应用和编程方法。

3. 掌握阶梯轴加工方法。

4. 掌握槽的加工工艺知识和槽的编程加工方法。

5. 掌握内孔的加工方法。

## 技能目标

1. 能够读懂轴类零件的图样。

2. 能够完成数控车床上工件的装夹、找正、试切对刀。

3. 能够独立加工阶梯轴。

4. 能够完成活塞类零件的加工。

5. 能够正确使用槽刀加工窄槽、宽槽等零件。

6. 能够独立完成内孔的加工。

7. 能够解决活塞加工过程中的出现问题。

## 思政目标

1. 树立正确的学习观、价值观，树立质量第一的工匠精神意识。

2. 具有人际交往和团队协作能力。

3. 爱护设备，具有安全文明生产和遵守操作规程的意识。

# 任务一　加工活塞右端阶梯凹槽轴

### 【任务要求】

本任务要求加工活塞零件的右端阶梯凹槽轴，如图 5-2 所示，材料为 2A12，毛坯为 $\phi$125mm×80mm（提前用钻头打出 $\phi$20mm 通孔）。请根据图纸要求，合理制订加工工艺，安全操作机床，达到规定的精度和表面质量要求。

### 【任务准备】

完成该任务需要准备的实训物品，如表 5-1 所示。

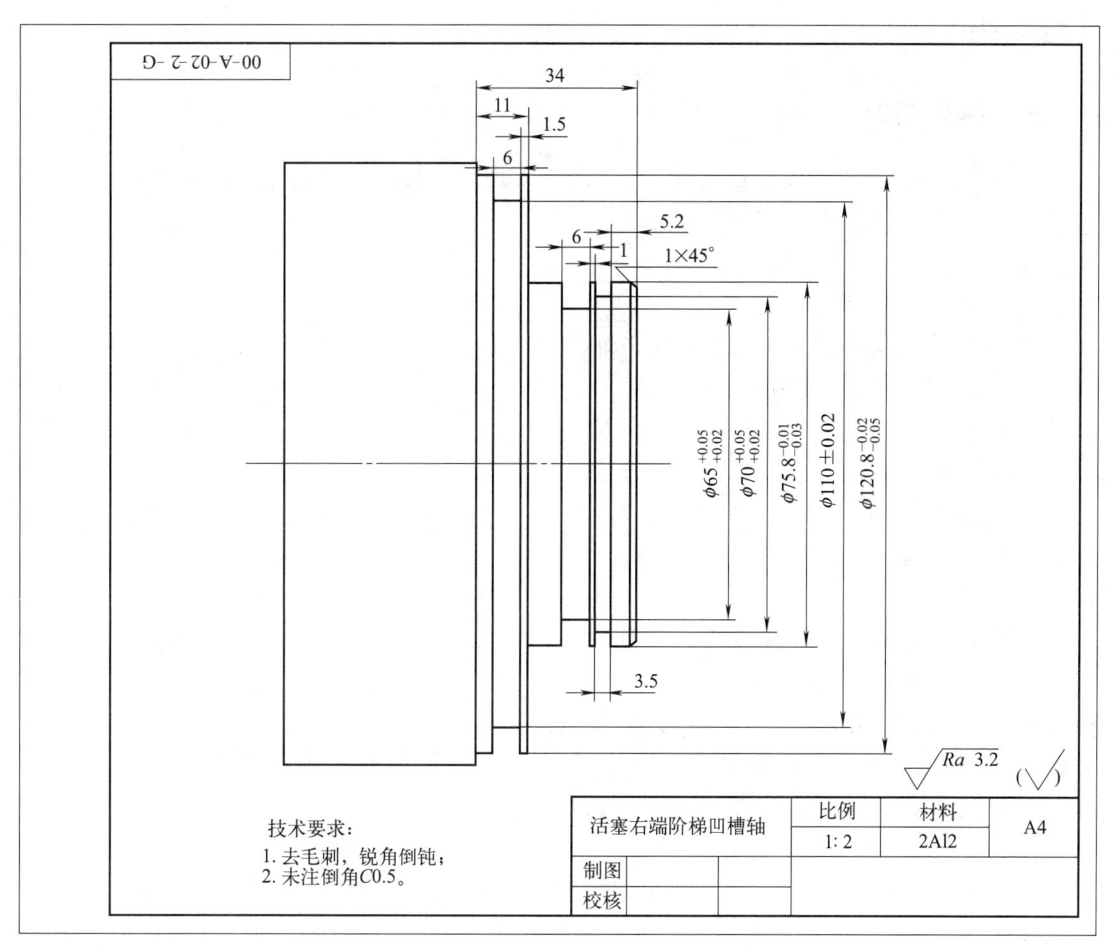


图 5-2 活塞右端阶梯凹槽轴

**表 5-1 实训物品清单**

| 序号 | 实训资源 | 种类 | 数量 | 备注 |
|---|---|---|---|---|
| 1 | 机床 | CKA6150 型数控车床 | 6 台 | 或者其他数控车床 |
| 2 | 参考资料 | 《数控车床使用说明书》<br>《FANUC 0i-TC 车床编程手册》<br>《FANUC 0i-TC 车床操作手册》<br>《FANUC 0i-TC 车床连接调试手册》 | 各 6 本 | |
| 3 | 刀具 | 90°外圆车刀 | 6 把 | QEFD2020R10 |
| | | 3mm 槽刀 | 6 把 | |
| 4 | 量具 | 0～150mm 游标卡尺 | 6 把 | |
| | | 0～125mm 千分尺 | 6 套 | |
| | | 百分表 | 6 块 | |
| 5 | 辅具 | 百分表架 | 6 套 | |
| | | 内六角扳手 | 6 把 | |
| | | 套管 | 6 把 | |
| | | 卡盘扳手 | 6 把 | |
| | | 毛刷 | 6 把 | |
| 6 | 材料 | 2A12 | 6 根 | $\phi$125mm×80mm |
| 7 | 工具车 | | 6 辆 | |

## 【相关知识】

### 一、基础知识

封闭切削循环是一种复合固定循环，如图 5-3 所示。封闭切削循环适用于对铸、锻毛坯切削，对零件轮廓的单调性则没有要求。

编程格式：G73 U(i) W(k) R(d)；

G73 P(ns) Q(nf) U(Δu) W(Δw) F(f) S(s) T(t)；

式中，i 为 $X$ 轴向总退刀量；k 为 $Z$ 轴向总退刀量（半径值）；d 为重复加工次数；ns 为精加工轮廓程序段中开始程序段的段号；nf 为精加工轮廓程序段中结束程序段的段号；Δu 为 $X$ 轴向精加工余量；Δw 为 $Z$ 轴向精加工余量；f、s、t 为 F、S、T 代码。

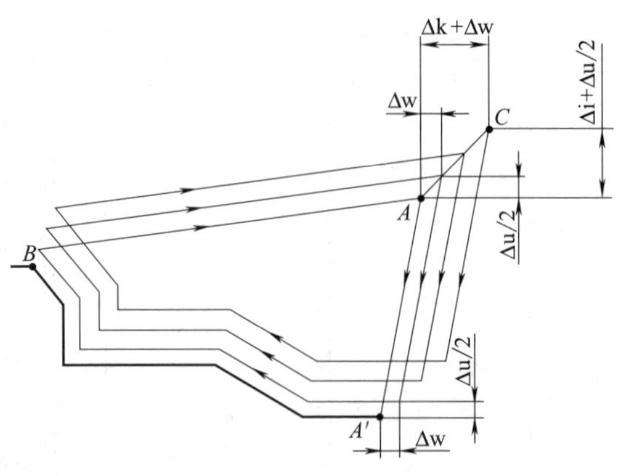

图 5-3　封闭切削循环

封闭切削循环指令的特点是，刀具轨迹平行于工件的轮廓，故适合加工铸造和锻造成型的坯料。背吃刀量分别通过 $X$ 轴方向总退刀量 Δi 和 $Z$ 轴方向总退刀量 Δk 除以循环次数 d 求得。总退刀量 Δi 与 Δk 值的设定与工件的切削深度有关。

使用封闭切削循环指令，首先要确定换刀点、循环起点 $A$、切削起点 $A'$ 和切削终点 $B$ 的坐标位置。$A$ 点为循环起点，$A' \to B$ 是工件的轮廓线，$A \to A' \to B$ 为刀具的精加工路线，粗加工时刀具从 $A$ 点后退至 $C$ 点，后退距离分别为 Δi＋Δu/2，Δk＋Δw，这样粗加工循环之后自动留出精加工余量 Δu/2、Δw。

顺序号 ns 至 nf 之间的程序段描述刀具切削加工的路线。

例：按图 5-4 所示尺寸编写封闭切削循环加工程序。

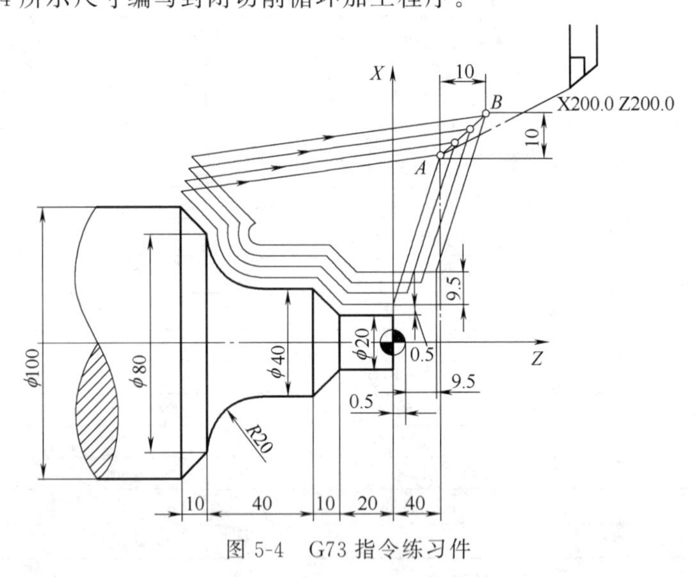

图 5-4　G73 指令练习件

```
N10 G50 X200 Z200 T0101;
N20 M03 S1000;
N30 G00 G42 X140 Z40 M08;
N40 G96 S150;
N50 G73 U9.5 W9.5 R3;
N60 G73 P70 Q130 U1 W0.5 F0.3;
N70 G00 X20 Z0;                  //ns
N80 G01 Z-20 F0.15;
N90 X40 Z-30;
N100 Z-50;
N110 G02 X80 Z-70 R20;
N120 G01 X100 Z-80;
N130 X105;                       //nf
N140 G00 X200 Z200 G40;
N150 M30;
```

## 二、相关工艺知识

软爪的加工方法：

在车削批量较大的工件时，为了提高工件在加工时的定位精度和节约工件安装时的辅助时间，可利用软爪卡盘。为了根据实际需要随时改变爪面圆弧直径与形状，把三爪卡盘淬火的卡爪，改换为低碳钢、铜或铝合金卡爪。如卡盘爪是分体的，可把爪部换成软金属；如卡爪是一体的，可在卡爪上固定一个软金属块。

软爪卡盘的卡爪加工后，可以提高工件的定位精度，如是新三爪卡盘，工件安装后的定位精度小于0.01mm。如三爪卡盘的平面螺纹磨损较严重，精度较差，换上软爪轻加工后，工件安装后的定位精度仍能保持在0.05mm以内。软爪卡盘装夹已加工表面或软金属，不易夹伤表面。对于薄壁工件，可用扇形爪，增大与工件接触面积而减小工件变形。软爪卡盘适用于将已加工表面作为定位精基准，在大批量生产时进行工件的半精车与精车。

软爪卡盘正确的调整与车削，是保证软爪卡盘精度的首要条件。软爪的底面和定位台，应与卡爪底座滑配并正确定位。软爪用于装夹工件的部分比硬爪长10～15mm，以备多次车削，并要对号装配；车削软爪的直径最好与被装夹工件直径一致，或大或小，都不能保证装夹精度。一般卡爪车削直径比工件直径大0.2mm左右，即被卡的工件直径要控制在一定公差范围内；车削软爪时，为了消除间隙，必须在卡爪内或卡爪外安装一适当直径的圆柱或圆环，它们在软爪安装的位置，应和工件夹紧的方向一致，否则不能保证工件定位精度。当工件为夹紧时，圆柱应夹紧在卡盘爪里面，车削软爪内面，当工件为涨紧时，圆环应安装在卡盘爪外面，车削软爪外面。

## 【任务实施】

### 1. 工艺分析

① 该零件毛坯为$\phi$125mm×80mm的2A12，材料的长度足够，所以在加工时选择夹住零件左端，加工零件右端各表面的加工方法。

② 由于零件的前两个圆柱尺寸要求较高，所以要分粗、精加工以保证零件的表面质量和尺寸精度。

③ 由于槽加工精度不高，可以一次加工完成。

**2. 根据图样填写活塞右端阶梯凹槽轴加工工艺卡**（表 5-2）

**表 5-2　活塞右端阶梯凹槽轴加工工艺卡**

| 零件名称 | | 材料 | 设备名称 | 毛坯 | | | | | |
|---|---|---|---|---|---|---|---|---|---|
| 活塞 | | 2A12 | CKA6150 | 种类 | 铝棒 | 规格 | $\phi$125mm×80mm | | |
| 任务内容 | | | 程序号 | O1021 | 数控系统 | FANUC 0i-TC | | | |
| 工序号 | 工步 | 工步内容 | 刀号 | 刀具名称 | 主轴转速 $n$/(r/min) | 进给量 $f$/(mm/r) | 背吃刀量 $a_p$/(mm/r) | 余量/mm | 备注 |
| | 1 | 粗加工右端外圆各表面 | 1 | 90°外圆车刀 | 800 | 0.2 | 2.0 | 0.5 | |
| | 2 | 精加工右端外圆各表面 | 1 | 90°外圆车刀 | 1000 | 0.08 | 0.5 | 0 | |
| | 3 | 加工右端槽 | 2 | 3mm 槽刀 | 500 | 0.1 | 3 | 0 | |
| 编制 | | | | 教师 | | | 共 1 页 | 第 1 页 | |

**3. 准备材料、设备及工量具**（表 5-3）

**表 5-3　准备材料、设备及工量具**

| 序号 | 材料、设备及工量具名称 | 规格 | 数量 |
|---|---|---|---|
| 1 | 圆钢 | $\phi$125mm×80mm | 6 块 |
| 2 | 数控车床 | CKA6150 | 6 台 |
| 3 | 千分尺 | 50～75mm | 6 把 |
| | 千分尺 | 75～100mm | 6 把 |
| | 千分尺 | 100～125mm | 6 把 |
| 4 | 游标卡尺 | 0～150mm | 6 把 |
| 5 | 90°外圆车刀 | 25mm×25mm | 6 把 |
| 6 | 3mm 槽刀 | 25mm×25mm | 6 把 |

**4. 加工参考程序**

根据 FANUC 0i-TC 编程要求制订的加工工艺，编写零件加工程序如（参考）表 5-4、表 5-5。

**表 5-4　活塞右端阶梯凹槽轴加工程序**

| 程序段号 | 程序内容 | 说明注释 |
|---|---|---|
| N10 | O1021 | 程序号 |
| N20 | G97 G99 S800 M03 F0.2 | 转速 800r/min，进给，设定为 0.2mm/r |
| N30 | T0101 | 1 号刀具，1 号刀补 |
| N40 | G00 X127. Z2. | 刀具定位点 |
| N50 | G71 U2.0 R1.0 | 切削深度 2mm，退刀量 1mm |
| N60 | G71 P70 Q140 U0.5 W0.05 | $X$ 向精加工余量为 0.5mm，$Z$ 向精加工余量为 0.05mm |
| N70 | G42 G00 X73.8 | 精加工起始段 |
| N75 | G01 Z0. | |
| N80 | X75.8 Z−1 | |
| N90 | Z−23. | |
| N100 | X119.8 | |
| N110 | X120.8 Z−23.5 | |
| N120 | Z−34. | |
| N130 | X125. | |
| N140 | G40 G00 X127. | 精加工结束段 |
| N150 | X200.0 Z100.0 | 退刀 |

续表

| 程序段号 | 程序内容 | 说明注释 |
|---|---|---|
| N160 | M00 | 程序停止 |
| N190 | S1000 M03 F0.08 | 转速 1000r/min,进给设定为 0.08mm/r |
| N200 | T0101 | 1 号刀具,1 号刀补 |
| N210 | G00 X127.0 Z2.0 | 刀具加工循环起点 |
| N220 | G70 P70 Q140 | 精加工 |
| N230 | X200.0 Z100.0 | 退刀 |
| N240 | M30 | 程序结束 |

表 5-5 活塞右端切槽程序

| 程序段号 | 程序内容 | 说明注释 |
|---|---|---|
| N10 | O1022 | 程序名 |
| N20 | G97 G99 S500 M03 F0.1 | 转速 500r/min,进给设定为 0.1mm/r |
| N30 | T0202 | 2 号刀具,2 号刀补 |
| N40 | G00 X78. Z2. | 定位点 |
| N50 | Z−8.7 | |
| N60 | G01 X70.1 | 余量 0.1mm |
| N70 | X78. | |
| N80 | W0.5 | |
| N90 | X70. | 切槽 $\phi$70mm |
| N100 | Z−8.7 | |
| N110 | X78. | |
| N115 | G00 Z−15.7 | |
| N120 | G01 X65.1 | 余量 0.1mm |
| N160 | X78. | |
| N170 | W2. | |
| N180 | X65.1 | |
| N190 | X78. | |
| N200 | W1. | |
| N210 | X65. | 切槽 $\phi$65mm |
| N190 | Z−15.7 | |
| N200 | X122. | |
| N210 | Z−30.5 | |
| N220 | X110.1 | 余量 0.1mm |
| N230 | X122. | |
| N240 | W2. | |
| N250 | X110.1 | |
| N260 | X122. | |
| N270 | W1. | |
| N280 | X110. | 切槽 $\phi$110mm |
| N290 | Z−30.5 | |
| N300 | X122. | |
| N310 | G00 X100. Z100. | 退刀 |
| N320 | M30 | 程序结束 |

### 5. 仿真加工

用数控仿真软件，FANUC 0i-TC 数控系统进行程序录入及仿真加工的步骤如表 5-6、表 5-7 所示。

表 5-6　活塞右端阶梯凹槽轴 FANUC 0i-TC 程序录入及程序仿真加工操作

| 步骤 | 操作过程 | 图示 |
|---|---|---|
| 安装毛坯 | 设定毛坯为 $\phi$125mm × 80mm 的 2A12，调整零件伸出长度，保证伸出长度足够 | 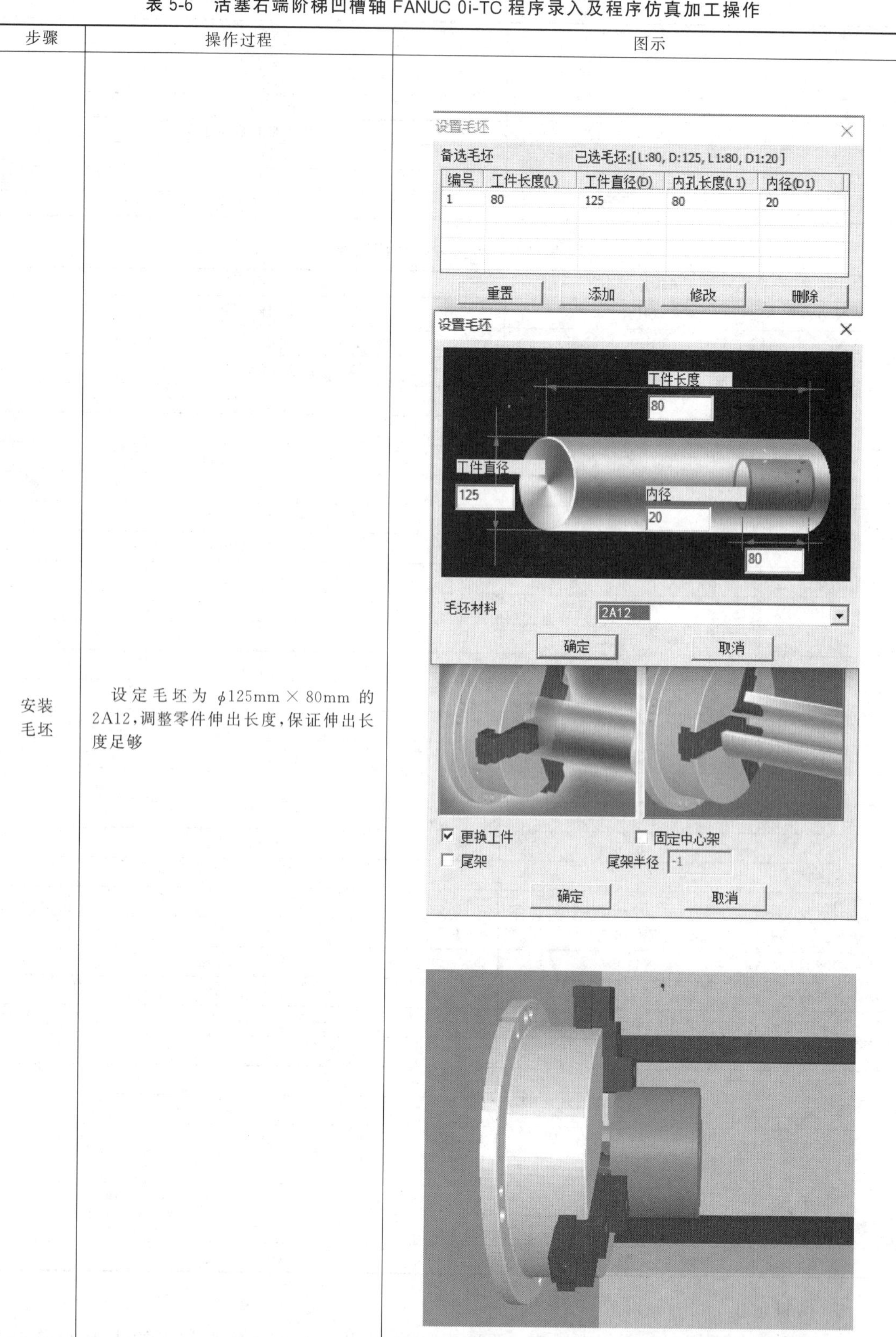 |

续表

| 步骤 | 操作过程 | 图示 |
| --- | --- | --- |
| 安装刀具 | 安装外圆车刀，选择机床操作，单击安装刀具，将1号外圆刀安装到1号刀位。将刀具调整到靠近刀具的位置 | 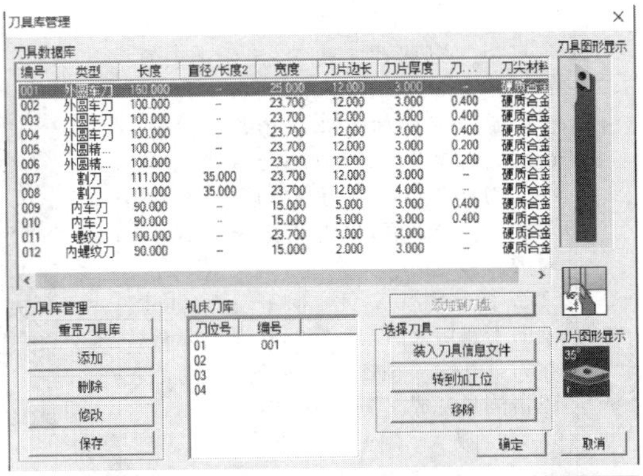 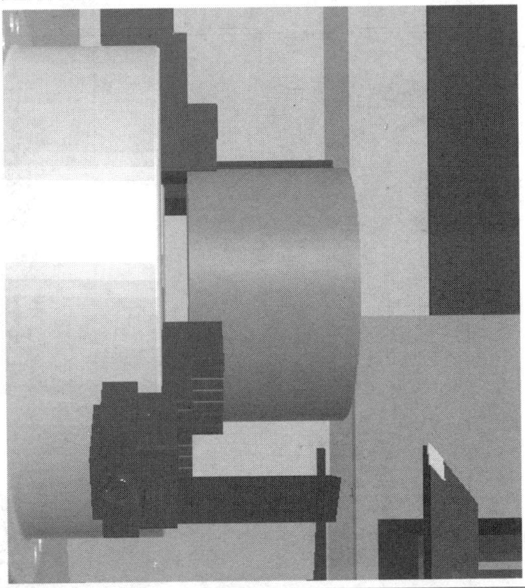 |
| 仿真对刀 | 1. 在手动操作方式下，用所选刀具在加工余量范围内试切工件外圆，记下此时显示屏中的X坐标值，记为Xa。(注意：数控车床显示和编程的X坐标一般为直径值)。在刀具补偿界面1号刀补输入Xa值，单击测量完成X向对刀。<br>2. 将刀具沿X负方向平端面(注意Z向不宜切太深)，平完原路退回刀具。在刀具补偿界面1号刀补输入Z0值，单击测量完成Z向对刀。<br>3. 完成X、Z向对刀 | 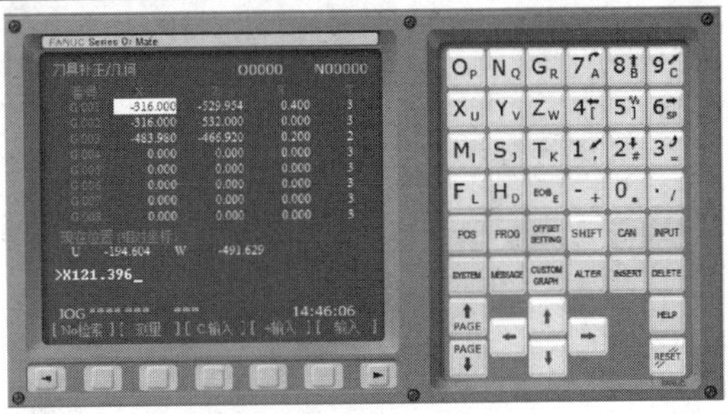 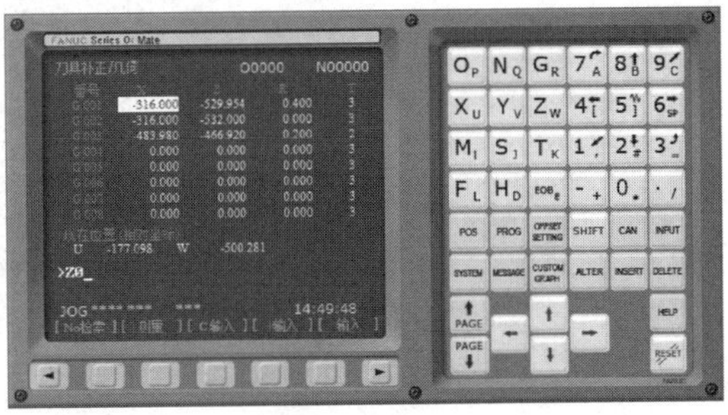 |

续表

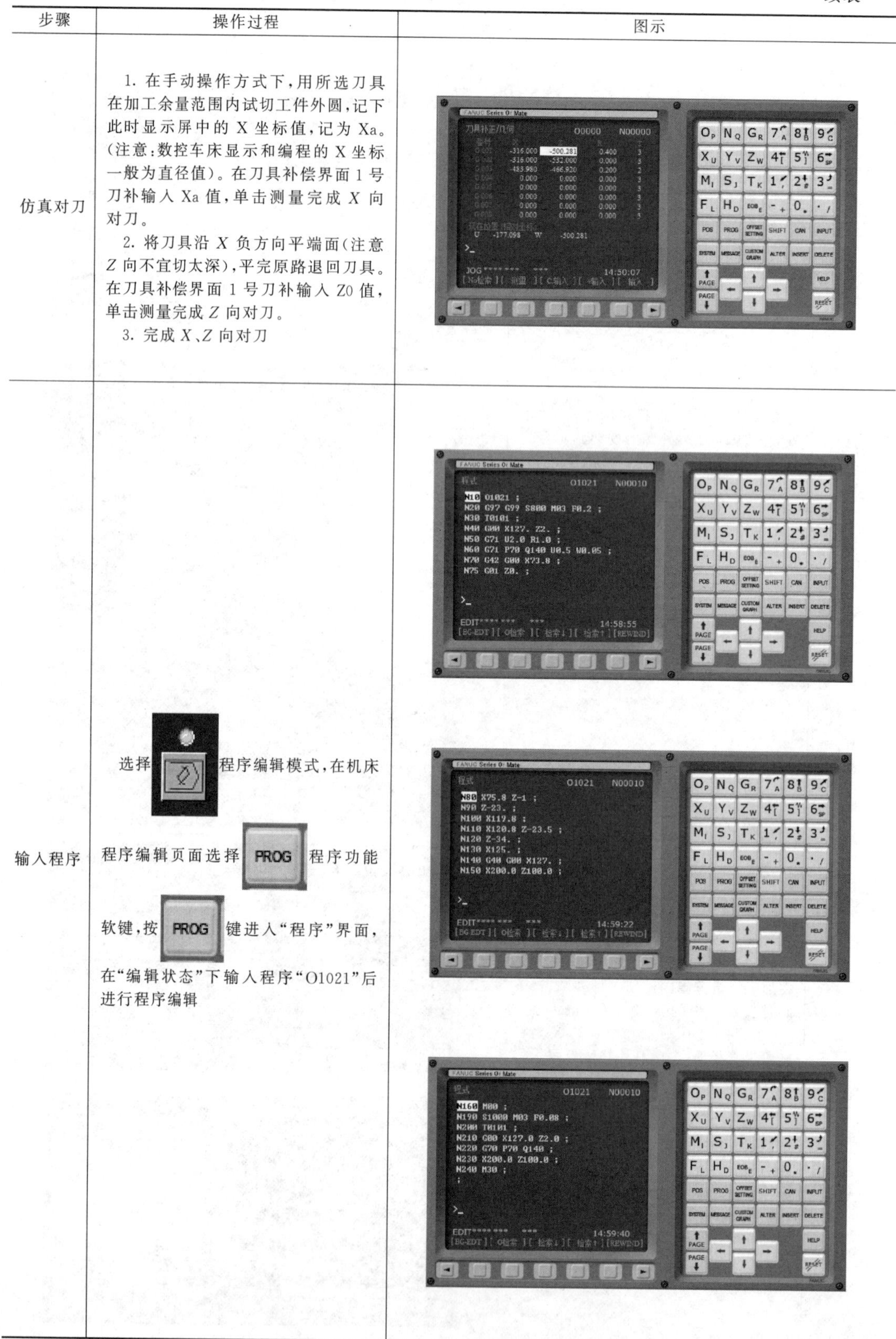


| 步骤 | 操作过程 | 图示 |
| --- | --- | --- |
| 仿真对刀 | 1. 在手动操作方式下，用所选刀具在加工余量范围内试切工件外圆，记下此时显示屏中的 X 坐标值，记为 Xa。（注意：数控车床显示和编程的 X 坐标一般为直径值）。在刀具补偿界面 1 号刀补输入 Xa 值，单击测量完成 *X* 向对刀。<br>2. 将刀具沿 *X* 负方向平端面（注意 *Z* 向不宜切太深），平完原路退回刀具。在刀具补偿界面 1 号刀补输入 Z0 值，单击测量完成 *Z* 向对刀。<br>3. 完成 *X*、*Z* 向对刀 | |
| 输入程序 | 选择程序编辑模式，在机床程序编辑页面选择 PROG 程序功能软键，按 PROG 键进入“程序”界面，在“编辑状态”下输入程序“O1021”后进行程序编辑 | |

续表

| 步骤 | 操作过程 | 图示 |
|---|---|---|
| 仿真加工 | 选择“自动运行”状态，按“循环启动”按钮进行零件加工，按“循环启动”按钮运行程序，加工零件完成后，检查尺寸是否正确 | 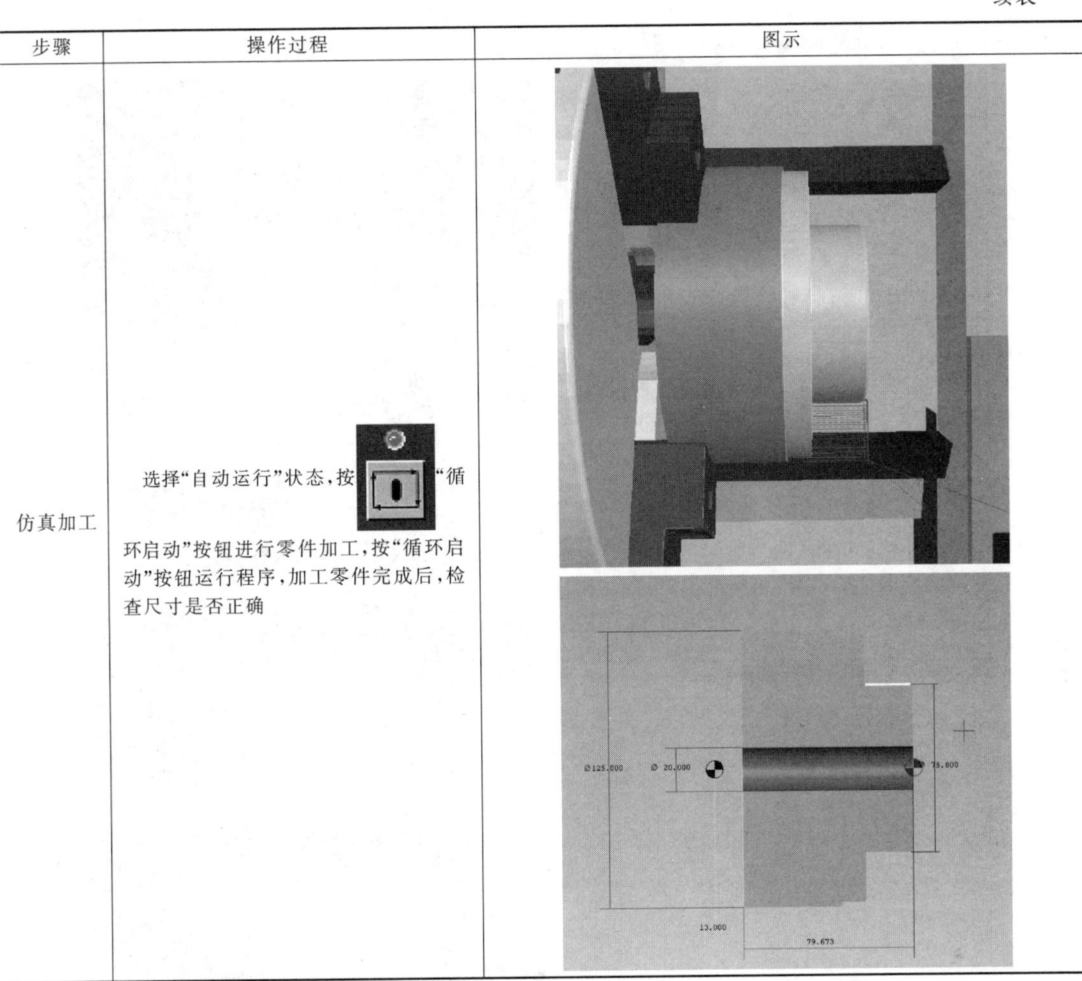 |

表 5-7　活塞右端切槽 FANUC 0i-TC 程序录入及程序仿真加工操作

| 步骤 | 操作过程 | 图示 |
|---|---|---|
| 安装刀具 | 安装 3mm 宽的切槽刀 | 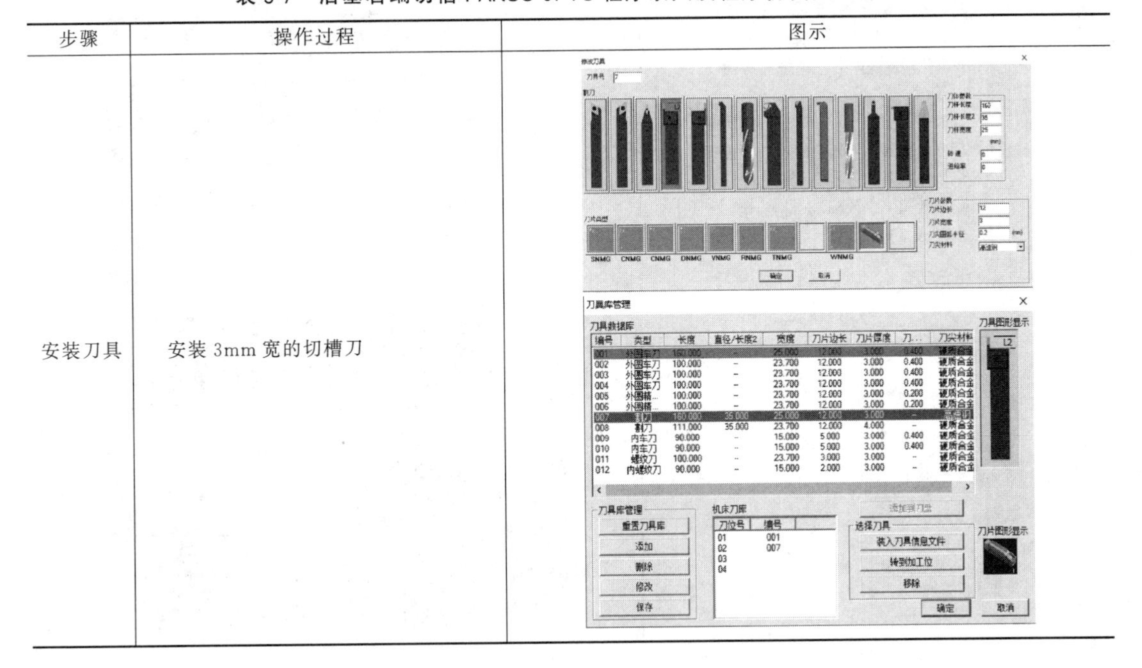 |

续表

| 步骤 | 操作过程 | 图示 |
| --- | --- | --- |
| 安装刀具 | 安装 3mm 宽的切槽刀 | 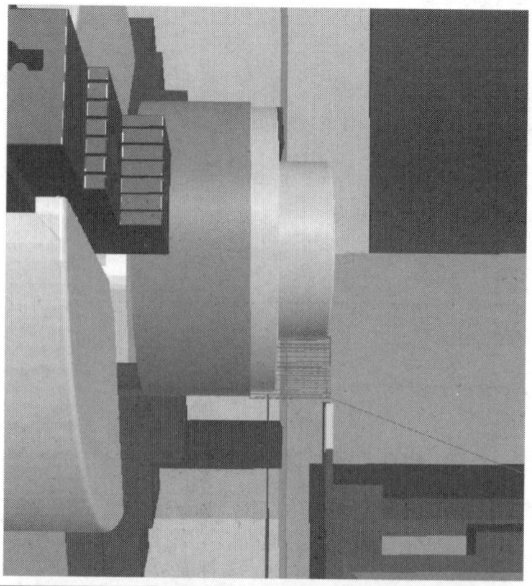 |
| 仿真对刀 | 1. 在手轮操作方式下，用切槽刀靠近 $\phi$75.8mm 外圆端面，用 $Z$ 向×1 倍率靠上，在刀具补偿界面 2 号刀补输入该处长度 Z0，单击[测量]软键完成 $Z$ 向对刀。<br>2. 在手轮操作方式下，用切槽刀靠近 $\phi$75.8mm 外圆表面，用 $X$ 向×1 倍率靠上外圆，在刀具补偿界面 2 号刀补输入该处直径“X75.8”，单击[测量]软键完成 $X$ 向对刀 | 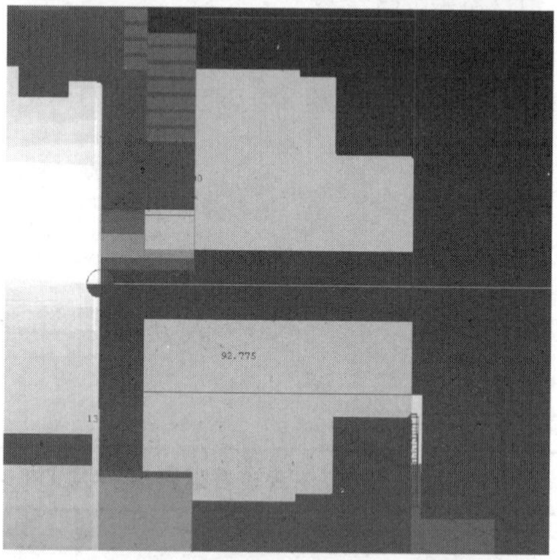 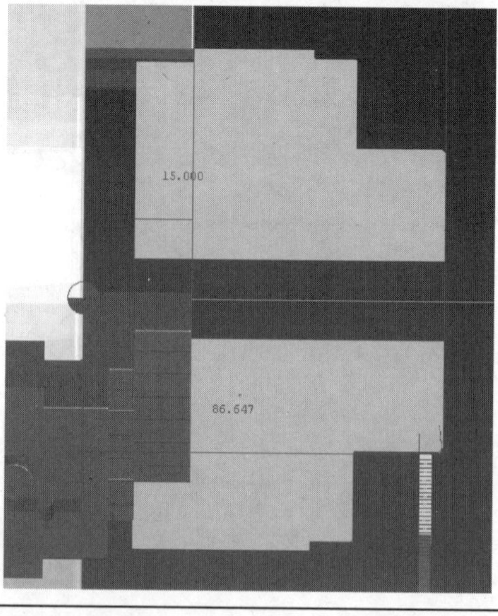 |

续表

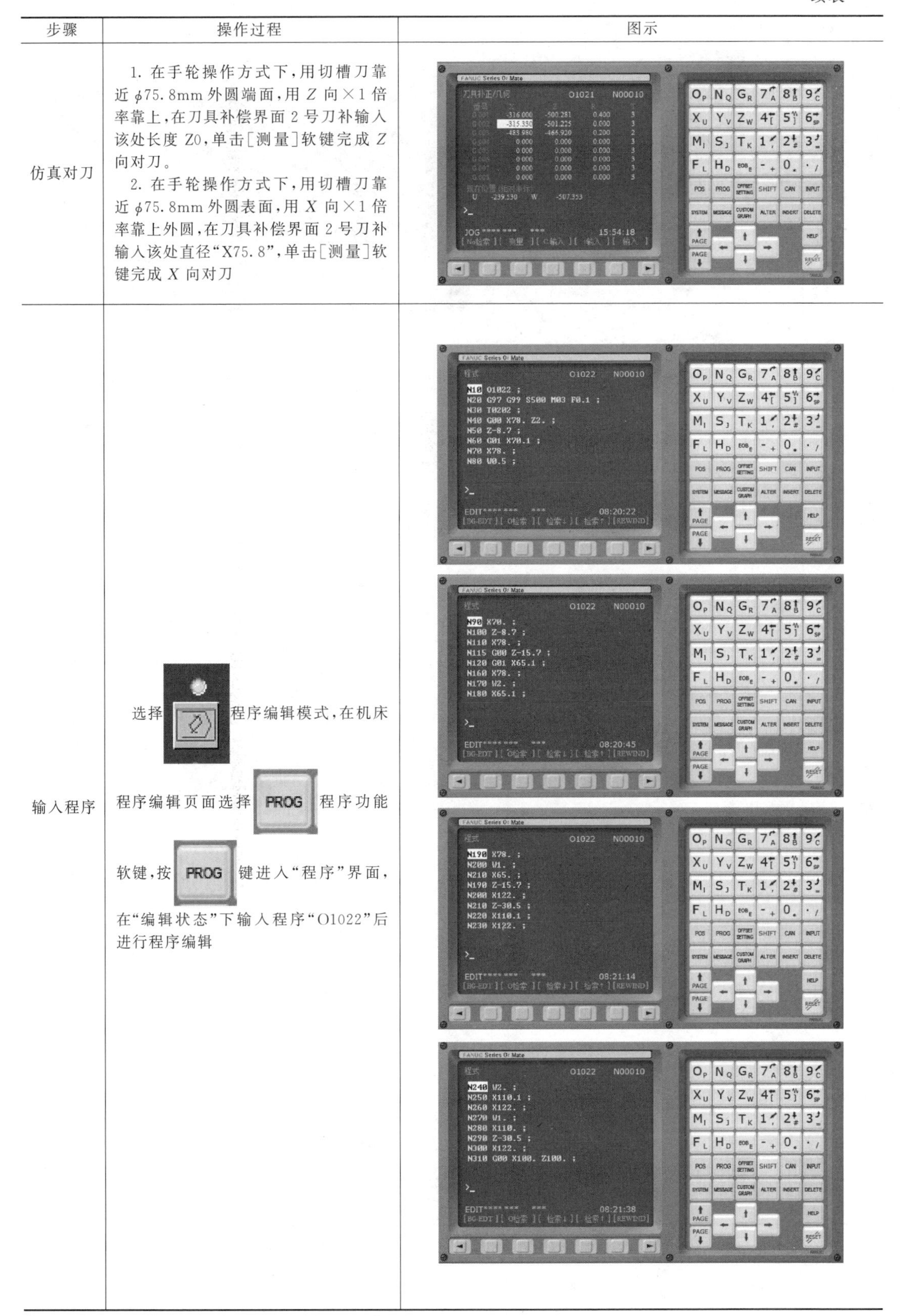

| 步骤 | 操作过程 | 图示 |
|---|---|---|
| 仿真对刀 | 1. 在手轮操作方式下，用切槽刀靠近 $\phi75.8$mm 外圆端面，用 $Z$ 向×1 倍率靠上，在刀具补偿界面 2 号刀补输入该处长度 Z0，单击[测量]软键完成 $Z$ 向对刀。<br>2. 在手轮操作方式下，用切槽刀靠近 $\phi75.8$mm 外圆表面，用 $X$ 向×1 倍率靠上外圆，在刀具补偿界面 2 号刀补输入该处直径“X75.8”，单击[测量]软键完成 $X$ 向对刀 | |
| 输入程序 | 选择 程序编辑模式，在机床程序编辑页面选择 PROG 程序功能软键，按 PROG 键进入“程序”界面，在“编辑状态”下输入程序“O1022”后进行程序编辑 | |

续表

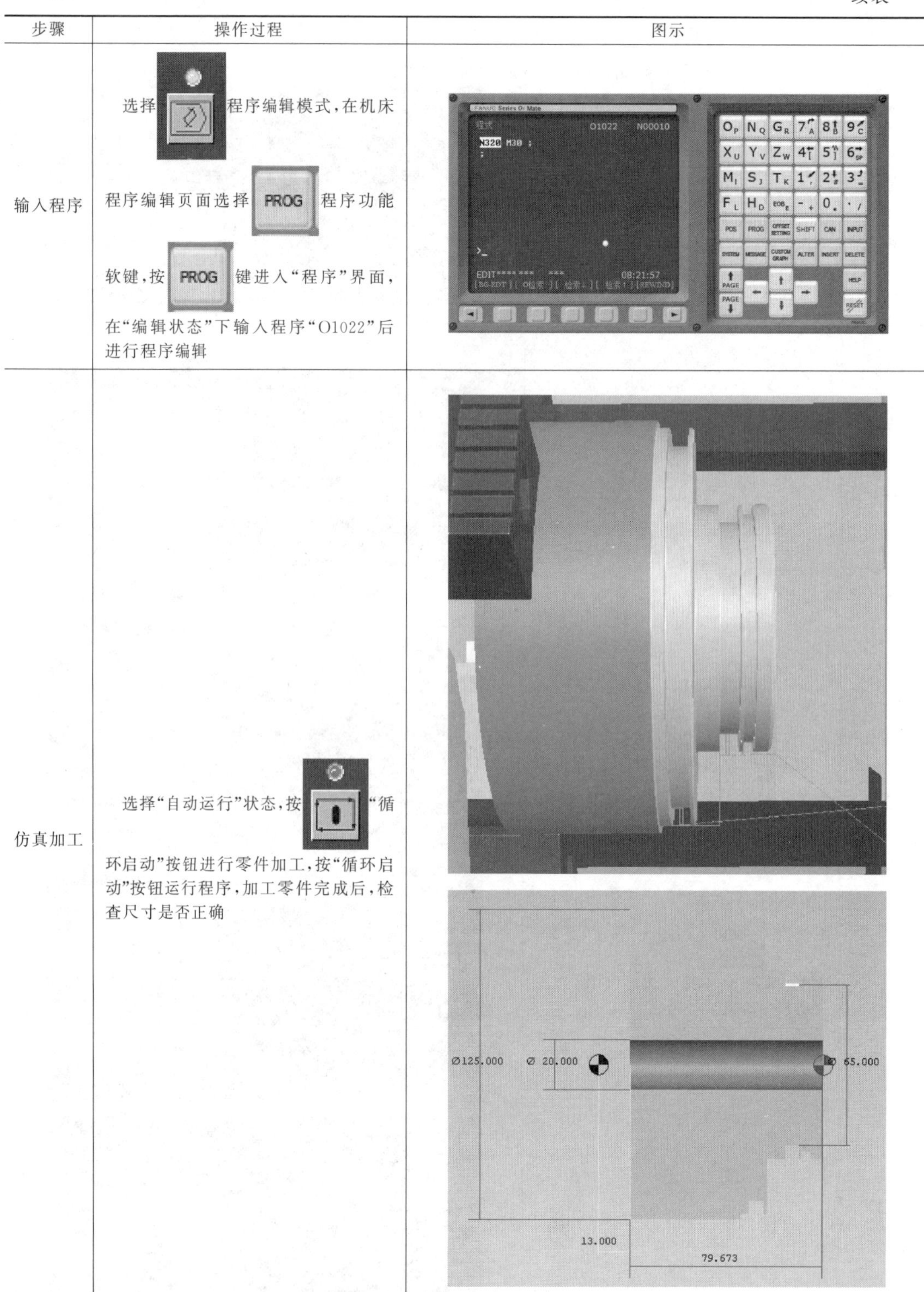


| 步骤 | 操作过程 | 图示 |
|---|---|---|
| 输入程序 | 选择程序编辑模式，在机床程序编辑页面选择 PROG 程序功能软键，按 PROG 键进入“程序”界面，在“编辑状态”下输入程序“O1022”后进行程序编辑 | |
| 仿真加工 | 选择“自动运行”状态，按“循环启动”按钮进行零件加工，按“循环启动”按钮运行程序，加工零件完成后，检查尺寸是否正确 | |

## 6. 加工零件

加工零件操作步骤如表 5-8 所示。

企业生产安全操作提示：

① 工作前按规定穿戴好劳动防护用品，扎好袖口。严禁戴手套或敞开衣服操作。

② 机床工作开始前要有预热，每次开机应低速运行 3～5min，查看各部分是否正常。

③ 开机先回参考点。

④ 模拟结束以后一定要先回零后加工。

⑤ 机床在试运行前需进行图形模拟加工，避免程序错误、刀具碰撞卡盘。

⑥ 快速进刀和退刀时，一定注意不要碰触工件和三爪卡盘。

表 5-8 加工零件步骤

| 步骤 | 操作过程 | 图示 |
| --- | --- | --- |
| 装夹零件毛坯 | 对数控车床进行安全检查，打开机床电源并开机，在机床索引页面按程序开关打开后，将毛坯装夹到卡盘上，伸出长度≥44mm |  |
| 安装车刀 | 将 90°外圆车刀安装在 1 号刀位，利用垫刀片调整刀尖高度，并使用顶尖检验刀尖高度位置 |  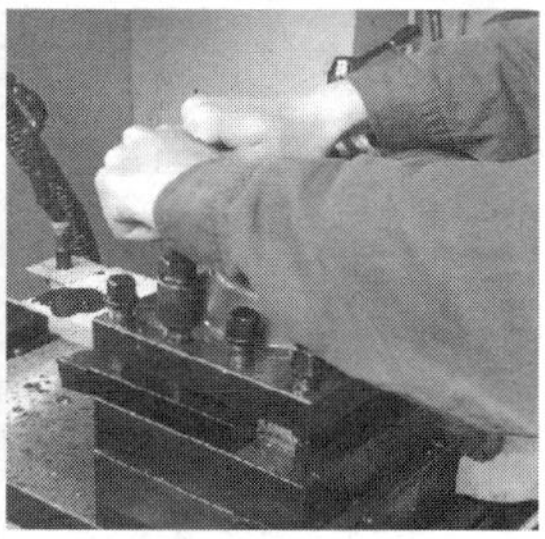 |
| | 将切槽刀装在 2 号刀位，利用垫刀片调整刀尖高度，并使用顶尖检验刀尖高度位置 |   |

续表

| 步骤 | 操作过程 | 图示 |
| --- | --- | --- |
| 外圆刀试切法<br>Z 轴对刀 | 主轴正转，用快速进给方式控制车刀靠近工件，然后手轮进给方式×10 挡位慢速靠近毛坯端面，沿 X 向切削毛坯端面，切削量约 0.5mm，刀具切削到毛坯中心，沿 X 向退刀。按 键切换至刀补测量页面，光标在 01 号刀补位置输入“Z0.”后按[测量]软键，完成 Z 轴对刀 | |
| 外圆刀试切法<br>X 轴对刀 | 主轴正转，手动控制车刀靠近工件，然后手轮方式×10 挡位慢速靠近工件 $\phi$125mm 外圆面，沿 Z 方向切削毛坯料约 1mm，切削长度以方便卡尺测量为准，沿 Z 向退出车刀，主轴停止，测量工件外圆，按 键切换至刀补测量页面，光标在 01 号刀补位置输入测量值“X124.35”后按[测量]软键，完成 X 轴对刀 |  |

续表

| 步骤 | 操作过程 | 图示 |
| --- | --- | --- |
| 外圆刀试切法<br>$X$ 轴对刀 | 主轴正转，手动控制车刀靠近工件，然后手轮方式×10 挡位慢速靠近工件 $\phi$125mm 外圆面，沿 $Z$ 方向切削毛坯料约 1mm，切削长度以方便卡尺测量为准，沿 $Z$ 向退出车刀，主轴停止，测量工件外圆，按 OFS/SET 键切换至刀补测量页面，光标在 01 号刀补位置输入测量值“X124.35”后按[测量]软键，完成 $X$ 轴对刀 | 偏置 / 形状 N00000<br>号. X轴 Z轴 半径 TIP<br>G 001 -224.464 -503.665 0.400 3<br>G 002 -192.949 -510.631 0.000 0<br>G 003 -259.182 -435.888 0.400 0<br>G 004 -228.660 -499.589 0.400 3<br>G 005 0.000 0.000 0.000 0<br>G 006 0.000 0.000 0.000 0<br>G 007 0.000 0.000 0.000 0<br>G 008 0.000 0.000 0.000 0<br>相对坐标 U -122.648 W 15.670<br>A)X124.35_<br>S 0 T0100<br>HND **** *** *** 14:39:57<br>号搜索 测量 C输入 +输入 输入 |
| 切槽刀试切法<br>$Z$ 轴对刀 | 主轴正转，用快速进给方式控制车刀靠近工件，然后手轮进给方式×10 挡位慢速靠近毛坯端面，将切槽刀左刀尖轻轻靠在工件端面，沿 $X$ 向退刀。按 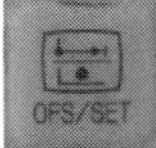 键切换至刀补测量页面，光标在 02 号刀补位置输入“Z0.”后按[测量]软键，完成 $Z$ 轴对刀 | <br>偏置 / 形状 N00000<br>号. X轴 Z轴 半径 TIP<br>G 001 -208.620 -503.665 0.400 3<br>G 002 -192.949 -510.631 0.000 0<br>G 003 -259.182 -435.888 0.400 0<br>G 004 -228.660 -499.589 0.400 3<br>G 005 0.000 0.000 0.000 0<br>G 006 0.000 0.000 0.000 0<br>G 007 0.000 0.000 0.000 0<br>G 008 0.000 0.000 0.000 0<br>相对坐标 U -115.418 W -144.330<br>A)Z0._<br>S 509 T0202<br>HND STOP *** *** 14:44:30<br>号搜索 测量 C输入 +输入 输入 |

续表

| 步骤 | 操作过程 | 图示 |
| --- | --- | --- |
| 切槽刀试切法 $X$ 轴对刀 | 主轴正转，手动控制车刀靠近工件，然后手轮方式×10挡位慢速靠近工件 $\phi$50mm 外圆面，沿 $Z$ 方向切削，切削余量0.2mm左右，切削长度以方便卡尺测量为准，沿 $Z$ 向退出车刀，主轴停止，测量工件外圆，按 OFS/SET 键切换至刀补测量页面，光标在01号刀补位置输入测量值“X123.87”后按[测量]软键，完成 $X$ 轴对刀 | <br>偏置 / 形状 N00000<br>号. X轴 Z轴 半径 TIP<br>G 001 -208.620 -503.665 0.400 3<br>G 002 -192.949 -510.555 0.000 0<br>G 003 -259.182 -435.888 0.400 0<br>G 004 -228.660 -499.589 0.400 3<br>G 005 0.000 0.000 0.000 0<br>G 006 0.000 0.000 0.000 0<br>G 007 0.000 0.000 0.000 0<br>G 008 0.000 0.000 0.000 0<br>相对坐标 U -115.418 W -144.330<br>A) X123.87_<br>S 507 T0202<br>HND STOP *** *** 14:45:27<br>号搜索 测量 C输入 +输入 输入 |
| 运行外圆程序加工工件 | 手动方式将刀具退出一定距离，按  键进入程序画面，检索到“O1021”程序，选择单段运行方式，按“循环启动”按钮，开始程序自动加工，当车刀完成一次单段运行后，可以关闭单段模式，让程序连续运行 |  |

续表

| 步骤 | 操作过程 | 图示 |
| --- | --- | --- |
| 测量工件修刀补并精车工件 | 程序运行结束后，用千分尺测量零件外径尺寸，根据实测值计算出刀补值，对刀补进行修整。按“循环启动”按钮，再次运行程序，完成工件加工，并测量各尺寸是否符合图纸要求 |  |
| 切槽 | 按  PROG 键进入程序界面，输入“O1022”检索到该程序，按“循环启动”按钮，开始程序自动加工 |  |
| 测量工件修改刀补并精车工件 | 程序运行结束后，用卡尺测量工件外径尺寸，根据实测值计算出刀补值，对刀补进行修整。按“循环启动”按钮，再次运行程序，完成工件加工，并测量各尺寸是否符合图纸要求 |  |

续表

| 步骤 | 操作过程 | 图示 |
| --- | --- | --- |
| 维护保养 | 清扫维护机床，刀具、量具擦净 |  |

## 【任务检测】

小组成员分工检测零件，并将检测结果填入表 5-9。

表 5-9　零件检测表

| 序号 | 检测项目 | 检测内容 | 配分 | 检测要求 | 学生自评 | | 老师测评 | |
| --- | --- | --- | --- | --- | --- | --- | --- | --- |
| | | | | | 自测 | 得分 | 检测 | 得分 |
| 1 | 直径 | $\phi$120.8mm | 10 | 超差不得分 | | | | |
| 2 | 直径 | $\phi$110mm | 10 | 超差不得分 | | | | |
| 3 | 直径 | $\phi$65mm | 10 | 超差不得分 | | | | |
| 4 | 直径 | $\phi$70mm | 10 | 超差不得分 | | | | |
| 5 | 直径 | $\phi$75.8mm | 10 | 超差不得分 | | | | |
| 6 | 长度 | 3.5mm | 5 | 超差不得分 | | | | |
| 7 | 长度 | 5.2mm | 5 | 超差不得分 | | | | |
| 8 | 长度 | 6mm | 5 | 超差不得分 | | | | |
| 9 | 倒角 | C0.5 | 5 | 超差不得分 | | | | |
| 10 | 表面质量 | Ra1.6 两处 | 5 | 超差不得分 | | | | |
| 11 | | 去除毛刺飞边 | 5 | 未处理不得分 | | | | |
| 12 | 时间 | 工件按时完成 | 5 | 未按时完成不得分 | | | | |
| 13 | 现场操作规范 | 安全操作 | 5 | 违反操作规程按程度扣分 | | | | |
| 14 | | 工量具使用 | 5 | 工量具使用错误，每项扣 2 分 | | | | |
| 15 | | 设备维护保养 | 5 | 违反维护保养规程，每项扣 2 分 | | | | |
| 16 | 合计(总分) | | 100 | 机床编号 | 总得分 | | | |
| 17 | 开始时间 | | 结束时间 | | 加工时间 | | | |

## 【工作评价与鉴定】

1. **评价**（90%，表 5-10）

表 5-10　综合评价表

| 项目 | 出勤情况（10%） | 工艺编制、编程（20%） | 机床操作能力（10%） | 零件质量（30%） | 职业素养（20%） | 成绩合计 |
| --- | --- | --- | --- | --- | --- | --- |
| 个人评价 | | | | | | |
| 小组评价 | | | | | | |
| 教师评价 | | | | | | |
| 平均成绩 | | | | | | |

2. 鉴定（10%，表 5-11）

表 5-11　实训鉴定表

| | |
|---|---|
| 自我鉴定 | 通过本节课我有哪些收获：<br>学生签名：________<br>____年____月____日 |
| 指导教师鉴定 | 指导教师签名：________<br>____年____月____日 |

# 任务二　加工活塞右端内孔

## 【任务要求】

任务一已经完成了活塞右端阶梯及外沟槽的加工，本任务要求完成活塞零件右端内孔部分的加工，如图 5-5 所示的活塞零件，材料为 2A12，毛坯为 $\phi$125mm×80mm，请根据图纸要求，合理制订加工工艺，安全操作机床，达到规定的精度和表面质量要求。

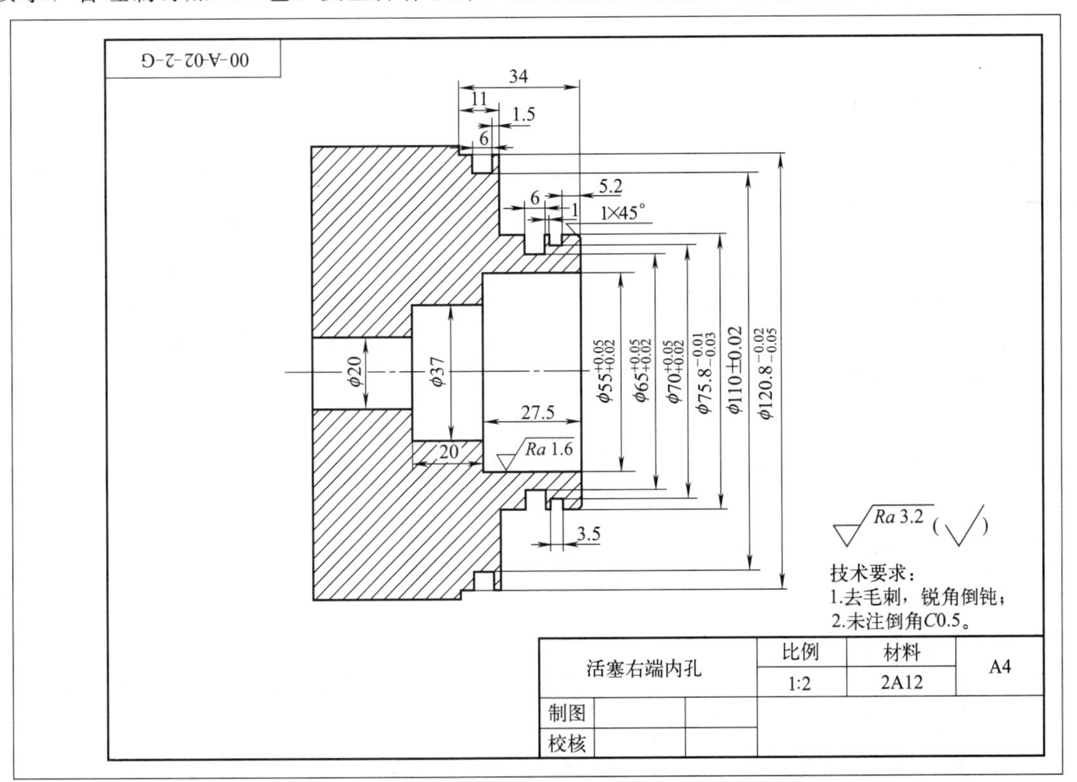


图 5-5　活塞右端内孔

## 【任务准备】

完成该任务需要准备的实训物品，如表 5-12 所示。

表 5-12　实训物品清单

| 序号 | 实训资源 | 种类 | 数量 | 备注 |
| --- | --- | --- | --- | --- |
| 1 | 机床 | CKA6150 型数控车床 | 6 台 | 或者其他数控车床 |
| 2 | 参考资料 | 《数控车床使用说明书》<br>《FANUC 0i-TC 车床编程手册》<br>《FANUC 0i-TC 车床操作手册》<br>《FANUC 0i-TC 车床连接调试手册》 | 各 6 本 | |
| 3 | 刀具 | 90°外圆车刀 | 6 把 | |
| | | 内孔刀 | 6 把 | |
| 4 | 量具 | 0～150mm 游标卡尺 | 6 把 | |
| | | 0～100mm 千分尺 | 6 套 | |
| | | 0～75mm 内径千分尺 | 6 套 | |
| | | 百分表 | 6 块 | |
| 5 | 辅具 | 百分表架 | 6 套 | |
| | | 内六角扳手 | 6 把 | |
| | | 套管 | 6 把 | |
| | | 卡盘扳手 | 6 把 | |
| | | 毛刷 | 6 把 | |
| 6 | 材料 | 2A12 | 6 根 | |
| 7 | 工具车 | | 6 辆 | |

## 【相关知识】

### 一、基础知识

数控车削内孔的指令与外圆车削指令基本相同，但也有区别，编程时应注意以下方面：

① 粗车循环 G71 指令、G73 指令，在加工外径时余量 U 为正，但在加工内轮廓时余量 U 应为负。

② 若精车循环 G70 指令采用半径补偿加工，以刀具从右向左进给为例。在加工外径时，半径补偿指令用 G42 指令，刀具方位编号是“3”。在加工内轮廓时，半径补偿指令用 G41 指令，刀具方位编号是“2”。

③ 加工内孔轮廓时，切削循环的起点、切出点的位置选择要慎重，要保证刀具在狭小的内结构中移动而不干涉工件。起点、切出点的 X 值一般取与预加工孔直径稍小一点的值。

镗孔一般用于将已有孔扩大到指定的直径，可用于加工精度、直线度及表面精度均要求较高的孔。镗孔主要优点是工艺灵活、适应性较广。一把结构简单的单刃镗刀，既可进行孔的粗加工，又可进行半精加工和精加工。加工精度范围为 IT10 以下至 IT7～IT6，表面粗糙度值 $Ra$ 为 12.5～0.2μm。镗孔还可以校正原有孔轴线歪斜或位置偏差。镗孔可以加工中、小尺寸的孔，但更适于加工大直径的孔。

镗孔时，单刃镗刀的刀头截面尺寸要小于被加工的孔径，而刀杆的长度要大于孔深，因而刀具刚性差。切削时在径向力的作用下，容易产生变形和振动，影响镗孔的质量。特别是加工孔径小、长度大的孔时，更不如铰孔容易保证质量。因此，镗孔时多采用较小的切削用量，以减小切削力的影响。

## 二、相关工艺知识

### 1. 套类零件的装夹

（1）一次装夹车削 在单件小批量生产中，为了避免工件由于多次装夹而造成的定位误差，保证工件各个加工表面的相互位置精度。可以在卡盘上一次装夹车削内外表面和端面。这种装夹方法没有定位误差，如果车床精度较高，就可以获得较高的同轴度和垂直度。

（2）以外圆和端面为定位基准 当工件的外圆和一个端面在一次装夹中车削完后，可以用车好的外圆和端面为定位基准装夹工件。具体方法如下：

① 反卡爪装夹：当对工件的位置精度要求不太高而且工件直径较大长度较短时，可选择比较正的卡盘将卡爪换上，然后将工件与反卡爪端面靠实后夹紧工件车削，如图 5-6（a)。

② 端面挡铁装夹：将端面挡铁的锥柄插入机床主轴锥孔后，将挡铁端面精车一刀，使之与机床轴线垂直，然后把工件装上，使工件端面与挡铁端面靠平，夹紧后车削，如图 5-6（b)。

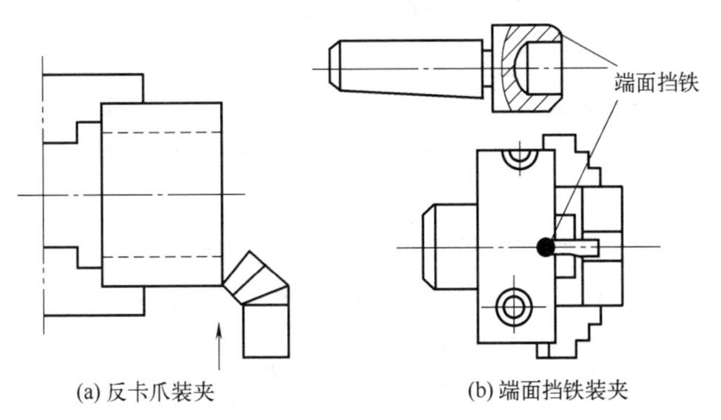

(a) 反卡爪装夹　(b) 端面挡铁装夹

图 5-6 装夹工件

（3）以内孔为定位基准 采用芯轴车削中小型轴套、带轮、齿轮等工件时，一般可用已加工好的内孔为定位基准，采用芯轴定位的方法进行车削。

① 实体芯轴：实体芯轴有小锥度芯轴（图 5-7）和圆柱芯轴两种。小锥度芯轴的特点是容易制造，定心精度高，但轴向无法定位，承受切削力小，装卸不方便。圆柱芯轴一般都带台阶面，（图 5-8）芯轴与工件孔是较小的间隙配合，工件靠螺母压紧。其特点是一次可以

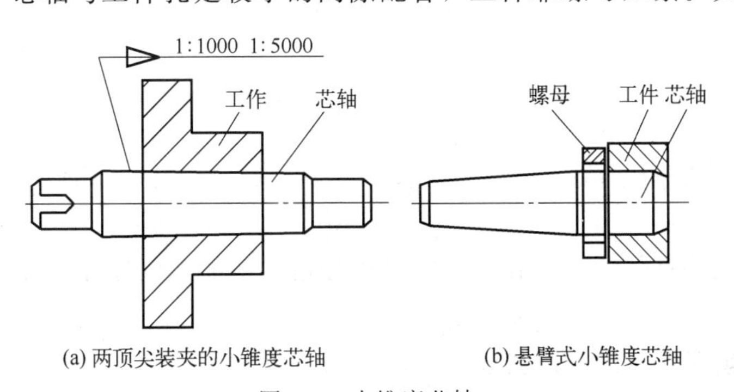

(a) 两顶尖装夹的小锥度芯轴　(b) 悬臂式小锥度芯轴

图 5-7 小锥度芯轴

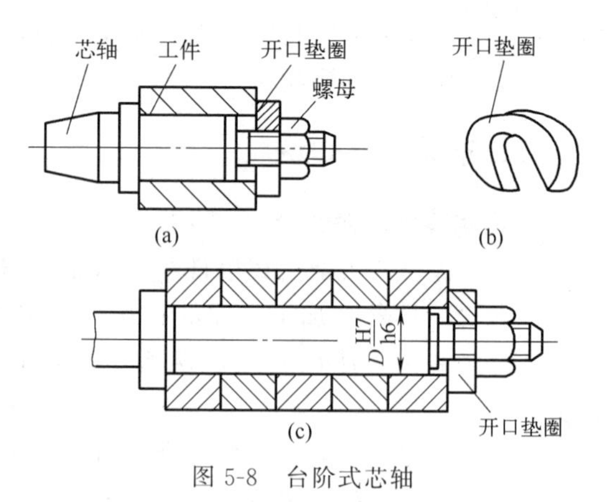

图 5-8 台阶式芯轴

装夹多个工件，若采用开口垫圈装卸工件就更加方便，但定心精度较低，只能保证0.02mm左右的同轴度。

② 胀力芯轴：依靠材料弹性变形所产生的胀力来固定工件。胀力芯轴装卸方便，定心精度高，故应用广泛，如图5-9所示。

（4）以外圆为定位基准　采用软卡爪，工件以外圆为基准保证位置精度时，车床上一般应用软卡爪装夹工件。软卡爪是用未经过淬火的45＃钢制成，这种卡爪是在本身车床上车削成形，因此可以保证装夹精度，其次，当装夹已加工表面或软金属时，不易夹伤工件表面。

（5）薄壁型套类工件的装夹　车薄壁工件时，由于工件的刚性差，在夹紧力的作用下容易产生变形，为了防止或减少薄壁型套类工件的变形，常采用下列装夹方式：

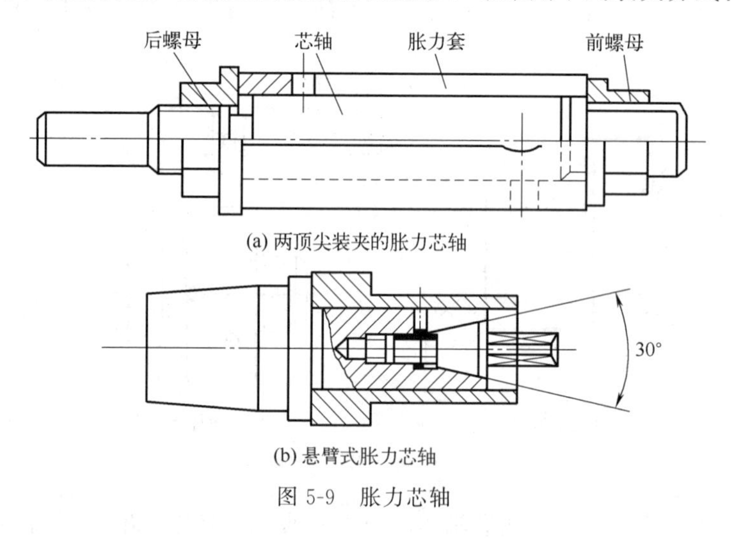

(a) 两顶尖装夹的胀力芯轴

(b) 悬臂式胀力芯轴

图 5-9 胀力芯轴

① 应用开缝套筒：应用开缝套筒增大装夹的接触面积，使夹紧力均匀地分布在工件的外圆上，可减少夹紧变形。

② 应用轴向夹紧工具：工件在轴向用螺母压紧，使工件夹紧力沿工件轴向分布，这样可以防止夹紧变形。

## 【任务实施】

### 1. 工艺分析

① 该零件毛坯为$\phi$125mm×80mm的2A12，活塞右端外圆与槽已经加工完成，现在加工右端内孔。

② 由于零件的内孔尺寸要求较高，所以要分粗、精加工以保证零件的表面质量和尺寸精度。

### 2. 根据图样填写活塞加工工艺卡（表5-13）

表 5-13 活塞加工工艺卡

<table>
<tr><td colspan="2">零件名称</td><td>材料</td><td>设备名称</td><td colspan="6">毛坯</td></tr>
<tr><td colspan="2">活塞</td><td>2A12</td><td>CKA6150</td><td>种类</td><td>铝棒</td><td>规格</td><td colspan="3">$\phi$125mm×80mm</td></tr>
<tr><td colspan="3">任务内容</td><td>程序号</td><td>O1023</td><td>数控系统</td><td colspan="4">FANUC 0i-TC</td></tr>
<tr><td rowspan="3">工序号</td><td>工步</td><td>工步内容</td><td>刀号</td><td>刀具名称</td><td>主轴转速 $n$/(r/min)</td><td>进给量 $f$/(mm/r)</td><td>背吃刀量 $a_p$/(mm/r)</td><td>余量/mm</td><td>备注</td></tr>
<tr><td>1</td><td>粗加工内孔各表面</td><td>3</td><td>内孔车刀</td><td>500</td><td>0.2</td><td>1.5</td><td>0.5</td><td></td></tr>
<tr><td>2</td><td>精加工外内孔各表面</td><td>3</td><td>内孔车刀</td><td>800</td><td>0.08</td><td>0.5</td><td>0</td><td></td></tr>
<tr><td colspan="2">编制</td><td colspan="2"></td><td>教师</td><td colspan="2"></td><td>共 1 页</td><td colspan="2">第 1 页</td></tr>
</table>

## 3. 准备材料、设备及工量具表 5-14

表 5-14 准备材料、设备及工量具

| 序号 | 材料、设备及工量具名称 | 规格 | 数量 |
|---|---|---|---|
| 1 | 2A12 | $\phi$125mm×80mm | 6 块 |
| 2 | 数控车床 | CKA6150 | 6 台 |
| 3 | 千分尺 | 25～50mm | 6 把 |
| 4 | 千分尺 | 50～75mm | 6 把 |
| 5 | 内径千分尺 | 25～50mm | 6 把 |
| 6 | 内径千分尺 | 50～75mm | 6 把 |
| 7 | 游标卡尺 | 0～150mm | 6 把 |
| 8 | 90°外圆车刀 | 25mm×25mm | 6 把 |
| 9 | 内孔刀 | 25mm×25mm | 6 把 |

## 4. 加工参考程序

根据 FANUC 0i-TC 编程要求制订的加工工艺，编写零件加工程序如（参考）表 5-15。

表 5-15 活塞右端内孔加工程序

| 程序段号 | 程序内容 | 说明注释 |
|---|---|---|
| N10 | O1023 | 程序号 |
| N20 | G97 G99 S500 M03 F0.2 | 转速 500r/min，进给设定为 0.2mm/r |
| N30 | T0303 | 3 号刀具，3 号刀补 |
| N40 | G00 X18. Z2. | 刀具定位点 |
| N50 | G71 U1.5 R0.5 | 切削深度 1.5mm，退刀量 0.5mm |
| N60 | G71 P70 Q140 U−0.5 W0.05 | $X$ 向精加工余量为 0.5mm，$Z$ 向精加工余量为 0.05mm |
| N70 | G00 X56. | 精加工起始段 |
| N80 | G41 G01 Z0. | |
| N90 | X55. Z−0.5 | |
| N100 | Z−27.5 | |
| N110 | X38. | |
| N120 | X37. Z−28. | |
| N130 | Z−57.5 | |
| N140 | G40 G00 X18. | 精加工结束段 |
| N150 | X200.0 Z100.0 | 退刀 |
| N160 | M00 | 程序停止 |
| N170 | S800 M03 F0.08 | 转速 800r/min，进给设定为 0.08mm/r |
| N180 | T0303 | 3 号刀具，3 号刀补 |
| N190 | G00 X18.0 Z2.0 | 刀具加工循环起点 |
| N200 | G70 P70 Q140 | 精加工 |
| N210 | X200.0 Z100.0 | 退刀 |
| N220 | M30 | 程序结束 |

### 5. 仿真加工

用数控仿真软件，FANUC 0i-TC 数控系统进行程序录入及程序仿真加工的步骤如表 5-16 所示。

表 5-16　FANUC 0i-TC 程序录入及程序仿真加工操作

<table>
<tr><th>步骤</th><th>操作过程</th><th>图示</th></tr>
<tr><td>安装毛坯</td><td>零件的右端已经加工完成，本任务要求加工右端内孔</td><td></td></tr>
<tr><td>安装内孔刀</td><td>将内孔刀安装到刀架上，调整到靠近工件的位置</td><td>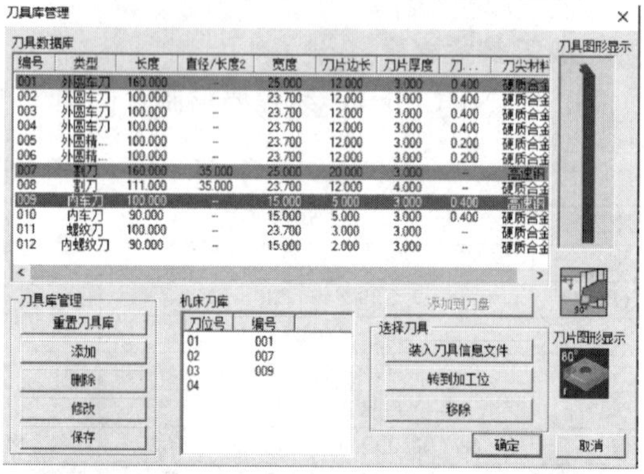

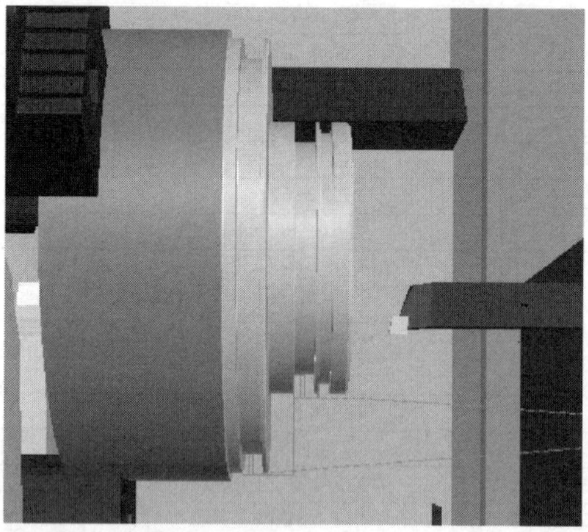</td></tr>
</table>

续表

| 步骤 | 操作过程 | 图示 |
|---|---|---|
| 仿真对刀 | 在手轮操作方式下，将所选刀具移动到零件的右端面，让刀尖与端面对齐。在刀具补偿界面 3 号刀补输入 Z0 值，单击[测量]软键完成 $Z$ 向对刀。<br>用手动模式，将螺纹刀靠近螺纹外圆，用手轮模式×1 挡位轻轻试切外圆，在刀具补偿界面 3 号刀补输入“X21.982”，单击[测量]软键完成 $X$ 向对刀 | 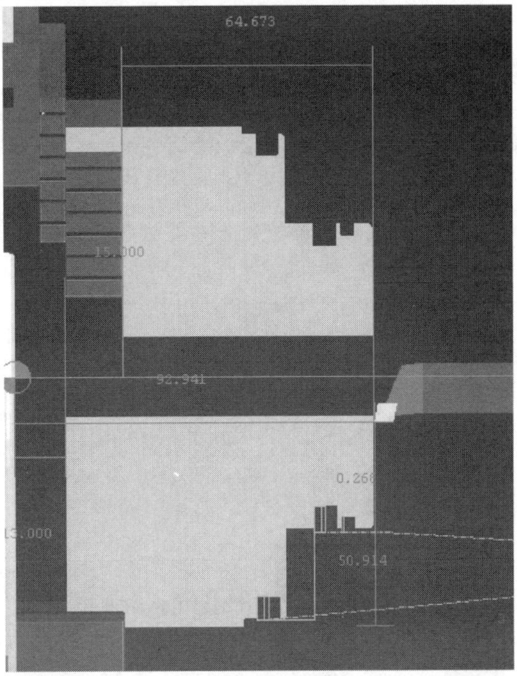 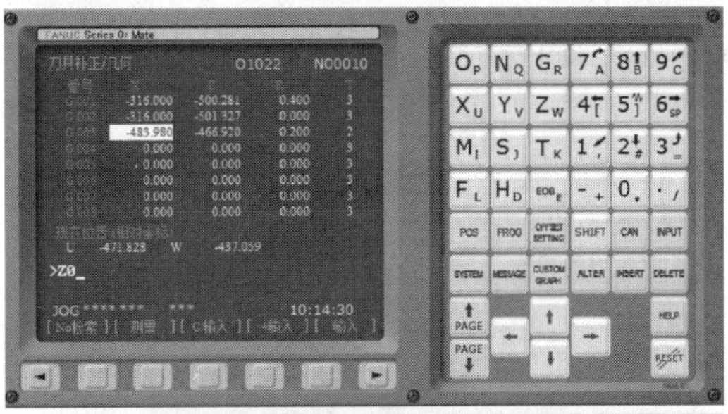 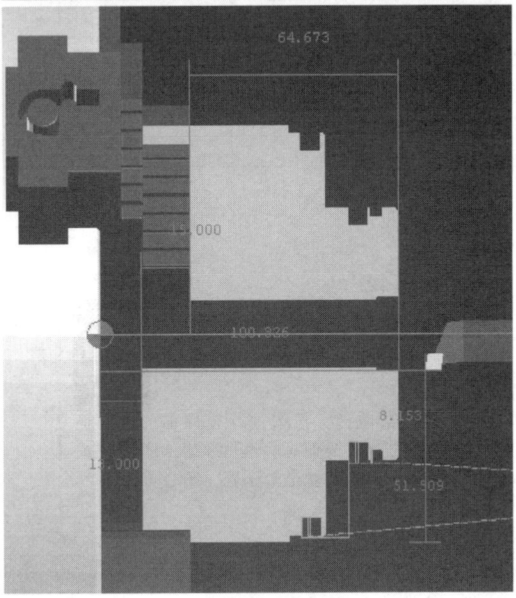 |

续表

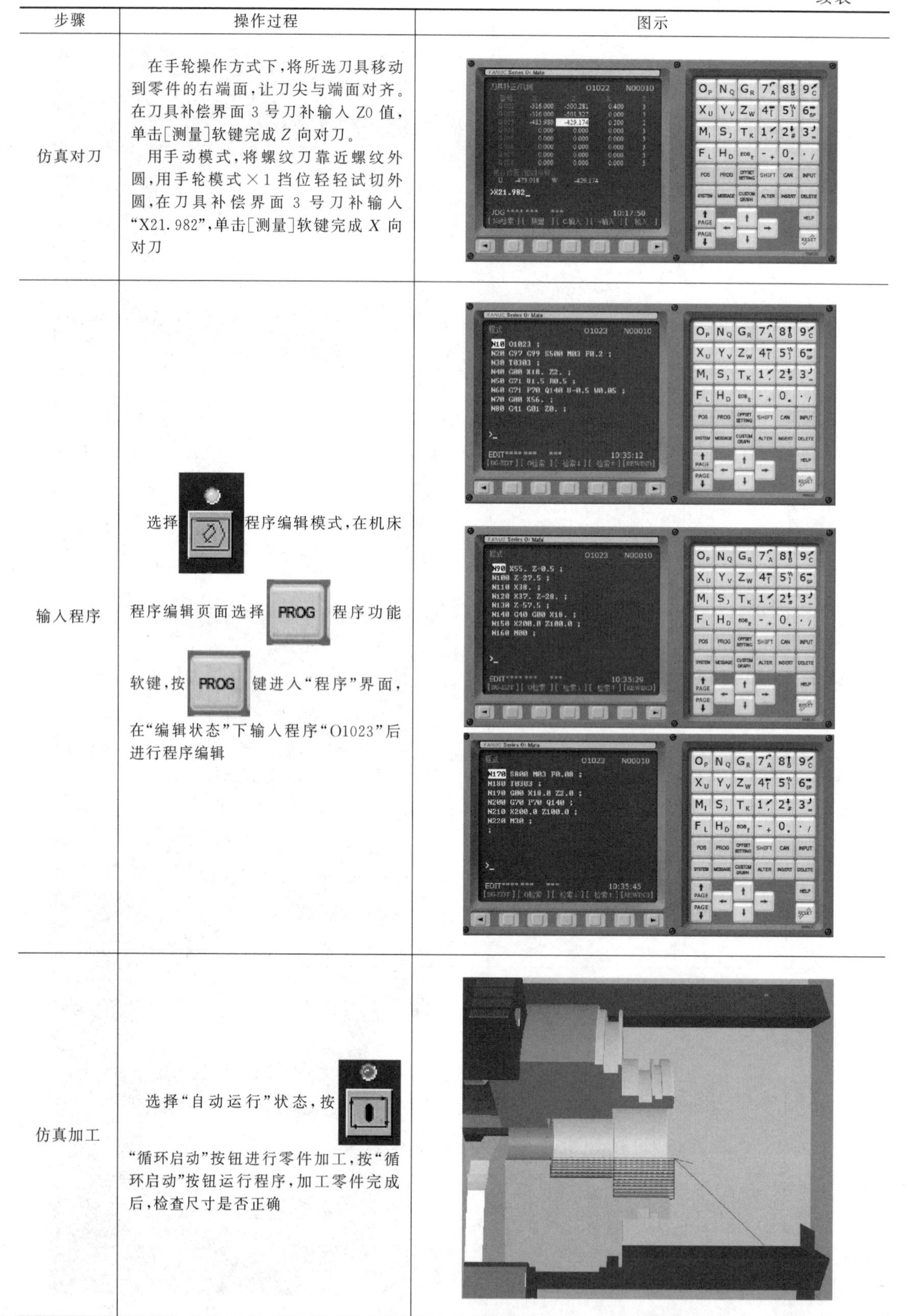

| 步骤 | 操作过程 | 图示 |
| --- | --- | --- |
| 仿真对刀 | 在手轮操作方式下，将所选刀具移动到零件的右端面，让刀尖与端面对齐。在刀具补偿界面 3 号刀补输入 Z0 值，单击[测量]软键完成 $Z$ 向对刀。<br>用手动模式，将螺纹刀靠近螺纹外圆，用手轮模式×1 挡位轻轻试切外圆，在刀具补偿界面 3 号刀补输入“X21.982”，单击[测量]软键完成 $X$ 向对刀 | |
| 输入程序 | 选择 程序编辑模式，在机床程序编辑页面选择 PROG 程序功能软键，按 PROG 键进入“程序”界面，在“编辑状态”下输入程序“O1023”后进行程序编辑 | |
| 仿真加工 | 选择“自动运行”状态，按 “循环启动”按钮进行零件加工，按“循环启动”按钮运行程序，加工零件完成后，检查尺寸是否正确 | |

续表

| 步骤 | 操作过程 | 图示 |
| --- | --- | --- |
| 仿真加工 | 选择“自动运行”状态，按“循环启动”按钮进行零件加工，按“循环启动”按钮运行程序，加工零件完成后，检查尺寸是否正确  | 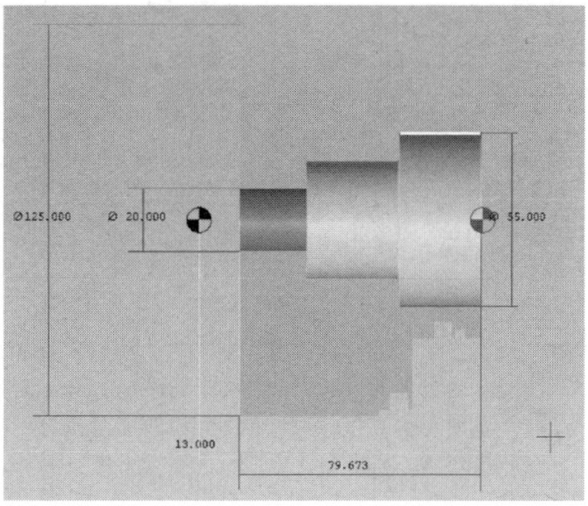 Ø125.000　Ø 20.000　Ø 55.000　13.000　79.673 |

6. **加工零件**

加工零件操作步骤如表 5-17 所示。

企业生产安全操作提示：

① 模拟结束以后一定要先回零后加工。

② 加工时选择单段运行程序，确认定位点无误后开始加工。

③ 开始加工时，倍率开关选择小倍率。

④ 单人操作加工，加工时一定要关上防护门。

⑤ 安装毛坯及测量工件时，机床需处于编辑模式。

⑥ 安装刀具车时，车刀刀尖必须与工件中心等高，否则会引起刀具的损坏。

**表 5-17　加工零件步骤**

| 步骤 | 操作过程 | 图示 |
| --- | --- | --- |
| 装夹零件毛坯 | 前面已经完成活塞右端外圆轮廓及沟槽的加工，接着继续加工右端内孔 |  |

续表

| 步骤 | 操作过程 | 图示 |
| --- | --- | --- |
| 安装刀具 | 将内孔刀装在 3 号刀位，利用垫刀片调整刀尖高度，并使用顶尖检验刀尖高度位置 |   |
| 内孔刀试切法 $Z$ 轴对刀 | 主轴正转，用快速进给方式控制车刀靠近工件，然后手轮进给方式×1 挡位慢速靠近毛坯端面，将内孔刀刀尖轻轻靠在工件端面上，沿 $X$ 向退刀。按键切换至刀补测量页面，光标在 03 号刀补位置输入“Z0”后按[测量]软键，完成 $Z$ 轴对刀 |  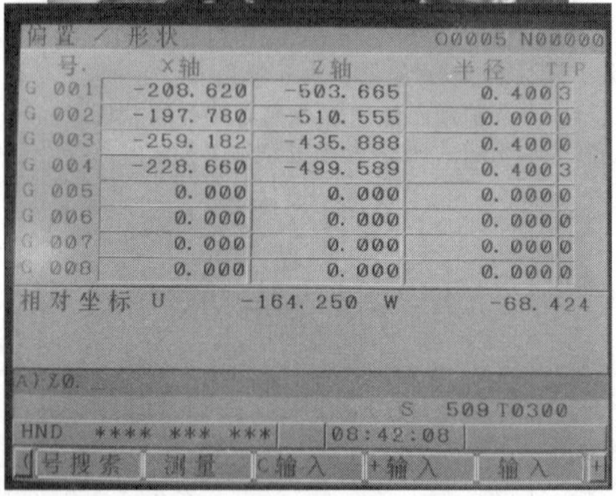 |

续表

<table>
<tr><th>步骤</th><th>操作过程</th><th>图示</th></tr>
<tr><td>内孔刀试切法 X 轴对刀</td><td>主轴正转，手动控制车刀靠近工件，然后手轮方式×10 挡位慢速靠近工件 $\phi$20mm 内孔，沿 $Z$ 向切削毛坯料约 1mm，切削长度以方便卡尺测量为准，沿 $Z$ 向退出车刀，主轴停止，测量工件外圆，按 OFS/SET 键切换至刀补测量页面，光标在 03 号刀补位置输入测量值“X22.27”后按[测量]软键，完成 $X$ 轴对刀</td><td><br>
<table>
<tr><td colspan="5">偏置 / 形状　O0005 N0000</td></tr>
<tr><td>号.</td><td>X轴</td><td>Z轴</td><td>半径</td><td>TIP</td></tr>
<tr><td>G 001</td><td>-208.620</td><td>-503.665</td><td>0.400</td><td>3</td></tr>
<tr><td>G 002</td><td>-197.780</td><td>-510.555</td><td>0.000</td><td>0</td></tr>
<tr><td>G 003</td><td>-259.182</td><td>-432.878</td><td>0.400</td><td>0</td></tr>
<tr><td>G 004</td><td>-228.660</td><td>-499.589</td><td>0.400</td><td>3</td></tr>
<tr><td>G 005</td><td>0.000</td><td>0.000</td><td>0.000</td><td>0</td></tr>
<tr><td>G 006</td><td>0.000</td><td>0.000</td><td>0.000</td><td>0</td></tr>
<tr><td>G 007</td><td>0.000</td><td>0.000</td><td>0.000</td><td>0</td></tr>
<tr><td>G 008</td><td>0.000</td><td>0.000</td><td>0.000</td><td>0</td></tr>
<tr><td colspan="5">相对坐标　U　-165.070　W　77.736</td></tr>
<tr><td colspan="5">A) X22.27_</td></tr>
<tr><td colspan="5">S　0 T0300</td></tr>
<tr><td colspan="5">HND　**** *** ***　08:51:53</td></tr>
<tr><td colspan="5">号搜索　测量　C输入　+输入　输入</td></tr>
</table></td></tr>
<tr><td>运行程序加工工件</td><td>手动方式将刀具退出一定距离，按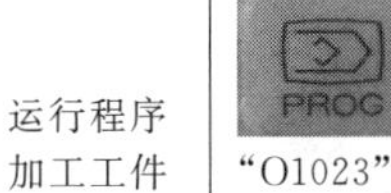键进入程序界面，检索到“O1023”程序，选择单段运行方式，按“循环启动”按钮，开始程序自动加工，当车刀完成一次单段运行后，可以关闭单段模式，让程序连续运行</td><td></td></tr>
</table>

续表

| 步骤 | 操作过程 | 图示 |
|---|---|---|
| 测量工件修刀补并精车工件 | 程序运行结束后，用千分尺测量零件内径尺寸，根据实测值计算出刀补值，对刀补进行修整。按“循环启动”按钮，再次运行程序，完成工件加工，并测量各尺寸是否符合图纸要求 | 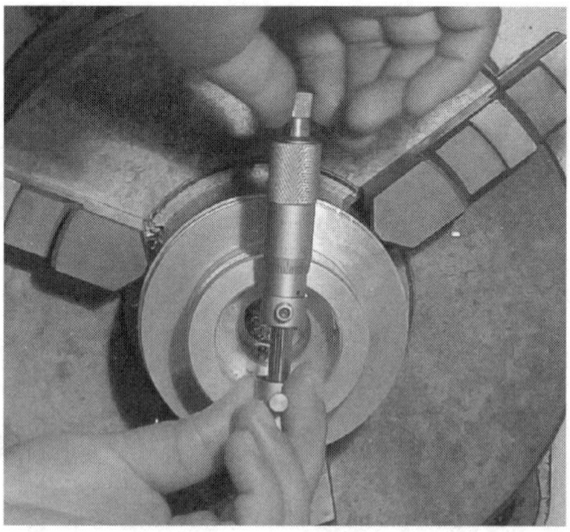 |
| 维护保养 | 卸下工件，清扫维护机床，刀具、量具擦净 | 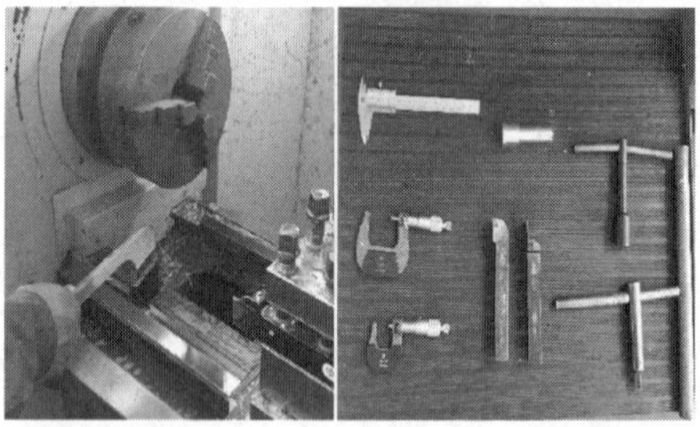 |

## 【任务检测】

小组成员分工检测零件，并将检测结果填入表 5-18 中。

**表 5-18 零件检测表**

| 序号 | 检测项目 | 检测内容 | 配分 | 检测要求 | 学生自评 | | 老师测评 | |
|---|---|---|---|---|---|---|---|---|
| | | | | | 自测 | 得分 | 检测 | 得分 |
| 1 | 直径 | $\phi$55mm | 20 | 超差不得分 | | | | |
| 2 | 直径 | $\phi$37mm | 20 | 超差不得分 | | | | |
| 3 | 长度 | 27.5mm | 10 | 超差不得分 | | | | |
| 4 | 长度 | 20mm | 10 | 超差不得分 | | | | |
| 5 | 表面质量 | $Ra$1.6 两处 | 6 | 超差不得分 | | | | |
| 6 | | 去除毛刺飞边 | 4 | 未处理不得分 | | | | |
| 7 | 时间 | 工件按时完成 | 10 | 未按时完成不得分 | | | | |
| 8 | 现场操作规范 | 安全操作 | 10 | 违反操作规程按程度扣分 | | | | |
| 9 | | 工量具使用 | 5 | 工量具使用错误，每项扣 2 分 | | | | |
| 10 | | 设备维护保养 | 5 | 违反维护保养规程，每项扣 2 分 | | | | |
| 11 | 合计(总分) | | 100 | 机床编号 | | 总得分 | | |
| 12 | 开始时间 | | 结束时间 | | | 加工时间 | | |

## 【工作评价与鉴定】

1. **评价**（90%，表 5-19）

表 5-19　综合评价表

| 项目 | 出勤情况（10%） | 工艺编制、编程（20%） | 机床操作能力（10%） | 零件质量（30%） | 职业素养（20%） | 成绩合计 |
| --- | --- | --- | --- | --- | --- | --- |
| 个人评价 | | | | | | |
| 小组评价 | | | | | | |
| 教师评价 | | | | | | |
| 平均成绩 | | | | | | |

2. **鉴定**（10%，表 5-20）

表 5-20　实训鉴定表

| | |
| --- | --- |
| 自我鉴定 | 通过本节课我有哪些收获：<br>学生签名：________<br>____年____月____日 |
| 指导教师鉴定 | 指导教师签名：________<br>____年____月____日 |

# 任务三　加工活塞左端阶梯凹槽

## 【任务要求】

任务一、二已经完成了活塞的右端外圆轮廓、凹槽、内孔的加工，本任务要求完成活塞左端阶梯凹槽的加工，如图 5-10 所示为活塞零件，材料为 2A12，毛坯为已加工完成外圆的活塞零件，请根据图纸要求，合理制订加工工艺，安全操作机床，达到规定的精度和表面质量要求。

## 【任务准备】

完成该任务需要准备的实训物品如表 5-21 所示。

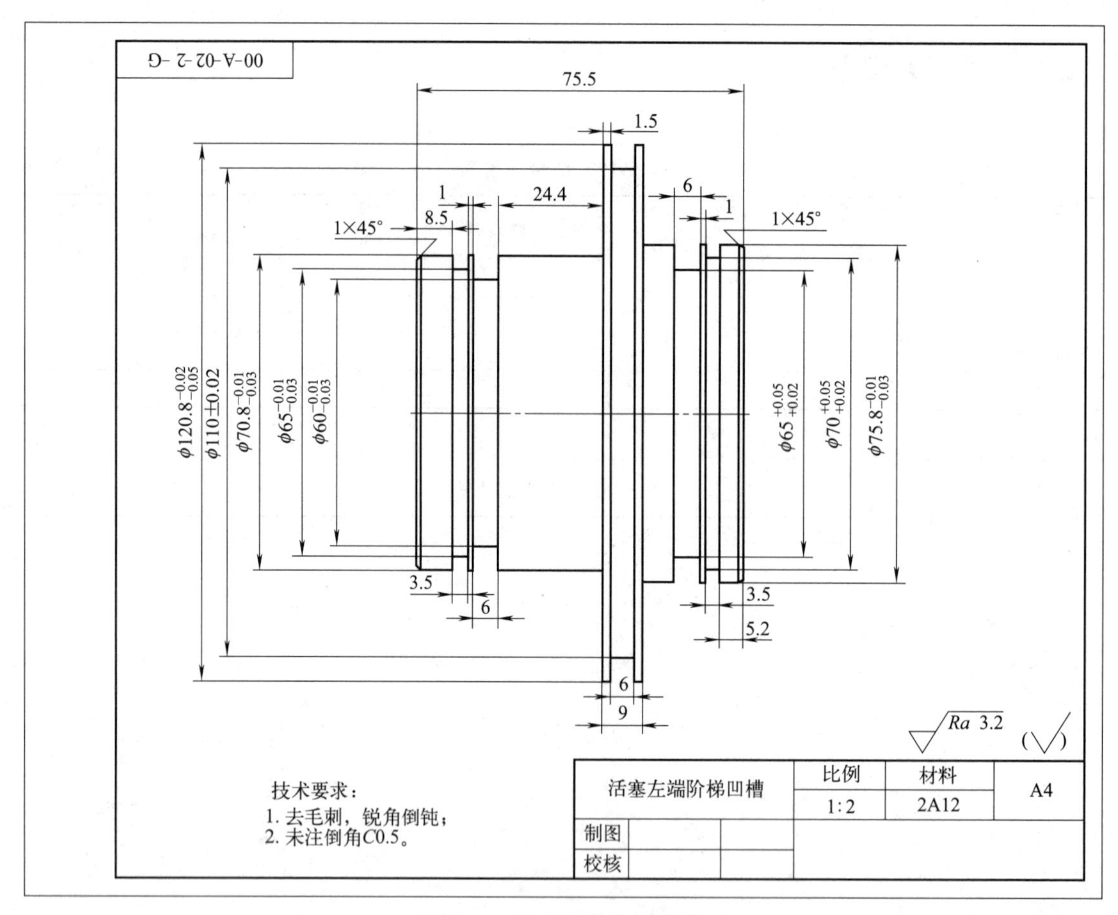


图 5-10 活塞左端阶梯凹槽

**表 5-21 实训物品清单**

| 序号 | 实训资源 | 种类 | 数量 | 备注 |
|---|---|---|---|---|
| 1 | 机床 | CKA6150 型数控车床 | 6 台 | 或者其他数控车床 |
| 2 | 参考资料 | 《数控车床使用说明书》<br>《FANUC 0i-TC 车床编程手册》<br>《FANUC 0i-TC 车床操作手册》<br>《FANUC 0i-TC 车床连接调试手册》 | 各 6 本 | |
| 3 | 刀具 | 90°外圆车刀 | 6 把 | |
| | | 3mm 切槽车刀 | 6 把 | |
| 4 | 量具 | 0～150mm 游标卡尺 | 6 把 | |
| | | 0～100mm 千分尺 | 6 套 | |
| | | 百分表 | 6 块 | |
| 5 | 辅具 | 百分表架 | 6 套 | |
| | | 内六角扳手 | 6 把 | |
| | | 套管 | 6 把 | |
| | | 卡盘扳手 | 6 把 | |
| | | 毛刷 | 6 把 | |
| 6 | 材料 | 2A12 | 6 根 | |
| 7 | 工具车 | | 6 辆 | |

## 【相关知识】

### 一、基础知识

车削内沟槽的方法：

车削内沟槽时，刀杆直径受孔径和槽深的限制，比镗孔时的直径还要小，特别是车孔径小、沟槽深的内沟槽时，情况更为突出。车削内沟槽时排屑特别困难，先要从沟槽内出来，然后再从内孔中排出，切屑的排出要经过 90°的转弯。

狭槽可选用相对应准确的刀头宽度加工出来。加工宽槽和多槽工件时，可在编程时采用移位法、调用子程序和采用 G75 切槽复合循环指令编程方法进行内沟槽加工。车削梯形槽和倒角槽时，一般先加工出与槽底等宽的直槽，在沿相应梯形角度或倒角角度，移动刀具车削出梯形槽和倒角槽。

内沟槽车刀跟切断刀的几何形状基本上一样，只是安装方向相反。安装时应使主刀刃跟内孔中心等高，两侧副偏角需对称。车内沟槽时，刀头伸出的长度应大于槽深，同时应保证刀杆直径加上刀头在刀杆上伸出的长度小于内孔直径。

### 二、相关工艺知识

明确三种主要的沟槽类型十分重要，它们是：外圆沟槽、内孔沟槽和端面沟槽。

外圆沟槽最容易加工，因为重力和冷却液可以帮助排屑。此外，外圆沟槽加工对于操作者是可见的，可以直接和相对容易地检查加工质量。但也必须避免在工件设计或夹持中存在的一些潜在障碍。

一般来说，当切槽刀具的刀尖保持在略低于中心线的位置时，切削效果最好。内孔切槽与外圆径切槽比较类似，不同之处在于冷却液的应用和排屑更具有挑战性。对于内孔切槽而言，刀尖位置略高于中心线时可获得最佳性能。加工端面沟槽，刀具必须能在轴向方向移动，且刀具的后刀面半径必须与被加工半径相互匹配。端面切槽刀具的刀尖位置略高于中心线时加工效果最好。

## 【任务实施】

**1. 工艺分析**

① 该零件毛坯为 $\phi$125mm×80mm 的 2A12，活塞右端已经加工完成，现需加工左端外圆及沟槽。

② 由于零件的圆柱尺寸要求较高，所以要分粗、精加工以保证零件的表面质量和尺寸精度。

③ 由于槽精度要求不高，可以一次加工完成。

**2. 根据图样填写活塞加工工艺卡**（表 5-22）

表 5-22 活塞左端阶梯凹槽加工工艺卡

| 零件名称 | 材料 | 设备名称 | 毛坯 | | | |
|---|---|---|---|---|---|---|
| 活塞 | 2A12 | CKA6150 | 种类 | 铝棒 | 规格 | $\phi$125mm×80mm |
| 任务内容 | | 程序号 | O1024 | 数控系统 | FANUC 0i-TC | |

续表

| 工序号 | 工步 | 工步内容 | 刀号 | 刀具名称 | 主轴转速 $n$/(r/min) | 进给量 $f$(/mm/r) | 背吃刀量 $a_p$/(mm/r) | 余量 /mm | 备注 |
|---|---|---|---|---|---|---|---|---|---|
| | 1 | 粗加工外圆各表面 | 1 | 90°外圆车刀 | 800 | 0.2 | 2.0 | 0.5 | |
| | 2 | 精加工外圆各表面 | 1 | 90°外圆车刀 | 1000 | 0.08 | 0.5 | 0 | |
| | 3 | 加工沟槽 | | 3mm 槽刀 | 500 | 0.1 | 3 | 0 | |
| 编制 | | | | 教师 | | | 共1页 | 第1页 | |

### 3. 准备材料、设备及工量具（表 5-23）

**表 5-23　准备材料、设备及工量具**

| 序号 | 材料、设备及工量具名称 | 规　格 | 数　量 |
|---|---|---|---|
| 1 | 2A12 | $\phi$125mm×80mm | 6 块 |
| 2 | 数控车床 | CKA6150 | 6 台 |
| 3 | 千分尺 | 25～50mm | 6 把 |
| 4 | 千分尺 | 50～75mm | 6 把 |
| 5 | 千分尺 | 75～100mm | 6 把 |
| 6 | 千分尺 | 100～125mm | 6 把 |
| 7 | 游标卡尺 | 0～150mm | 6 把 |
| 8 | 90°外圆车刀 | 25mm×25mm | 6 把 |
| 9 | 3mm 槽刀 | 25mm×25mm | 6 把 |

### 4. 加工参考程序

根据 FANUC 0i-TC 编程要求制订的加工工艺，编写零件加工程序如（参考）表 5-24、表 5-25。

**表 5-24　活塞左端阶梯加工程序**

| 程序段号 | 程序内容 | 说明注释 |
|---|---|---|
| N10 | O1024 | 程序号 |
| N20 | G97 G99 S800 M03 F0.2 | 转速 800r/min，进给设定为 0.2mm/r |
| N30 | T0101 | 1 号刀具，1 号刀补 |
| N40 | G00 X127. Z2. | 刀具定位点 |
| N50 | G71 U2.0 R1.0 | 切削深度 2mm，退刀量 1mm |
| N60 | G71 P70 Q120 U0.5 W0.05 | $X$ 向精加工余量为 0.5mm，$Z$ 向精加工余量为 0.05mm |
| N70 | G42 G00 X68.8 | 精加工起始段 |
| N80 | G01 Z0. | |
| N90 | X70.8 Z−1. | |
| N100 | Z−43.5 | |
| N110 | X125. | |
| N120 | G40 G00 X127. | 精加工结束段 |
| N130 | X200.0 Z100.0 | 退刀 |
| N140 | M00 | 程序停止 |
| N150 | S1000 M03 F0.08 | 转速 1000r/min，进给设定为 0.08mm/r |
| N160 | T0101 | 1 号刀具，1 号刀补 |
| N170 | G00 X127.0 Z2.0 | 刀具加工循环起点 |
| N180 | G70 P70 Q120 | 精加工 |
| N190 | X200.0 Z100.0 | 退刀 |
| N200 | M30 | 程序结束 |

表 5-25 活塞左端凹槽加工程序

| 程序段号 | 程序内容 | 说明注释 |
| --- | --- | --- |
| N10 | O1025 | 程序号 |
| N20 | G97 G99 S500 M03 F0.1 | 转速 500r/min,进给设定为 0.1mm/r |
| N30 | T0202 | 2 号刀具,2 号刀补 |
| N40 | G00 X75. Z2. | 定位点 |
| N50 | Z−19. | |
| N60 | G01 X60.1 | 余量 0.1mm |
| N70 | X75. | |
| N80 | W2. | |
| N90 | X60.1 | |
| N100 | X75. | |
| N110 | W1. | |
| N120 | X60. | 切槽 $\phi$60mm |
| N130 | Z−19. | |
| N140 | X75. | |
| N150 | G00 Z−12. | |
| N160 | G01 X65.1 | 余量 0.1mm |
| N170 | X75. | |
| N180 | W0.5 | |
| N190 | X65. | 切槽 $\phi$60mm |
| N200 | Z−12. | |
| N210 | X75. | |
| N220 | G00 X100. Z100. | 退刀 |
| N230 | M30 | |

## 5. 仿真加工

用数控仿真软件，FANUC 0i-TC 数控系统进行程序录入及程序仿真加工的步骤如表 5-26、表 5-27 所示。

表 5-26 FANUC 0i-TC 程序录入及程序仿真加工操作

| 步骤 | 操作过程 | 图示 |
| --- | --- | --- |
| 安装毛坯 | 零件的右端已经加工完成，选择机床操作，单击工件调头 | |

续表

| 步骤 | 操作过程 | 图示 |
| --- | --- | --- |
| 保证零件总长 | 将刀具调整到靠近工件的位置，切端面，测量零件长度，将多余的长度切除 | 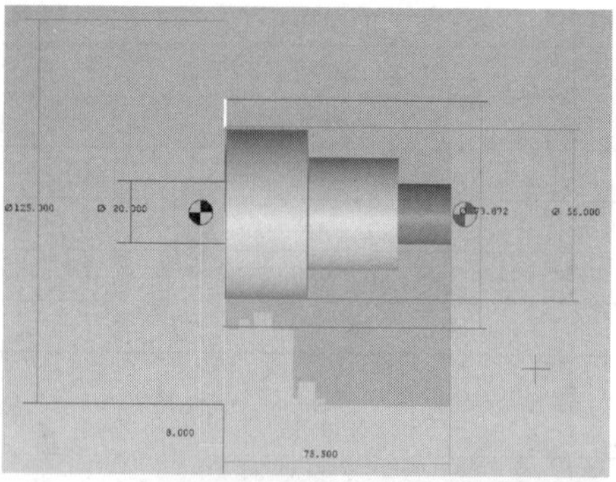 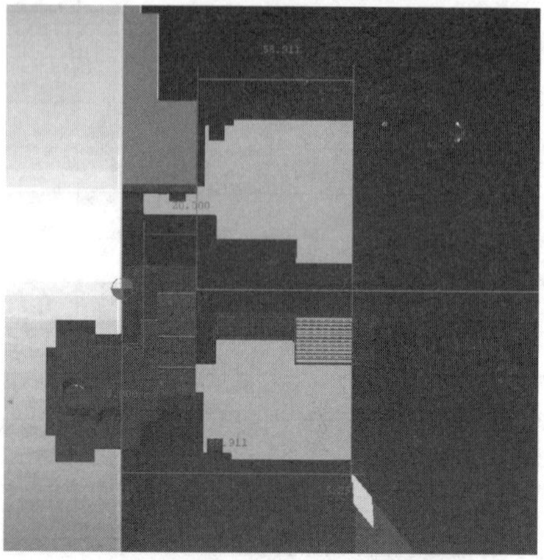 |
| 仿真对刀 | 1. 用刀具将材料多余的长度切除，在刀具补偿界面1号刀补输入Z0值，单击测量完成Z向对刀。<br>2. X向对刀数值可以不变，保持右端对刀数据 | 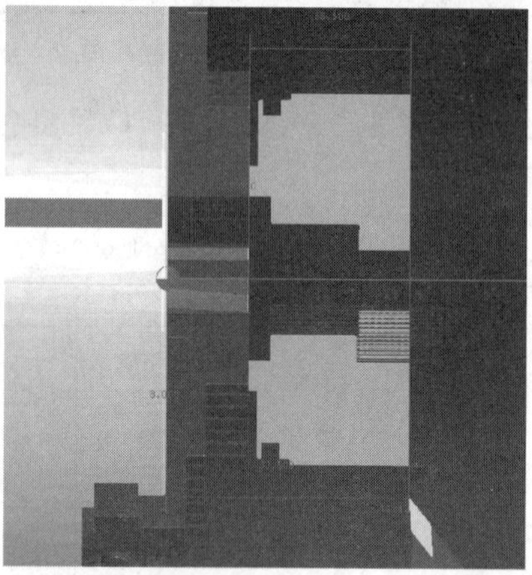 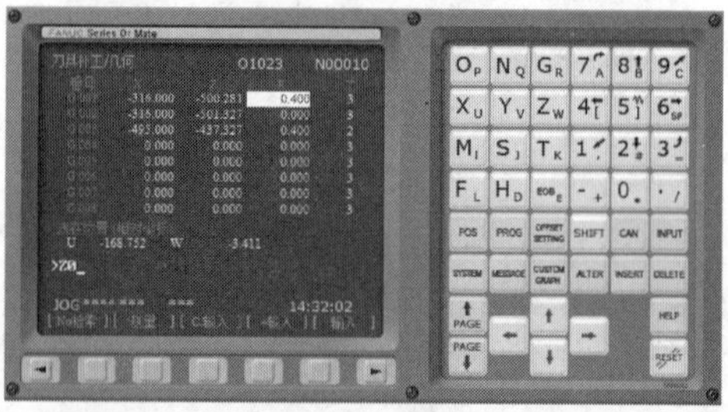 |

续表

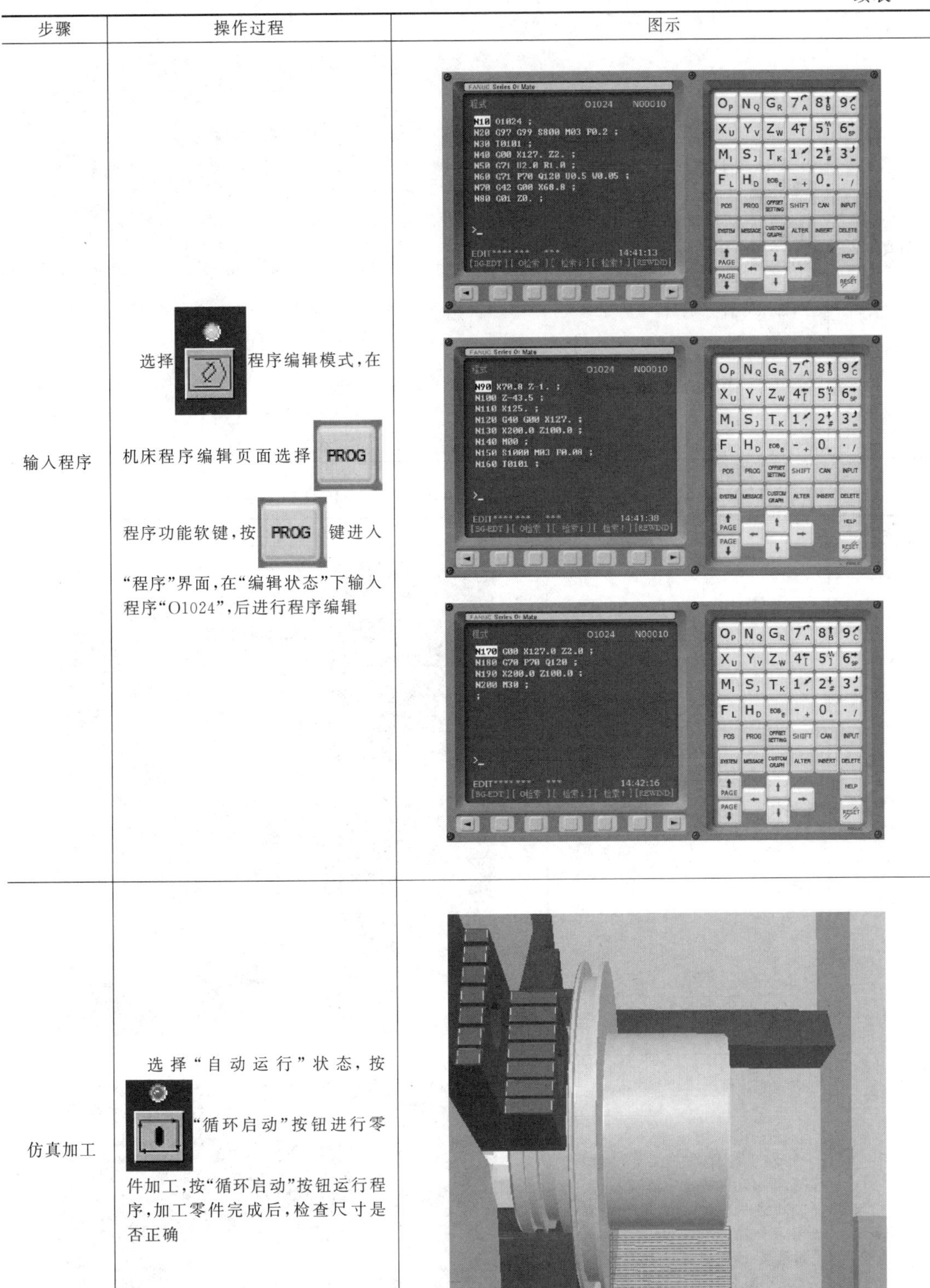


| 步骤 | 操作过程 | 图示 |
| --- | --- | --- |
| 输入程序 | 选择 程序编辑模式，在机床程序编辑页面选择 PROG 程序功能软键，按 PROG 键进入“程序”界面，在“编辑状态”下输入程序“O1024”，后进行程序编辑 | |
| 仿真加工 | 选择“自动运行”状态，按 “循环启动”按钮进行零件加工，按“循环启动”按钮运行程序，加工零件完成后，检查尺寸是否正确 | |

续表

| 步骤 | 操作过程 | 图示 |
|---|---|---|
| 仿真加工 | 选择"自动运行"状态，按"循环启动"按钮进行零件加工，按"循环启动"按钮运行程序，加工零件完成后，检查尺寸是否正确  | 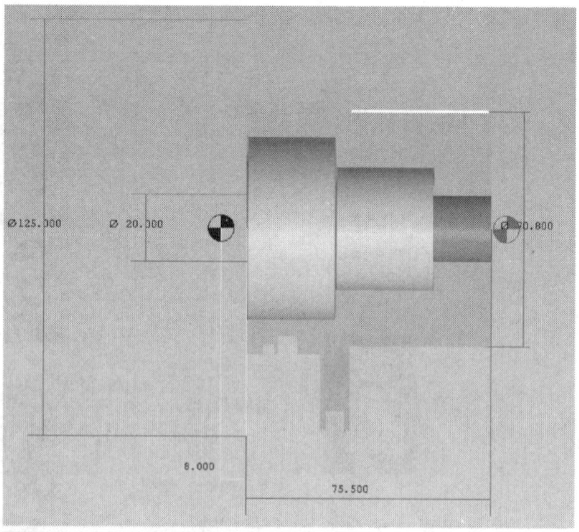 |

表 5-27 FANUC 0i-TC 凹槽程序录入及程序仿真加工操作

| 步骤 | 操作过程 | 图示 |
|---|---|---|
| 刀具到位 | 将 3mm 槽刀转到位，并接近工件 | 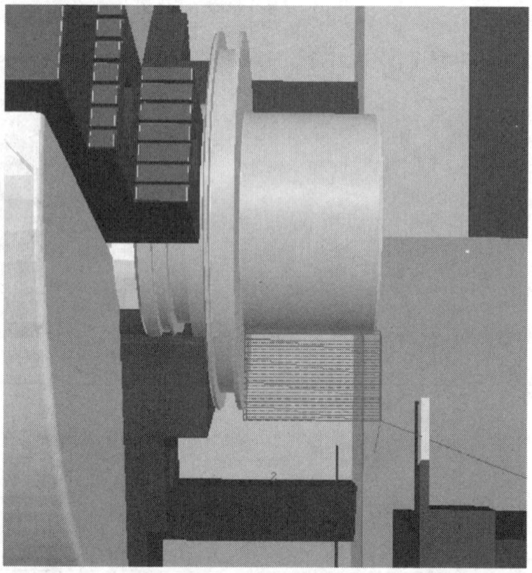 |
| 仿真对刀 | 1. 在手轮操作方式下，用切槽刀靠近 $\phi70.8$mm 外圆端面，用 $Z$ 向×1 倍率靠上，在刀具补偿界面 2 号刀补输入该处长度 Z0，单击[测量]软键完成 $Z$ 向对刀。<br>2. $X$ 向对刀可以保持右端对刀数据不变 | 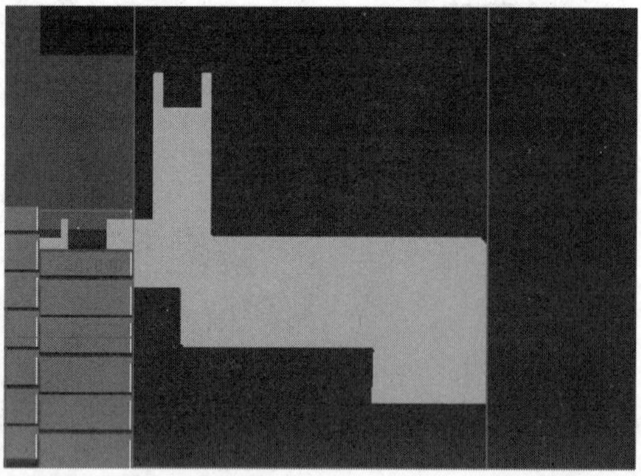 |

续表

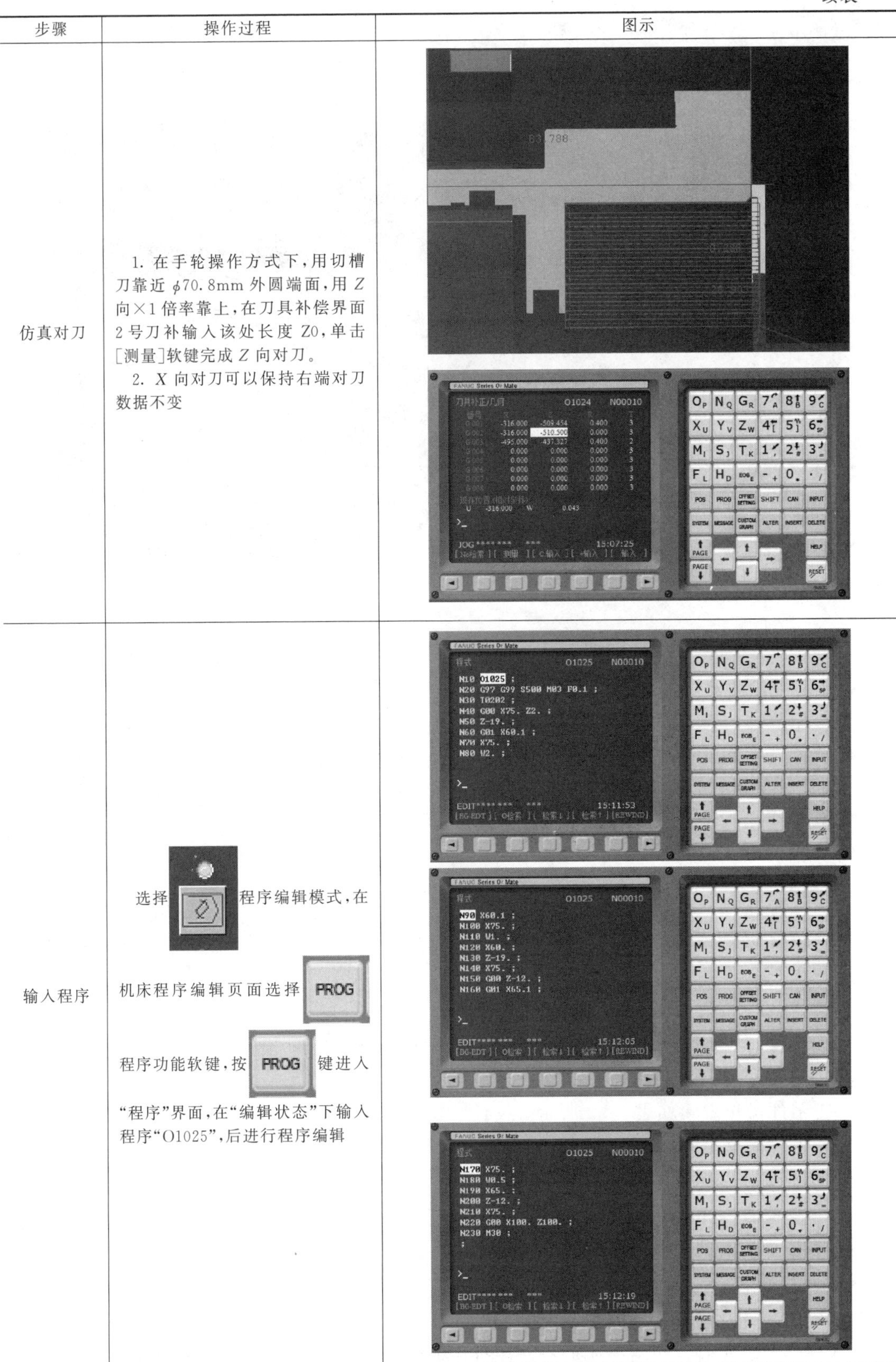

| 步骤 | 操作过程 | 图示 |
|---|---|---|
| 仿真对刀 | 1. 在手轮操作方式下，用切槽刀靠近 $\phi$70.8mm 外圆端面，用 $Z$ 向×1 倍率靠上，在刀具补偿界面 2 号刀补输入该处长度 Z0，单击[测量]软键完成 $Z$ 向对刀。<br>2. $X$ 向对刀可以保持右端对刀数据不变 | |
| 输入程序 | 选择 程序编辑模式，在机床程序编辑页面选择 PROG 程序功能软键，按 PROG 键进入“程序”界面，在“编辑状态”下输入程序“O1025”，后进行程序编辑 | |

续表

| 步骤 | 操作过程 | 图示 |
| --- | --- | --- |
| 仿真加工 | 选择"自动运行"状态，按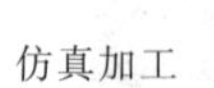"循环启动"按钮进行零件加工，按"循环启动"按钮运行程序，加工零件完成后，检查尺寸是否正确 | 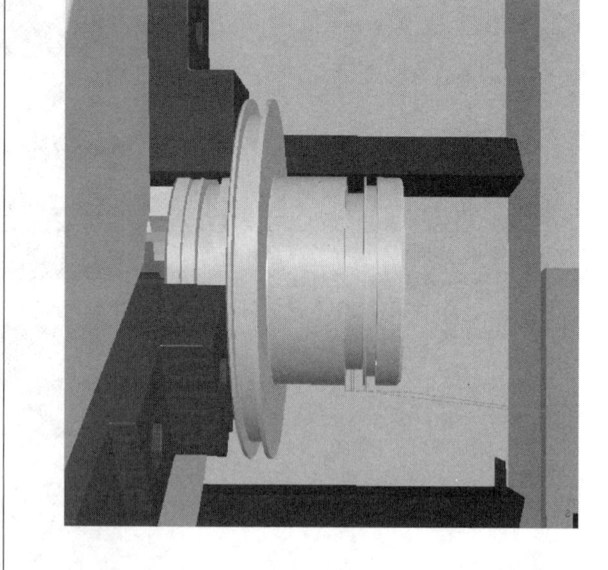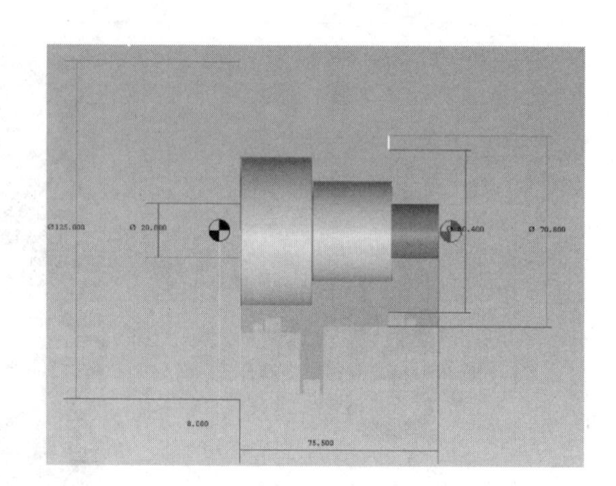 |

6. **加工零件**

加工零件操作步骤如表5-28所示。

企业生产安全操作提示：

① 模拟结束以后一定要先回零后加工。

② 加工时选择单段运行程序，确认定位点无误后开始加工。

③ 开始加工时，倍率开关选择小倍率。

④ 单人操作加工，加工时一定要关上防护门。

⑤ 安装毛坯及测量工件时，机床需处于编辑模式。

⑥ 安装刀具车时，车刀刀尖必须与工件中心等高，否则会引起刀具的损坏。

表 5-28　加工零件步骤

| 步骤 | 操作过程 | 图示 |
| --- | --- | --- |
| 装夹零件毛坯 | 调头装夹零件，用 90°外圆刀切削端面，保证工件总长，并进行外圆刀对刀，外圆刀对刀方法同上，切槽刀与内孔刀对刀如上，只需进行 Z 向对刀 |  |
| 运行左端外圆程序加工工件 | 手动方式将刀具退出一定距离，按  PROG 键进入程序界面，检索到“O1024”程序，选择单段运行方式，按“循环启动”按钮，开始程序自动加工，当车刀完成一次单段运行后，可以关闭单段模式，让程序连续运行 |  |
| 测量工件修刀补并精车工件 | 程序运行结束后，用千分尺测量零件外径尺寸，根据实测值计算出刀补值，对刀补进行修整。按“循环启动”按钮，再次运行程序，完成工件加工，并测量各尺寸是否符合图纸要求 |  |

续表

| 步骤 | 操作过程 | 图示 |
| --- | --- | --- |
| 切槽 | 按  PROG 键进入程序界面，输入"O1025"检索到该程序，按"循环启动"按钮，开始程序自动加工 |  |
| 测量工件修改刀补并精车工件 | 程序运行结束后，用卡尺测量工件外径尺寸，根据实测值计算出刀补值，对刀补进行修整。按"循环启动"按钮，再次运行程序，完成工件加工，并测量各尺寸是否符合图纸要求 |  |
| 维护保养 | 清扫维护机床，刀具、量具擦净 | 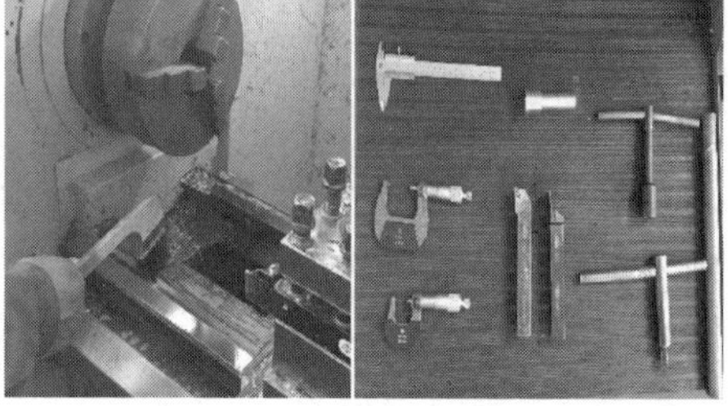 |

## 【任务检测】

小组成员分工检测零件，并将检测结果填入表 5-29 中。

表 5-29　零件检测表

| 序号 | 检测项目 | 检测内容 | 配分 | 检测要求 | 学生自评 | | 老师测评 | |
|---|---|---|---|---|---|---|---|---|
| | | | | | 自测 | 得分 | 检测 | 得分 |
| 1 | 直径 | $\phi$70.8mm | 15 | 超差不得分 | | | | |
| 2 | 直径 | $\phi$65mm | 15 | | | | | |
| 3 | 直径 | $\phi$60mm | 10 | | | | | |
| 4 | 长度 | 75.5mm | 10 | 超差不得分 | | | | |
| 5 | 长度 | 6mm | 10 | 超差不得分 | | | | |
| 6 | 长度 | 3mm | 10 | | | | | |
| 7 | 表面质量 | $Ra$1.6 两处 | 6 | 超差不得分 | | | | |
| 8 | | 去除毛刺飞边 | 4 | 未处理不得分 | | | | |
| 9 | 时间 | 工件按时完成 | 5 | 未按时完成不得分 | | | | |
| 10 | 现场操作规范 | 安全操作 | 5 | 违反操作规程按程度扣分 | | | | |
| 11 | | 工量具使用 | 5 | 工量具使用错误，每项扣 2 分 | | | | |
| 12 | | 设备维护保养 | 5 | 违反维护保养规程，每项扣 2 分 | | | | |
| | 合计(总分) | | 100 | 机床编号 | | 总得分 | | |
| | 开始时间 | | 结束时间 | | | 加工时间 | | |

## 【工作评价与鉴定】

1. **评价**（90%，表 5-30）

表 5-30　综合评价表

| 项目 | 出勤情况（10%） | 工艺编制、编程（20%） | 机床操作能力（10%） | 零件质量（30%） | 职业素养（20%） | 成绩合计 |
|---|---|---|---|---|---|---|
| 个人评价 | | | | | | |
| 小组评价 | | | | | | |
| 教师评价 | | | | | | |
| 平均成绩 | | | | | | |

2. **鉴定**（10%，表 5-31）

表 5-31　实训鉴定表

| 自我鉴定 | 通过本节课我有哪些收获：<br>学生签名：________<br>____年____月____日 |
|---|---|
| 指导教师鉴定 | 指导教师签名：________<br>____年____月____日 |

# 任务四 加工活塞左端内孔

## 【任务要求】

前三个任务已经完成了活塞的外圆轮廓及沟槽的加工，本任务要求加工如图 5-11 所示的活塞左端内孔，材料为 2A12，毛坯为前三个任务所加工的零件，请根据图纸要求，合理制订加工工艺，安全操作机床，达到规定的精度和表面质量要求。

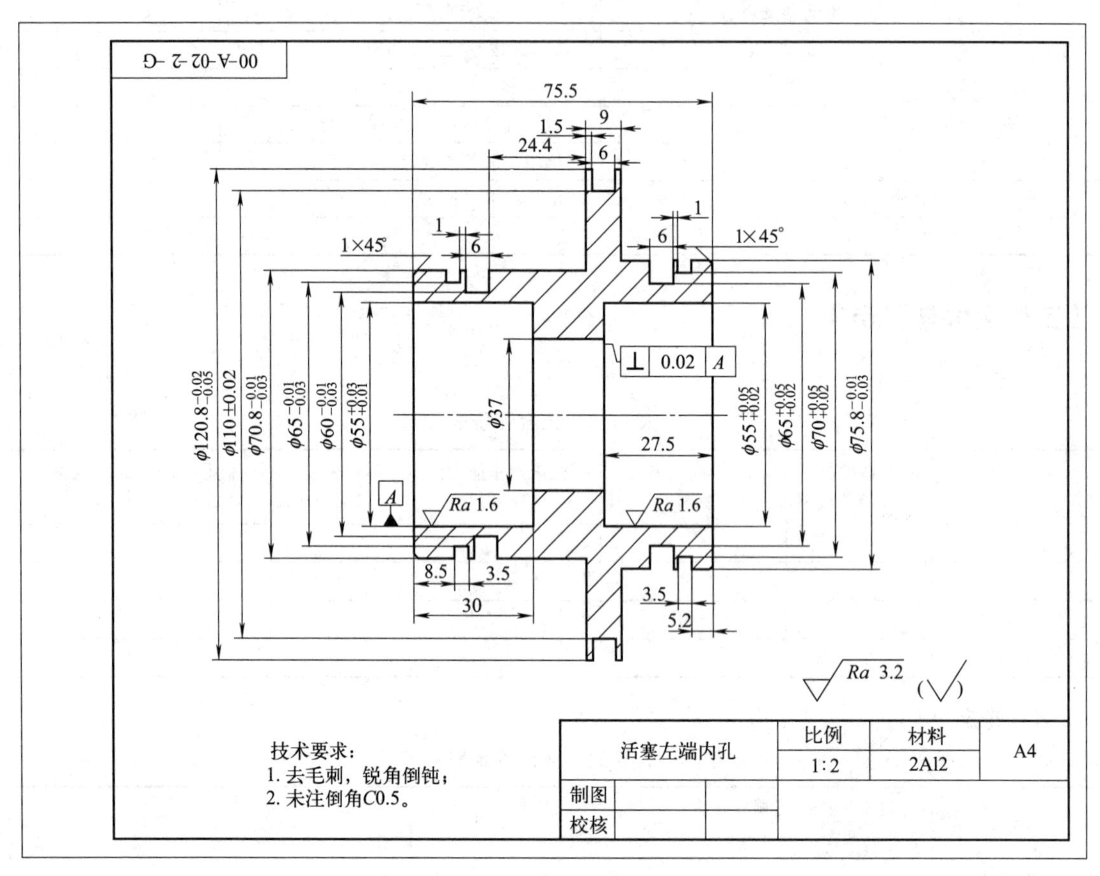


图 5-11 活塞左端内孔

## 【任务准备】

完成该任务需要准备的实训物品如表 5-32 所示。

表 5-32 实训物品清单

| 序号 | 实训资源 | 种类 | 数量 | 备注 |
|---|---|---|---|---|
| 1 | 机床 | CKA6150 型数控车床 | 6 台 | 或者其他数控车床 |
| 2 | 参考资料 | 《数控车床使用说明书》<br>《FANUC 0i-TC 车床编程手册》<br>《FANUC 0i-TC 车床操作手册》<br>《FANUC 0i-TC 车床连接调试手册》 | 各 6 本 | |

续表

| 序号 | 实训资源 | 种类 | 数量 | 备注 |
|---|---|---|---|---|
| 3 | 刀具 | 内孔刀 | 6把 | |
| 4 | 量具 | 0～150mm游标卡尺 | 6把 | |
| | | 0～120mm千分尺 | 6套 | |
| | | 0～75mm内径千分尺 | 6套 | |
| 5 | 辅具 | 百分表架 | 6套 | |
| | | 内六角扳手 | 6把 | |
| | | 套管 | 6把 | |
| | | 卡盘扳手 | 6把 | |
| | | 毛刷 | 6把 | |
| 6 | 材料 | 2A12 | 6根 | |
| 7 | 工具车 | | 6辆 | |

## 【相关知识】

### 一、基础知识

1. 车床车内孔的关键技术

车床车内孔时，必须重视内孔车刀的刀杆刚性和排屑，为此，车床可采取以下措施：

① 尽量增加刀杆的截面积，内孔车刀的刀尖应位于刀杆的中心线上，这样在不碰到孔壁的前提下，可使刀杆的截面积达到最大。

② 尽可能缩短刀杆的伸出长度，为了增加刀杆刚性，刀杆伸出长度只要略大于孔深即可。

③ 控制切屑流出方向，根据孔的加工情况，刃磨合理的刃倾角和断屑槽或卷屑槽。精车通孔时，可以采用正值刃倾角的内孔车刀，加工盲孔时，采用负值刃倾角的内孔车刀，使切屑从孔口排出。

2. 车床车孔方法

车床车内孔的方法基本上与车外圆相同，只是车内孔的工作条件较差，加上刀杆刚性差，容易引起振动，因此切削用量应比车外圆时低一些。

### 二、相关工艺知识

1. 孔径尺寸测量

孔径尺寸常用内卡钳、游标卡尺、内径千分尺、塞规、内径百分表等进行测量。

（1）内卡尺测量　测量时，先用内卡尺测出孔径，从孔中移除，再用游标卡尺或千分尺测出内卡尺张开的距离，这个尺寸就是所测内径尺寸。用内卡尺测内孔径误差较大（图5-12）。

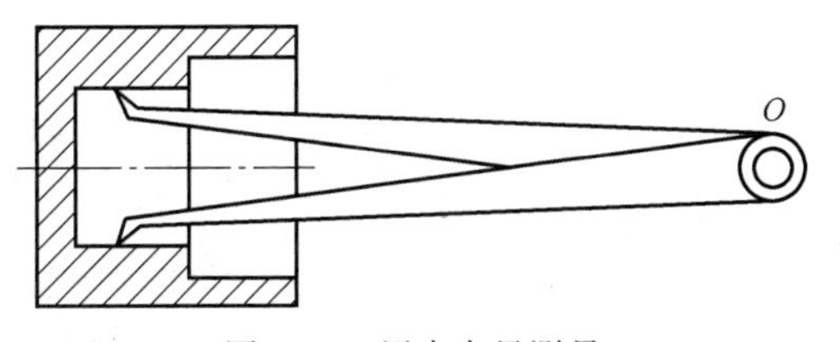


图5-12　用内卡尺测量

（2）游标卡尺测量　当孔的精度要求不高且孔又较浅时，可以用游标卡尺测量（图5-13）。

（3）内径千分尺测量　用内径千分尺测量时，内径千分尺应在孔内摆动，使尺寸达到最大值，这时的读数就是被测孔的尺寸（图5-14）。

（4）塞规测量　用塞规测量不能读出尺寸，当过端能进入孔内而止端不能进入孔内时，说明工件的孔径是合格的（图5-15）。

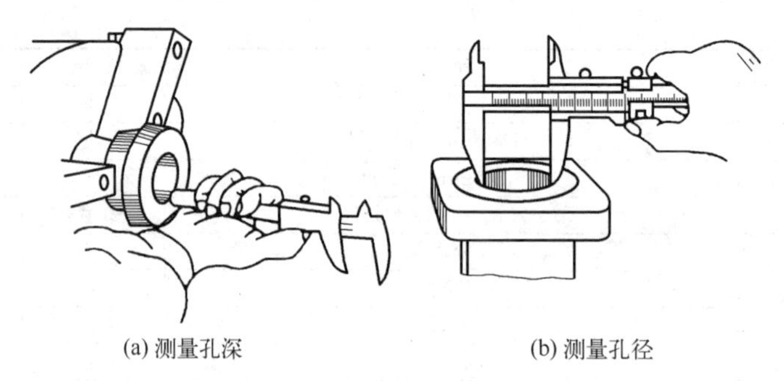

(a) 测量孔深　　(b) 测量孔径

图 5-13　用游标卡尺测量

（5）内径百分表测量　其主要用于测量精度要求较高且较深的孔。内径百分表由百分表和专用表架组成（图 5-16）。用内径百分表测量孔径属于相对测量法，它本身不能读出尺寸值，而是起尺寸对比的作用。测量前应根据被测孔径的大小，用千分尺或其他量具将其调整好才能使用。测量时，为了得到准确的尺寸，必须左右摆动百分表，测得的最小数值就是孔径的实际尺寸（图 5-17）。

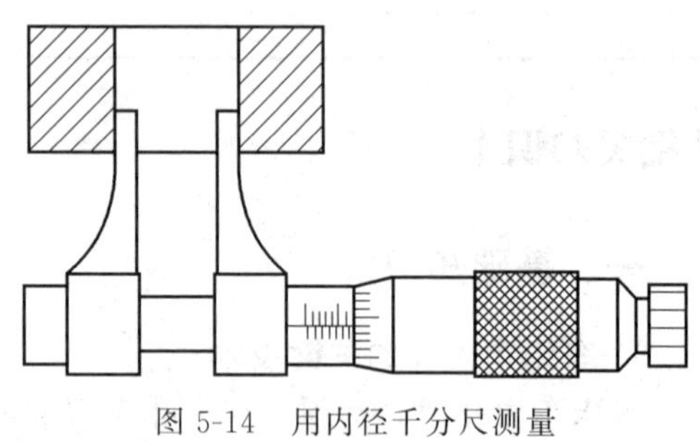

图 5-14　用内径千分尺测量

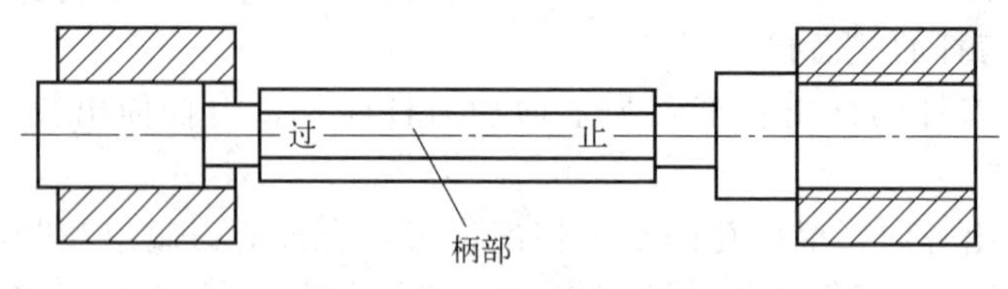


图 5-15　用塞规测量

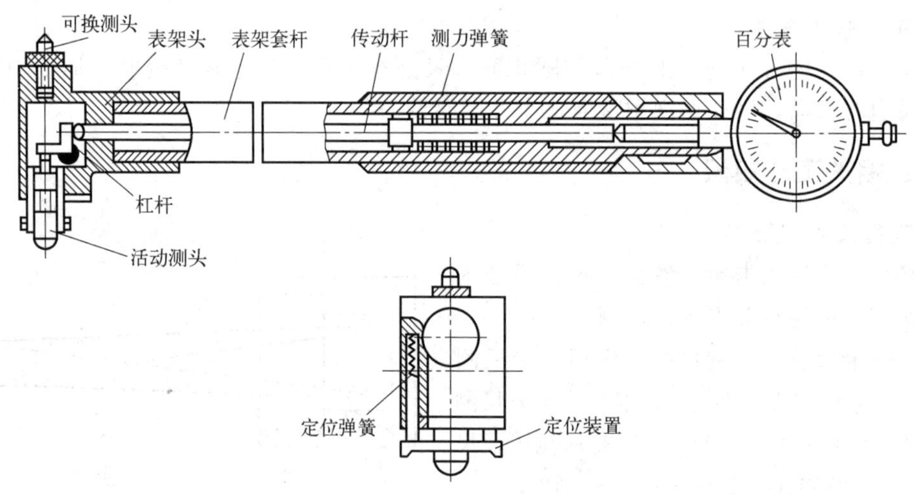


图 5-16　内径百分表的结构

2. 内沟槽的测量

（1）测量内沟槽的直径　可用弹簧内卡或特殊弯头游标卡尺测量（图 5-18）。

（2）测量内沟槽的宽度　可用游标卡尺［如图 5-19（a）］或者样板［如图 5-19（b）］测量内沟槽宽度。内沟槽的轴向位置可采用钩形游标卡尺［如图 5-19（c）］测量。

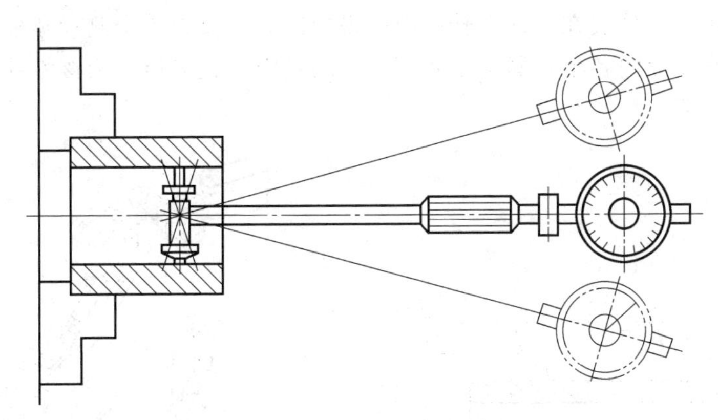

图 5-17 用内径百分表测量

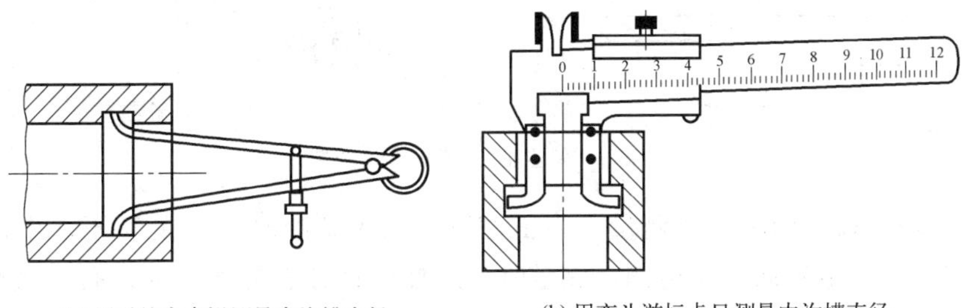

(a) 用弹簧内卡钳测量内沟槽直径 (b) 用弯头游标卡尺测量内沟槽直径

图 5-18 测量内沟槽的直径

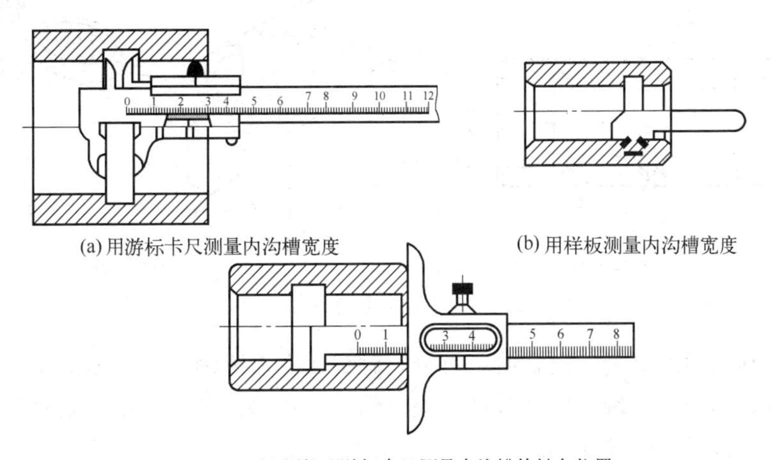

(a) 用游标卡尺测量内沟槽宽度 (b) 用样板测量内沟槽宽度

(c) 用钩形游标卡尺测量内沟槽的轴向位置

图 5-19 测量内沟槽的宽度

### 3. 形状精度的测量

（1）孔的圆度误差测量 用测量孔径的方法在孔的同一截面内，对圆周两个垂直方向进行测量，把两次测量的结果进行比较，其差值的一半，即为该孔单个截面的圆度误差。按上述方法沿轴向测量孔的若干个截面，取其中的最大误差作为整孔的圆度误差。

（2）孔的圆柱度误差测量 用测量孔径的方法，沿内孔轴线方向多次测出孔的尺寸，最大孔径与最小孔径差值的一半即为圆柱度误差。

### 4. 位置精度测量

（1）芯轴上径向圆跳动的测量 用内孔作基准，把工件套在精度很高的芯轴上，用百分表或千分尺来检测，百分表在工件上转一周所得的读数差值为单个测量圆柱面上的径向跳动误差，然后，在圆柱面的各个不同位置测得的跳动量中的最大值，为该零件的径向圆跳动误差（图 5-20）。

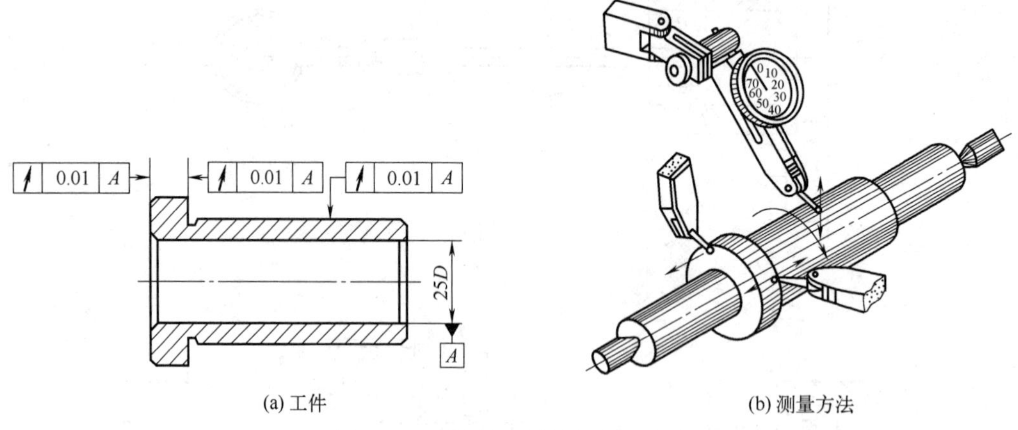


(a) 工件　　(b) 测量方法

图 5-20　在芯轴上测量径向圆跳动

（2）V 形块上径向圆跳动的测量　当工件以外圆为基准时，可在 V 形块上测量径向圆跳动（如图 5-21)，沿轴向定位检测。测量时，用杠杆百分表的测头伸入孔中接触孔壁，转动工件一周，百分表读数差就是工件的径向圆跳动误差。

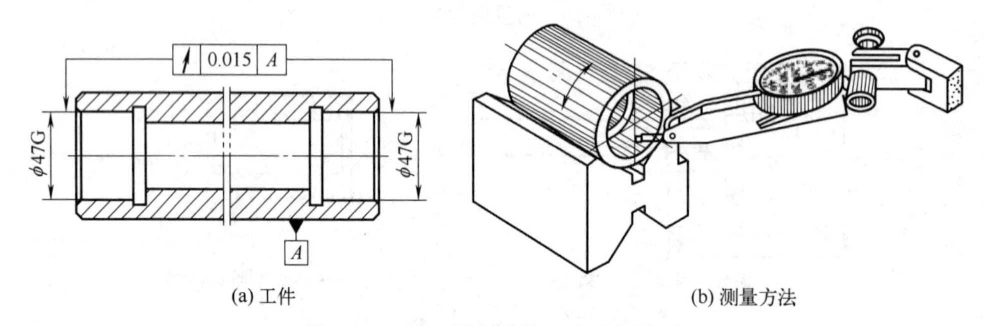


(a) 工件　　(b) 测量方法

图 5-21　在 V 形块上测量径向圆跳动

（3）端面圆跳动的测量　测量时，百分表触头放在需要测量的端面上，转动芯轴，百分表的读数差就是单个测量端而的圆跳动误差。然后，在端面的不同半径处测出的端面圆跳动中的最大值作为该零件的端面圆跳动误差。

5. **端面对轴线垂直度的测量**

检查端面垂直度，首先要检查端面圆跳动是否合格，如果符合要求，再检测整个端面对基准轴线的垂直度误差。

## 【任务实施】

1. **工艺分析**

① 该零件毛坯为 $\phi$125mm×80mm 的 2A12，活塞右端及左端外圆已经加工完成，现加工左端内孔。

② 由于零件的圆柱尺寸要求较高，所以要分粗、精加工以保证零件的表面质量和尺寸精度。

## 2. 根据图样填写活塞加工工艺卡（表 5-33）

表 5-33 活塞加工工艺卡

| 零件名称 | | 材料 | 设备名称 | 毛坯 | | | | | |
|---|---|---|---|---|---|---|---|---|---|
| 活塞 | | 2A12 | CKA6150 | 种类 | 铝棒 | 规格 | $\phi$125mm×80mm | | |
| 任务内容 | | | 程序号 | O1026 | 数控系统 | FANUC 0i-TC | | | |
| 工序号 | 工步 | 工步内容 | 刀号 | 刀具名称 | 主轴转速 $n$ /(r/min) | 进给量 $f$/(mm/r) | 背吃刀量 $a_p$ /(mm/r) | 余量 /mm | 备注 |
| | 1 | 粗加工内孔至尺寸 | 3 | 内孔刀 | 500 | 0.2 | 1.5 | 0 | |
| | 2 | 精加工内孔至尺寸 | 3 | 内孔刀 | 800 | 0.1 | | | |
| 编制 | | | | 教师 | | | 共 1 页 | 第 1 页 | |

## 3. 准备材料、设备及工量具（表 5-34）

表 5-34 准备材料、设备及工量具

| 序号 | 材料、设备及工量具名称 | 规 格 | 数 量 |
|---|---|---|---|
| 1 | 2Al2 | $\phi$125mm×80mm | 6 块 |
| 2 | 数控车床 | CKA6150 | 6 台 |
| 3 | 千分尺 | 50～75mm | 6 把 |
| 4 | 千分尺 | 25～50mm | 6 把 |
| 5 | 游标卡尺 | 0～150mm | 6 把 |
| 6 | 90°外圆车刀 | 25mm×25mm | 6 把 |
| 7 | 3mm 槽刀 | 25mm×25mm | 6 把 |

## 4. 加工参考程序

根据 FANUC 0i-TC 编程要求制订的加工工艺，编写零件加工程序如（参考）表 5-35。

表 5-35 左端内孔加工程序

| 程序段号 | 程序内容 | 说明注释 |
|---|---|---|
| N10 | O1026 | 程序号 |
| N20 | G97 G99 S500 M03 F0.2 | 转速 500r/min，进给设定为 0.2mm/r |
| N30 | T0303 | 3 号刀具，3 号刀补 |
| N40 | G00 X18. Z2. | 刀具定位点 |
| N50 | G71 U1.5 R0.5 | 切削深度 1.5mm，退刀量 0.5mm |
| N60 | G71 P70 Q120 U−0.5 W0.05 | $X$ 向精加工余量为 0.5mm，$Z$ 向精加工余量为 0.05mm |
| N70 | G00 X56. | 精加工起始段 |
| N80 | G41 G01 Z0. | |
| N90 | X55. Z−0.5 | |
| N100 | Z−30. | |
| N110 | X36. | |
| N120 | G40 G00 X18. | 精加工结束段 |
| N130 | X200.0 Z100.0 | 退刀 |
| N140 | M00 | 程序停止 |
| N150 | S800 M03 F0.08 | 转速 800r/min，进给设定为 0.08mm/r |
| N160 | T0303 | 3 号刀具，3 号刀补 |
| N170 | G00 X18.0 Z2.0 | 刀具加工循环起点 |
| N180 | G7 0P70 Q120 | 精加工 |
| N190 | X200.0 Z100.0 | 退刀 |
| N200 | M30 | 程序结束 |

5. 仿真加工

用数控仿真软件，FANUC 0i-TC 数控系统进行程序录入及程序仿真加工的步骤如表 5-36 所示。

表 5-36 FANUC 0i-TC 程序录入及程序仿真加工操作

| 步骤 | 操作过程 | 图示 |
| --- | --- | --- |
| 安装毛坯 | 零件的左右端外圆和沟槽都已经加工完成，本任务需要加工活塞左端内孔 | 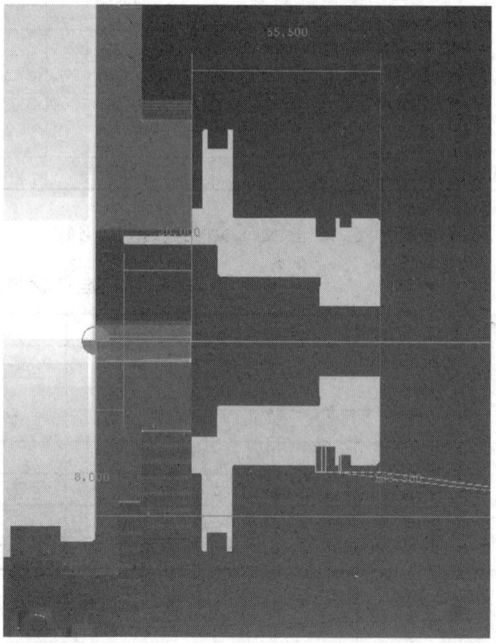 |
| 刀具到位 | 将内孔刀转到当前位置，调整到靠近工件的位置 | 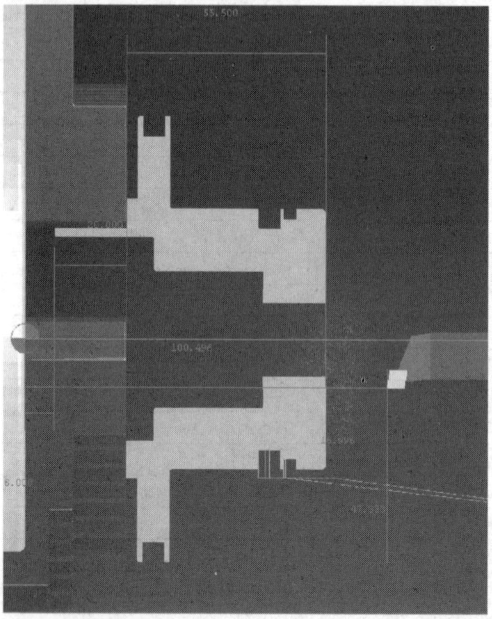 |

续表

| 步骤 | 操作过程 | 图示 |
| --- | --- | --- |
| 仿真对刀 | 1. 在手轮操作方式下，将所选刀具移动到零件的右端面，让刀尖与端面对齐。在刀具补偿界面 3 号刀补输入 Z0 值，单击[测量]软键完成 $Z$ 向对刀<br><br>2. $X$ 向保持左端一样的对刀数据，不用重新对刀 | 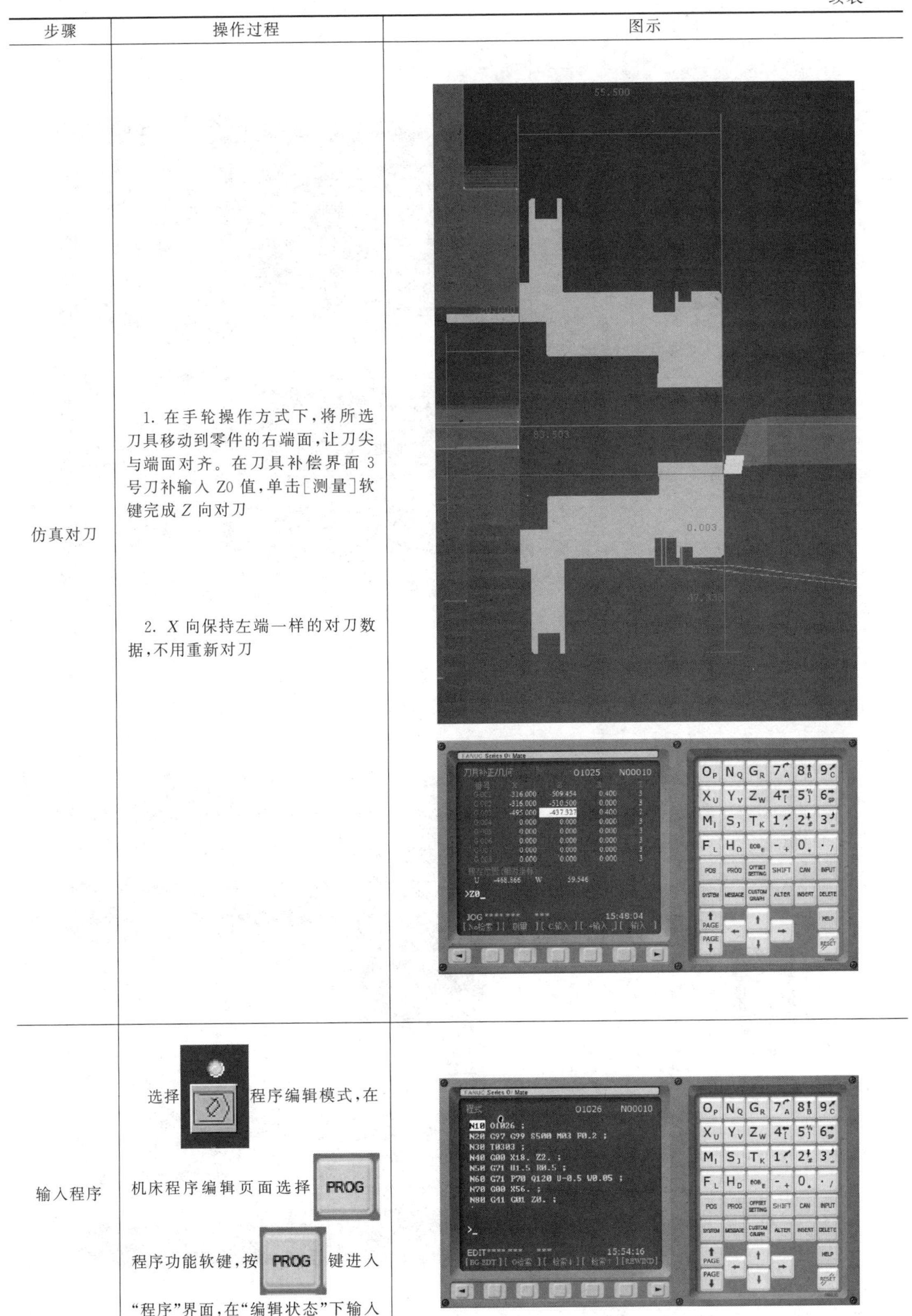 |
| 输入程序 | 选择 程序编辑模式，在机床程序编辑页面选择 PROG 程序功能软键，按 PROG 键进入"程序"界面，在"编辑状态"下输入程序"O1026"后进行程序编辑 | |

续表

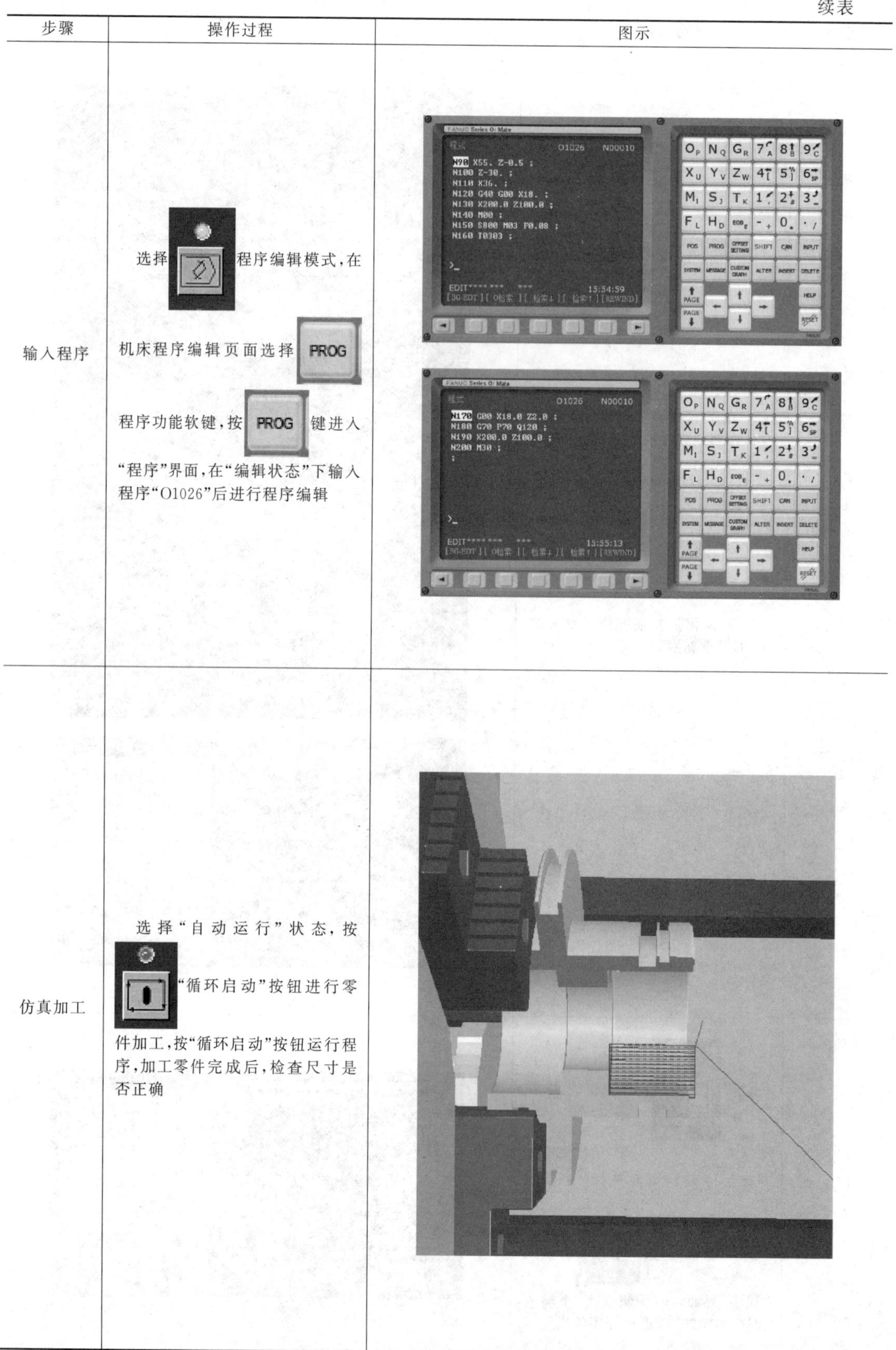

| 步骤 | 操作过程 | 图示 |
| --- | --- | --- |
| 输入程序 | 选择程序编辑模式，在机床程序编辑页面选择 PROG 程序功能软键，按 PROG 键进入“程序”界面，在“编辑状态”下输入程序“O1026”后进行程序编辑 |  |
| 仿真加工 | 选择“自动运行”状态，按“循环启动”按钮进行零件加工，按“循环启动”按钮运行程序，加工零件完成后，检查尺寸是否正确 | |

续表

| 步骤 | 操作过程 | 图示 |
| --- | --- | --- |
| 仿真加工 | 选择"自动运行"状态，按"循环启动"按钮进行零件加工，按"循环启动"按钮运行程序，加工零件完成后，检查尺寸是否正确  | 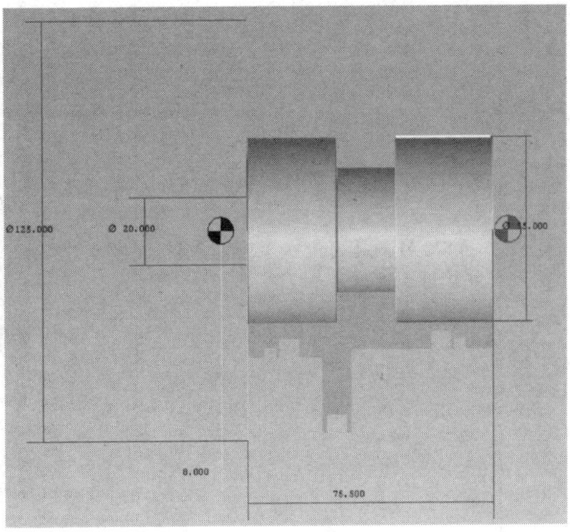 |

### 6. 加工零件

加工零件操作步骤如表 5-37 所示。

企业生产安全操作提示：

① 模拟结束以后一定要先回零后加工。

② 加工时选择单段运行程序，确认定位点无误后开始加工。

③ 开始加工时，倍率开关选择小倍率。

④ 单人操作加工，加工时一定要关上防护门。

⑤ 安装毛坯及测量工件时，机床需处于编辑模式。

⑥ 安装刀具车时，车刀刀尖必须与工件中心等高，否则会引起刀具的损坏。

表 5-37　加工零件步骤

| 步骤 | 操作过程 | 图示 |
| --- | --- | --- |
| 装夹零件毛坯 | 前面已经完成活塞左端外圆轮廓及沟槽的加工，接着继续加工左端内孔 |  |

续表

| 步骤 | 操作过程 | 图示 |
| --- | --- | --- |
| 刀具到位 | 将3号内孔刀位换至当前刀位，并接近工件 |  |
| 内孔刀试切法Z轴对刀 | 主轴正转，用快速进给方式控制车刀靠近工件，然后手轮进给方式×1挡位慢速靠近毛坯端面，将内孔刀刀尖轻轻靠在工件端面，沿X向退刀。按键切换至刀补测量页面，光标在03号刀补位置输入“Z0.”后按[测量]软键，完成Z轴对刀 |  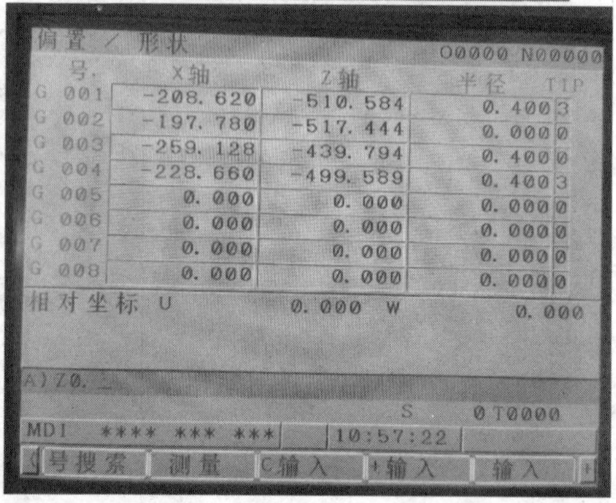 偏置 / 形状 O0000 N00000<br>号. X轴 Z轴 半径 TIP<br>G 001 -208.620 -510.584 0.400 3<br>G 002 -197.780 -517.444 0.000 0<br>G 003 -259.128 -439.794 0.400 0<br>G 004 -228.660 -499.589 0.400 3<br>G 005 0.000 0.000 0.000 0<br>G 006 0.000 0.000 0.000 0<br>G 007 0.000 0.000 0.000 0<br>G 008 0.000 0.000 0.000 0<br>相对坐标 U 0.000 W 0.000<br>A)Z0.<br>S 0 T0000<br>MDI **** *** *** 10:57:22<br>号搜索 测量 C输入 +输入 输入 |

续表

| 步骤 | 操作过程 | 图示 |
| --- | --- | --- |
| 内孔刀试切法 $X$ 轴对刀 | 主轴正转，手动控制车刀靠近工件，然后手轮方式×10 挡位慢速靠近工件 $\phi16mm$ 内孔，沿 $Z$ 向切削毛坯料约 1mm，切削长度以方便卡尺测量为准，沿 $Z$ 向退出车刀，主轴停止，测量工件外圆，按 OFS/SET 键切换至刀补测量页面，光标在 03 号刀补位置输入测量值“X23.63”后按[测量]软键，完成 $X$ 轴对刀 | |

偏置 / 形状 O0011 N00000

| 号 | X轴 | Z轴 | 半径 | TIP |
| --- | --- | --- | --- | --- |
| G 001 | -208.620 | -510.584 | 0.400 | 3 |
| G 002 | -197.780 | -517.444 | 0.000 | 0 |
| G 003 | -259.128 | -439.794 | 0.400 | 0 |
| G 004 | -228.660 | -499.589 | 0.400 | 3 |
| G 005 | 0.000 | 0.000 | 0.000 | 0 |
| G 006 | 0.000 | 0.000 | 0.000 | 0 |
| G 007 | 0.000 | 0.000 | 0.000 | 0 |
| G 008 | 0.000 | 0.000 | 0.000 | 0 |

相对坐标 U 0.002 W 134.400

) X23.63_

S 0 T0000

编辑 **** *** *** 11:06:26

号搜索 测量 C输入 +输入 输入

| 步骤 | 操作过程 | 图示 |
| --- | --- | --- |
| 运行程序加工工件 | 手动方式将刀具退出一定距离，按 PROG 键进入程序界面，检索到“O1026”程序，选择单段运行方式，按“循环启动”按钮，开始程序自动加工，当车刀完成一次单段运行后，可以关闭单段模式，让程序连续运行 |  |

续表

| 步骤 | 操作过程 | 图示 |
| --- | --- | --- |
| 测量工件修刀补并精车工件 | 程序运行结束后，用千分尺测量零件内径尺寸，根据实测值计算出刀补值，对刀补进行修整。按“循环启动”按钮，再次运行程序，完成工件加工，并测量各尺寸是否符合图纸要求 | |
| 维护保养 | 卸下工件，清扫维护机床，刀具、量具擦净 | |

## 【任务检测】

小组成员分工检测零件，并将检测结果填入表 5-38 中。

表 5-38　零件检测表

| 序号 | 检测项目 | 检测内容 | 配分 | 检测要求 | 学生自评 | | 老师测评 | |
| --- | --- | --- | --- | --- | --- | --- | --- | --- |
| | | | | | 自测 | 得分 | 检测 | 得分 |
| 1 | 直径 | $\phi$55mm | 30 | 超差不得分 | | | | |
| 2 | 长度 | 30mm | 30 | | | | | |
| 3 | 表面质量 | $Ra$1.6 两处 | 6 | 超差不得分 | | | | |
| 4 | | 去除毛刺飞边 | 4 | 未处理不得分 | | | | |
| 5 | 时间 | 工件按时完成 | 10 | 未按时完成不得分 | | | | |
| 6 | 现场操作规范 | 安全操作 | 10 | 违反操作规程按程度扣分 | | | | |
| 7 | | 工量具使用 | 5 | 工量具使用错误，每项扣 2 分 | | | | |
| 8 | | 设备维护保养 | 5 | 违反维护保养规程，每项扣 2 分 | | | | |
| | 合计(总分) | | 100 | 机床编号 | | 总得分 | | |
| | 开始时间 | | 结束时间 | | | 加工时间 | | |

## 【工作评价与鉴定】

1. **评价**（90%，表 5-39）

表 5-39　综合评价表

| 项目 | 出勤情况（10%） | 工艺编制、编程（20%） | 机床操作能力（10%） | 零件质量（30%） | 职业素养（20%） | 成绩合计 |
| --- | --- | --- | --- | --- | --- | --- |
| 个人评价 | | | | | | |
| 小组评价 | | | | | | |
| 教师评价 | | | | | | |
| 平均成绩 | | | | | | |

2. **鉴定**（10%，表 5-40）

表 5-40　实训鉴定表

| | |
| --- | --- |
| 自我鉴定 | 通过本节课我有哪些收获：<br>学生签名：________<br>____年____月____日 |
| 指导教师鉴定 | 指导教师签名：________<br>____年____月____日 |

# 项目六 加工刀盘

## 项目引入

刀盘是全技能液压刀架的重要零件，是数控车削和铣削加工的复合零件，包括外圆、内孔、内沟槽。本项目主要任务是掌握数控车削部分加工方法，掌握数控车削编程与操作的基本能力。如图 6-1 所示的刀盘零件，材料为 45＃钢，毛坯为 $\phi$300mm×90mm。请根据图纸要求，合理制订加工工艺，安全操作机床，达到规定的精度和表面质量要求。

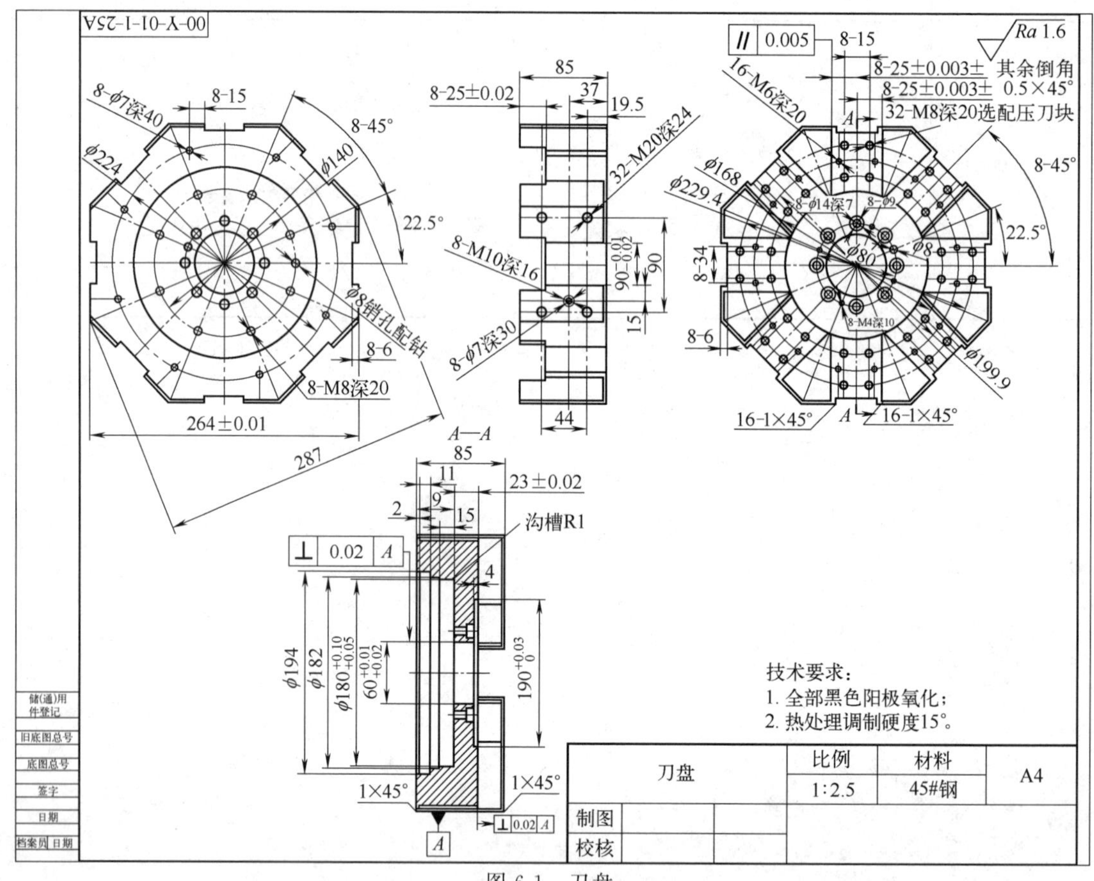

图 6-1 刀盘

## 项目目标

会一般刀盘零件的加工（数控车削部分）。

## 知识目标

1. 掌握一般轴类零件数控车削工艺制订方法。
2. 掌握 G00 指令、G01 指令、G40 指令、G41 指令、G42 指令、G71 指令、G70 指令的应用和编程方法。
3. 掌握外圆的加工工艺知识和编程加工方法。
4. 掌握内孔加工的工艺知识和编程加工方法。
5. 掌握内沟槽的工艺知识和编程加工方法。

## 技能目标

1. 能够读懂刀盘零件的图样。
2. 能够完成数控车床上工件的装夹、找正、试切对刀。
3. 能够独立加工简单阶梯轴。
4. 能够独立完成内孔的加工。
5. 能够解决刀盘加工过程中的出现问题。

## 思政目标

1. 树立正确的学习观、价值观，树立质量第一的工匠精神意识。
2. 具有人际交往和团队协作能力。
3. 爱护设备，具有安全文明生产和遵守操作规程的意识。

## 【任务要求】

本任务要求加工刀盘（数控车削部分），如图 6-2 所示，材料为 45 # 钢，毛坯为 $\phi$300mm×90mm。请根据图纸要求，合理制订加工工艺，安全操作机床，达到规定的精度和表面质量要求。

图 6-2　刀盘实物图

## 【任务准备】

完成该任务需要准备的实训物品如表 6-1 所示。

表 6-1　实训物品清单

| 序号 | 实训资源 | 种类 | 数量 | 备注 |
|---|---|---|---|---|
| 1 | 机床 | CA6140 型普通车床 | 6 台 | 或者其他数控车床 |
| 2 | 参考资料 | 《数控车床使用说明书》<br>《FANUC 0i-TC 车床编程手册》<br>《FANUC 0i-TC 车床操作手册》<br>《FANUC 0i-TC 车床连接调试手册》 | 各 6 本 | |
| 3 | 刀具 | 90°外圆车刀 | 6 把 | QEFD2020R10 |
| | | 内孔车刀 | 6 把 | |
| | | 内沟槽刀 | 6 把 | |

续表

| 序号 | 实训资源 | 种类 | 数量 | 备注 |
|---|---|---|---|---|
| 4 | 量具 | 0～300mm 游标卡尺 | 6 把 | |
| | | 0～300mm 千分尺 | 6 套 | |
| | | 百分表 | 6 块 | |
| 5 | 辅具 | 百分表架 | 6 套 | |
| | | 内六角扳手 | 6 把 | |
| | | 套管 | 6 把 | |
| | | 卡盘扳手 | 6 把 | |
| | | 毛刷 | 6 把 | |
| | | 麻花钻 | 6 把 | |
| 6 | 材料 | 45＃ | 6 根 | $\phi$300mm×90mm |
| 7 | 工具车 | | 6 辆 | |

## 【相关知识】

### 1. 四爪单动卡盘的定义

四爪单动卡盘全称是机床用手动四爪单动卡盘，是由 1 个盘体、4 个丝杆、一副卡爪组成的，每个卡爪都可单独运动。其工作时用 4 个丝杠分别带动四爪，因此常见的四爪单动卡盘没有自动定心的作用。但可以通过调整四爪位置，装夹各种规则的、不规则的工件，还可以通过调整四爪的位置加工轴类偏心工件。

图 6-3 四爪单动卡盘

### 2. 四爪单动卡盘的校正

被加工的工件装夹在四爪单动卡盘上，使工件的中心与加工旋转中心取得一致，这一过程就称为校正。

### 3. 四爪单动卡盘校正的注意事项

① 为了防止工件被夹毛，装夹时应垫铜皮。找正工件时，在工件与导轨面之间垫防护板，以防工件掉下，损坏床面。

② 校正工件时，不能同时松开两只卡爪，以防工件掉下。

③ 校正工件时，主轴应放在空挡位置，否则给卡盘转动带来困难。

④ 校正工件时，灯光、针尖与视线角度要配合好，否则会增大目测误差。

⑤ 工件校正后，4 个卡爪的紧固力基本一致，否则车削时工件容易移位。

⑥ 找正工件时要耐心、细致、不可急躁，并注意安全。

## 【任务实施】

### 1. 工艺分析

① 该零件毛坯为 $\phi$300mm×90mm 的 45＃钢料，加工时采用四爪单动卡盘装夹的方式进行零件加工。

② 由于零件的圆柱尺寸及内孔尺寸精度要求较高，所以要分粗、精加工以保证零件的表面质量和尺寸精度。

## 2. 根据图样填写刀盘加工工艺卡（表 6-2）

表 6-2　刀盘加工工艺卡

<table>
<tr><td colspan="2" rowspan="2">加工工艺卡片</td><td colspan="2">产品名称</td><td colspan="2">零件名称</td><td colspan="1">零件图号</td><td>材料</td></tr>
<tr><td colspan="2">液压刀架</td><td colspan="2">刀盘</td><td colspan="1">00-A-01-25＃</td><td>45＃圆钢</td></tr>
<tr><td>工序</td><td>程序号</td><td colspan="2">工作场地</td><td colspan="3">使用设备和系统</td><td>夹具名称</td></tr>
<tr><td>1</td><td>—</td><td colspan="2">机械车间</td><td colspan="3">CA6140</td><td>4 爪单动卡盘</td></tr>
<tr><td rowspan="2">工步</td><td rowspan="2">工步内容</td><td colspan="3">切削用量</td><td colspan="2">刀具</td><td rowspan="2">工步图示</td></tr>
<tr><td>主轴转速 $n$/(r/min)</td><td>进给量 $f$/(mm/r)</td><td>背吃刀量 $a_p$/mm</td><td>编号</td><td>类型</td></tr>
<tr><td>1</td><td>车外圆平端面</td><td>400</td><td>0.2</td><td>4</td><td>1</td><td>外圆刀</td><td> </td></tr>
<tr><td>2</td><td>钻孔</td><td>400</td><td>0.2</td><td>15</td><td></td><td>钻头</td><td> </td></tr>
</table>

续表

| 工步 | 工步内容 | 切削用量 | | | 刀具 | | 工步图示 |
|---|---|---|---|---|---|---|---|
| | | 主轴转速 $n/(\mathrm{r/min})$ | 进给量 $f/(\mathrm{mm/r})$ | 背吃刀量 $a_p/\mathrm{mm}$ | 编号 | 类型 | |
| 3 | 平端面保总长车外圆 | 400 | 0.2 | 4 | 1 | 外圆刀 |  |
| 4 | 加工内孔 $\phi60$mm，$\phi180$mm，$\phi182$mm | 300 | 0.15 | 2 | 2 | 内孔刀 |  |
| 5 | 加工内沟槽 | 300 | 0.1 | 4 | 3 | 内沟槽车刀 |  |

### 3. 加工零件

企业生产安全操作提示：

① 工作前按规定穿戴好劳动防护用品，扎好袖口。严禁戴手套或敞开衣服操作。

② 机床工作开始前要有预热，每次开机应低速运行 3～5min，查看各部分是否正常。

③ 快速进刀和退刀时，一定注意不要碰触工件和四爪卡盘。

④ 凡装卸工件、更换刀具、测量加工面及变换速度时，必须先停车。

加工零件步骤：

① 安装毛坯，启动润滑油泵，使油压达到机床的规定值，启动机床。

② 利用外圆刀车削外圆平端面。

③ 使用中心钻钻中心孔。

④ 使用 $\phi$20mm 的钻头钻孔。

⑤ 工件调头，利用外圆刀平端面确保总长。

⑥ 利用内孔刀加工 $\phi$60mm、$\phi$180mm、$\phi$182mm 内孔。

⑦ 利用内沟槽车刀加工内沟槽。

⑧ 打扫机床，清理卫生。

## 【任务检测】

小组成员分工检测零件，并将检测结果填入表 6-3。

**表 6-3　零件检测表**

| 序号 | 检测项目 | 检测内容 | 配分 | 检测要求 | 学生自评 | | 老师测评 | |
|---|---|---|---|---|---|---|---|---|
| | | | | | 自测 | 得分 | 检测 | 得分 |
| 1 | 直径 | $\phi 286 \pm 0.1$mm | 5 | 超差不得分 | | | | |
| 2 | 直径 | $\phi 60^{+0.04}_{+0.02}$mm | 10 | 超差不得分 | | | | |
| 3 | 直径 | $\phi 180^{+0.1}_{+0.05}$mm | 10 | 超差不得分 | | | | |
| 4 | 直径 | $\phi 182 \pm 0.1$mm | 5 | 超差不得分 | | | | |
| 5 | 直径 | $\phi 194 \pm 0.1$mm | 5 | 超差不得分 | | | | |
| 6 | 长度 | 85mm | 5 | 超差不得分 | | | | |
| 7 | 长度 | 15mm | 5 | 超差不得分 | | | | |
| 8 | 长度 | 9mm | 5 | 超差不得分 | | | | |
| 9 | 长度 | 2mm | 5 | 超差不得分 | | | | |
| 10 | 长度 | 11mm | 5 | 超差不得分 | | | | |
| 11 | 倒角 | $C1$ 两处 | 5 | 超差不得分 | | | | |
| 12 | 表面质量 | $Ra$1.6 两处 | 5 | 超差不得分 | | | | |
| 13 | | 去除毛刺飞边 | 5 | 未处理不得分 | | | | |
| 14 | 时间 | 工件按时完成 | 5 | 未按时完成不得分 | | | | |
| 15 | 现场操作规范 | 安全操作 | 10 | 违反操作规程按程度扣分 | | | | |
| 16 | | 工量具使用 | 5 | 工量具使用错误，每项扣 2 分 | | | | |
| 17 | | 设备维护保养 | 5 | 违反维护保养规程，每项扣 2 分 | | | | |
| 18 | 合计(总分) | | 100 | 机床编号 | 总得分 | | | |
| 19 | 开始时间 | | 结束时间 | | 加工时间 | | | |

## 【工作评价与鉴定】

1. **评价**（90%，表 6-4）

表 6-4 综合评价表

| 项目 | 出勤情况（10%） | 工艺编制、编程（20%） | 机床操作能力（10%） | 零件质量（30%） | 职业素养（20%） | 成绩合计 |
|---|---|---|---|---|---|---|
| 个人评价 | | | | | | |
| 小组评价 | | | | | | |
| 教师评价 | | | | | | |
| 平均成绩 | | | | | | |

2. **鉴定**（10%，表 6-5）

表 6-5 实训鉴定表

| | |
|---|---|
| 自我鉴定 | 通过本节课我有哪些收获：<br>学生签名：________<br>____年____月____日 |
| 指导教师鉴定 | 指导教师签名：________<br>____年____月____日 |

# 项目七　数控车床的简单维护

## 知识点一　数控车床的安全操作规程

### 知识目标

1. 了解数控车床的安全操作规程。
2. 知道工作前的准备工作。
3. 掌握工作过程中的安全注意事项。

### 技能目标

1. 能够按照数控车床的安全操作规程来操作机床。
2. 能够正确完成数控车床操作的准备工作。
3. 能够按照机床的安全注意事项进行工作。

### 思政目标

1. 具有安全文明生产和遵守操作规程的意识。
2. 具有人际交往和团队协作能力。

数控车床是一种高精度、高效率、高价格的机电一体化设备。每一个操作者都应该做到安全操作，并做好日常维护工作。

数控车床的安全操作规程是保证车床安全、高效运行的重要措施之一。操作者在操作数控车床之前，必须牢记数控车床安全操作规程，时刻把安全放在第一位。数控车床的安全操作包括以下几个方面。

### 一、安全操作基本注意事项

① 工作时请穿好工作服、安全鞋，戴好工作帽及防护镜，不允许戴手套操作机床。

② 注意不要移动或损坏安装在机床上的警告标牌。

③ 注意不要在机床周围放置障碍物，机床工作空间应足够大。

④ 某一项工作如需要两人或多人共同完成时，应注意相互间的协调一致。

⑤ 不允许采用压缩空气清洗机床、电气柜及 NC 单元。

## 二、工作前的准备工作

① 机床工作开始前要有预热，认真检查润滑系统工作是否正常，如机床长时间未开动，可先采用手动方式向各部分供油润滑。

② 使用的刀具应与机床允许的规格相符，有严重破损的刀具要及时更换。

③ 调整刀具所用工具不要遗忘在机床内。

④ 检查大尺寸轴类零件的中心孔是否合适，中心孔如太小，工作中易发生危险。

⑤ 刀具安装好后应进行一、二次试切削。

⑥ 检查卡盘夹紧工作的状态。

⑦ 机床开动前，必须关好机床防护门。

## 三、工作过程中的安全注意事项

① 禁止用手接触刀尖和铁屑，铁屑必须要用铁钩子或毛刷来清理。

② 禁止用手或其他任何方式接触正在旋转的主轴、工件或其他运动部位。

③ 禁止加工过程中测量、变速，更不能用棉丝擦拭工件，也不能清扫机床。

④ 车床运转中，操作者不得离开岗位，发现异常现象立即停车。

⑤ 经常检查轴承温度，过高时应找有关人员进行检查。

⑥ 在加工过程中，不允许打开机床防护门。

⑦ 严格遵守岗位责任制，机床由专人使用，他人使用须经本人同意。

⑧ 工件伸出车床 100mm 以外时，须在伸出位置设防护物。

⑨ 学生必须在完全清楚操作步骤时才能进行操作，遇到问题立即向教师询问，禁止在不知道规程的情况下进行尝试性操作，操作中如机床出现异常，必须立即向指导教师报告。

⑩ 手动原点回归时，注意机床各轴位置要距离原点－100mm 以上，机床原点回归顺序为：首先＋$X$ 轴，其次＋$Z$ 轴。

⑪ 使用手轮或快速移动方式移动各轴位置时，一定要看清机床 $X$、$Z$ 轴各方向“＋、－”号标牌后再移动。移动时先慢转手轮观察机床移动方向无误后方可加快移动速度。

⑫ 学生编完程序或将程序输入机床后，须先进行图形模拟，准确无误后再进行机床试运行，并且注意刀具应离开工件端面 200mm 以上。

⑬ 程序运行注意事项：

a. 对刀应准确无误，刀具补偿号应与程序调用刀具号相符。

b. 检查机床各功能按键的位置是否正确。

c. 光标要放在主程序头。

d. 加注适量冷却液。

e. 操作者站立位置应合适，启动程序时，右手准备按停止按钮，程序在运行当中手不能离开停止按钮，如有紧急情况立即按下停止按钮。

⑭ 加工过程中认真观察切削及冷却状况，确保机床、刀具的正常运行及工件的质量，

并关闭防护门以免铁屑、润滑油飞出。

⑮ 在程序运行中须测量工件尺寸时，要待机床完全停止、主轴停转后方可进行测量，以免发生人身事故。

⑯ 关机时，要等主轴停转 3min 后方可关机。

⑰ 未经许可，禁止打开电器箱。

⑱ 各手动润滑点，必须按说明书要求进行润滑。

⑲ 修改程序的钥匙，在程序调整完后，要立即拿掉，不得插在机床上，以免无意改动程序。

⑳ 无论机床何时使用，每日必须使用切削油循环 0.5h，冬天时间可稍短一些，切削液要定期更换，一般 1～2 个月更换一次。

㉑ 若机床数天不使用，则每隔一天应对 NC 及 CRT 部分通电 2～3h。

# 知识点二　数控车床的维护

## 知识目标

1. 掌握数控车床的日常维护项目。
2. 掌握数控车床开机检查维护内容。

## 技能目标

1. 能够按照数控车床的日常维护项目来维护机床。
2. 能够正确完成数控车床开机检查维护工作。

## 素养目标

1. 具有安全文明生产和遵守操作规程的意识。
2. 具有人际交往和团队协作能力。

## 一、日常维护

对数控车床进行日常维护保养的目的，就是减少机械零部件的磨损，延长零部件的使用寿命，保证数控车床长时间稳定、可靠地运行。

### 1. 润滑系统

用户应熟悉车床需润滑的部位、润滑方式、润滑时间和润滑材料。定时、定期对车床的油路进行检查，确保油路的畅通及供油器件正常工作。建立岗位责任制，制订严格的规章制度，定时、定期安排专职人员加油。数控车床润滑示意图如图 10-1 所示。

### 2. 传动系统

定期检查主轴的径向跳动、轴向窜动以及主轴箱内齿轮和轴承的情况。检查 $X$ 向和 $Z$ 向的丝杠间隙，并及时调整。清理丝杠上的杂物。要注意检查并及时调整主轴皮带、同步齿形带的松紧度，防止皮带打滑。注意传动系统发出的异常声响，如有故障应及时排除。

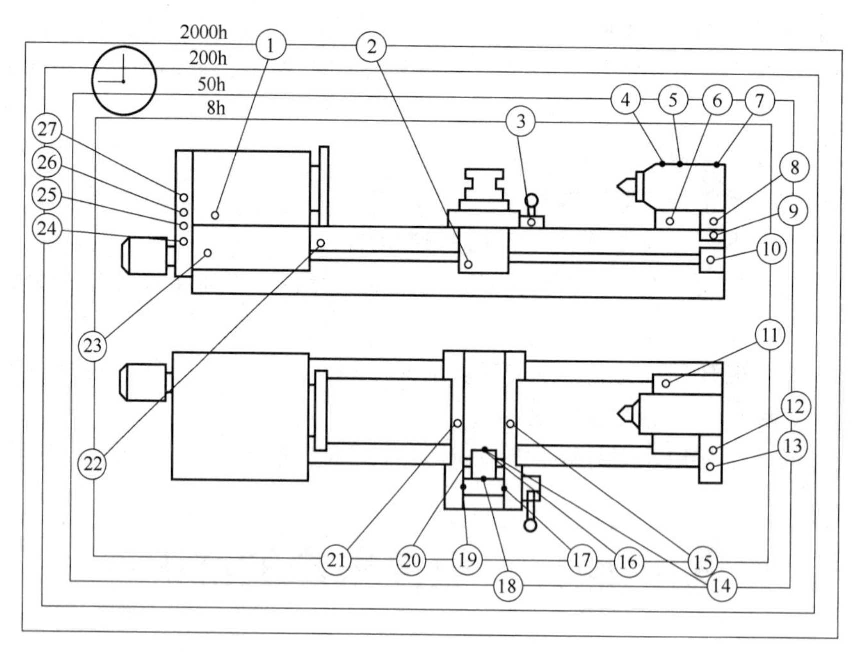


(a)润滑部位及间隔时间

| 润滑部位编号 | ① | ② | ③ | ④～㉓ | ㉔～㉗ |
| --- | --- | --- | --- | --- | --- |
| 润滑方法 |  |  |  |  |  |
| 润滑油牌号 | N46 | N46 | N46 | N46 | 油脂 |
| 过滤精度/μm | 65 | 15 | 5 | 65 | — |

(b)润滑方法及材料

图 10-1　数控车床润滑

### 3. 数控系统

定期检查接插件的松紧，有无氧化和虚焊。记录系统的重要参数，如电子齿轮比、各类时间常数等，并根据机械特性及时调整。

### 4. 电气系统

定期检查连接线有无松动、破损，检查继电器、接触器触点有无异常，应及时清洁电器箱内的杂物和灰尘。定期检查超程限位功能和机床的机械零点，检查各个电动机的绝缘度。

### 5. 防护系统

定期检查机床的安全防护功能，保障操作人员的人身安全。注意避免冷却液的泄漏，注意检查各部位防护罩的完好情况，避免水进入数控系统和电动机内。检查散热风扇是否转动，防止尘埃进入引起短路。

## 二、开机检查维护

### 1. 通电前的维护

（1）机床电器检查　打开机床电控箱，检查继电器、接触器、熔断器有无损坏；检查伺服控制单元插座、主轴电动机控制单元插座等有无松动，如有松动应恢复正常状态；有锁紧机构的接插件一定要锁紧；有转接盒的机床，一定要检查转接盒上的插座，检查接线有无松动，有锁紧机构的一定要锁紧。

（2）CNC（计算机数控系统）电箱检查　打开CNC电箱门，检查各类接口插座、伺服电机反馈线插座、主轴脉冲发生器插座、手摇脉冲发生器插座、CRT（阴极射线管显示器）插座等，如有松动要重新插好，有锁紧机构的一定要锁紧。按照说明书检查各个印刷线路板上的短路端子的设置情况，一定要符合机床生产厂设定的状态，确实有误的应重新设置，一般情况下无需重新设置，但用户一定要对短路端子的设置状态做好原始记录。

（3）接线质量检查　检查所有的接线端子，包括强、弱电部分在装配时机床生产厂自行接线的端子及各电机电源线的接线端子，每个端子都要用工具紧固一次，直到用工具拧不动为止，各电机插座一定要拧紧。

（4）电磁阀检查　所有电磁阀都要用手推动数次，以防止长时间不通电造成的动作不良，如发现异常，应做好记录，以备通电后确认修理或更换。

（5）限位开关检查　检查所有限位开关动作的灵活性及固定是否牢固，发现动作不良或固定不牢的应立即处理。

（6）按钮及开关检查　对操作面板上按钮及开关进行检查，检查操作面板上所有的按钮、开关、指示灯的接线，发现有误应立即处理；检查CRT单元上的插座及接线。

（7）地线检查　要求有良好的地线，测量机床地线，接地电阻不能大于1Ω。

（8）电源相序检查　用相序表检查输入电源的相序，确认输入电源的相序与机床上各处标定的电源相序绝对一致。

（9）其他检查　有二次接线的设备，如电源变压器等，必须确认二次接线的相序的一致性。要保证各处相序的绝对正确。此时应测量电源电压，并做好记录。

**2. 机床总电源的接通**

（1）接通机床总电源　检查CNC电箱，主轴电机冷却风扇和机床电器箱冷却风扇的转向是否正确，润滑、液压等处的油标指示及机床照明灯是否正常；各熔断器有无损坏，如有异常应立即停电检修，无异常时可以继续进行。

（2）测量强电各部分的电压　特别是供CNC及伺服单元用的电源变压器的初、次级电压，并做好记录。

（3）观察有无漏油　特别是供转塔转位、卡紧和主轴换挡以及卡盘卡紧等处的液压缸和电磁阀，如有漏油应立即停电修理或更换。

**3. CNC电箱通电**

（1）按CNC电源通电按钮　接通CNC电源，观察CRT显示，直到出现正常画面为止。如果出现ALARM显示，应该寻找故障并排除，此时应重新送电检查。

（2）打开CNC电源　根据有关资料上给出的测试端子的位置测量各级电压，有偏差的应调整到给定值，并做好记录。

（3）将状态开关置于适当的位置　如日本的FANUC系统应放置在MDI状态，选择参数页面，应逐条逐位地核对参数，这些参数应与随机所带参数表符合。如发现有不一致的参数，应搞清各个参数的意义后再决定是否修改，如齿隙补偿的数值可能与参数表不一致，这在实际加工后可随时进行修改。

（4）将状态选择开关放置在JOG（点动）位置　将点动速度放在最低挡，分别进行各坐标正反方向的点动操作，同时用手按与点动方向相对应的超程保护开关，验证其保护作用的可靠性，然后再进行慢速的超程试验，验证超程撞块安装的正确性。

(5) 将状态开关置于回零位置　完成回零操作，参考点返回的动作不完成，就不能进行其他操作。因此遇此情况应首先进行本项操作，然后再进行第 (4) 项操作。

(6) 将状态开关置于 JOG 位置或 MDI 位置　进行手动变挡试验。验证后将主轴调速开关放在最低位置，进行各挡的主轴正反转试验，观察主轴运转的情况和速度显示的正确性，然后再逐渐升速到最高转速，观察主轴运转的稳定性。

(7) 进行手动导轨润滑试验　使导轨有良好的润滑。

(8) 逐渐调整快移超调开关和进给倍率开关　随意点动刀架，观察速度变化的正确性。

4. MDI 试验

(1) 测量主轴实际转速　将机床锁住开关放在接通位置，用手动数据输入指令，进行主轴任意变挡、变速试验，测量主轴实际转速，并观察主轴速度显示值，调整其误差应限定在5%之内。

(2) 进行转塔或刀座的选刀试验　其目的是检查转塔或刀座的正反转和定位精度的正确性。

(3) 功能试验　因机床订货的情况不同，功能也不同，故可根据具体情况对各个功能进行试验。为防止意外情况发生，最好先将机床锁住进行试验，然后再放开机床进行试验。

(4) 编辑 EDIT 功能试验　将状态选择开关置于 EDIT 位置，自行编制一简单程序，尽可能多地包括各种功能指令和辅助功能指令，移动尺寸以机床最大行程为限，同时进行程序的增加、删除和修改。

(5) 自动状态试验　将机床锁住，用编制的程序进行空运转试验，验证程序的正确性；然后放开机床，分别将进给倍率开关、快速超调开关、主轴速度超调开关进行多种变化，使机床在上述各开关的多种变化的情况下进行充分的运行；最后将各超调开关置于100%处，使机床充分运行，观察整机的工作情况是否正常。

# 知识点三　数控车床的维修技术简介

## 知识目标

1. 了解数控车床的故障初步诊断方法。
2. 掌握数控系统故障诊断法。
3. 掌握数控系统故障排除法。
4. 了解维修中应注意的事项。

## 技能目标

1. 能够按照数控车床的故障初步诊断方法来确定数控机床的故障。
2. 能够数控系统故障诊断来确定故障原因。
3. 能够排除数控系统简单故障。

## 素养目标

1. 具有安全文明生产和遵守操作规程的意识。

2. 具有人际交往和团队协作能力。

现场维修是对数控车床出现的故障（主要是数控系统部分）进行诊断，找出故障部位，以相应的正常备件进行更换，使车床恢复正常运行。这一过程的关键是诊断，即对系统或外围线路进行检测，确定有无故障，并对故障定位，能指出故障的确切位置。从整机定位到插线板位置，在某些场合下甚至定位到元器件，这是整个维修工作的主要部分。

## 一、数控系统的故障诊断

**1. 初步判别**

通常在资料较全时，可通过资料分析、判别故障所在，或根据故障现象采取接口信号法判别可能发生故障的部位，而后再按照故障与这一部位的具体特点，逐个部位检查，初步判别。在实际应用中，可能用一种方法就可查到并排除故障，有时需要多种方法并用。对各种故障点判别方法的掌握程度主要取决于对故障设备的原理与结构掌握的深度。

**2. 报警处理**

（1）系统报警的处理　数控系统发生故障时，一般在显示屏或操作面板上会给出故障信号和相应的信息。通常系统的操作手册或调整手册中都有详细的报警号、报警内容和处理方法。由于系统的报警设置单一、齐全、严密、明确，维修人员可根据每一报警号后面给出的信息与处理方法自行处理。

（2）机床报警和操作信息的处理　机床制造厂根据机床的电气特点，应用 PLC 程序将一些能反映机床接口电气控制方面的故障或操作信息以特定的标志，通过显示器给出，并可通过特定键，看到更详尽的报警说明。这类报警可以根据机床厂提供的排除故障手册进行处理，也可以利用操作面板或编程器，根据电路图和 PLC 程序查出相应的信号状态，按逻辑关系找出故障点进行处理。

**3. 无报警或无法报警的故障处理**

当系统的 PLC 无法运行，系统已停机或系统没有报警但工作不正常时，需要根据故障发生前后的系统状态信息，运用已掌握的理论基础知识，进行分析并做出正确的判断。下面阐述这种故障诊断和排除方法。

## 二、数控系统的故障诊断方法

**1. 常规检查法**

（1）目测　目测故障板，仔细检查有无保险丝烧断，元器件烧焦、烟熏、开裂现象，有无异物短路现象。以此可判断板内有无过流、过压、短路等问题。

（2）手摸　用手摸并轻摇元器件（尤其是阻容件），确定半导体器件有无松动之感，以此可检查出一些断脚、虚焊等问题。

（3）通电　首先用万用表检查各种电源之间有无断路，如无断路，即可接入相应的电源，目测有无冒烟、打火等现象，手摸元器件有无异常发热，以此可发现一些较为明显的故障，缩小检修范围。

**2. 仪器测量法**

当系统发生故障后，采用常规电工检测仪器、工具，按系统电路图及机床电路图对故障部分的电压、电源、脉冲信号等进行实测，判断故障所在。如电源的输入电压超限，引起电源电压变化，监控时可用电压表测量网络电压，或用电压测试仪实时监控以排除其他原因。如发生位置环故障，可用示波器检查测量回路的信号状态，或用示波器观察其信号输出是否缺损，有无干扰。例如，某厂在排除故障中，系统报警为位置环硬件故障，用示波器检查发现有干扰信号，在电路中用接电容的方法将其滤掉使系统工作正常。如出现系统无法回基准点的情况，可用示波器检查是否有零标记脉冲，若没有可判断是测量系统损坏。

## 三、故障排除方法

### 1. 初始化复位法

一般情况下，由于瞬时故障引起的系统报警，可用硬件复位或开关系统电源接通依次来清除故障，若系统工作存储区由于掉电、拔插线路板或电池欠压造成混乱，则必须对系统进行初始化清除，清除前应注意做好数据拷贝记录，若初始化后故障仍无法排除，则进行硬件诊断。

### 2. 参数更改、程序更正法

系统参数是确定系统功能的依据，参数设定错误就可能造成系统的故障或某功能无效。例如，在某厂数控车床上采用了测量循环系统，这一功能要求有一个背景存储器，调试时发现这一功能无法实现。检查发现确定背景存储器存在的数据位没有设定，经设定后该功能正常。有时由于用户程序错误，也可造成故障而停机，对此可以采用系统的模块搜索功能进行检查，改正所有错误，以确保系统正常运行。

### 3. 调节和最佳化调整法

调节是一种最简单易行的方法。通过对电位计的调节，修正系统故障。如在某厂的数控系统维修中，其系统显示器画面混乱，经调节后正常。又如在某厂的数控机床维修中，其主轴在启动和制动时发生皮带打滑，原因是主轴负载转矩大，而驱动装置的上升时间设定过小，经调节后正常。

### 4. 备件替换法

用好的备件替换诊断出的坏线路板，并做出相应的初始化启动，使机床迅速投入正常运行，然后将坏线路板修理或返修，这是目前最常用的故障排除方法。

### 5. 改善电源质量法

目前一般采用稳压电源，来改善电源波动。对于高频干扰可以采用电容滤波法，通过这些预防性措施来减少电源板的故障。

### 6. 维修信息跟踪法

一些大的制造公司根据实际工作中由于设计缺陷造成的偶然故障，不断修改和完善系统软件或硬件。这些修改以维修信息的形式不断提供给维修人员，以此作为故障排除的依据，可正确、彻底地排除故障。

## 四、维修中应注意的事项

① 从整机上取出某块线路板时，应注意记录其相对应的位置及连接的电缆号，对于固定安装的线路板，还应按前后取下相应的连接部件及螺钉做记录。拆卸下的部件及螺钉应放在专门的盒内，以免丢失，装配后，盒内的东西应全部用上，否则装配不完整。

② 电烙铁应放在顺手的前方，远离维修线路板。烙铁头应作适当的修整，以适应集成电路的焊接，并避免焊接时碰伤别的元器件。

③ 测量线路间的阻值时，应断开电源，测量阻值时应红、黑表笔互换测量两次，以阻值大的为参考值。

④ 线路板上大多刷有阻焊膜，因此测量时应找到相应的焊点作为测试点，不要铲除阻焊膜，有的线路板全部刷有绝缘层，则应在焊点处用刀片刮开绝缘层。

⑤ 不应随意切断印刷线路。有的维修人员具有一定的家电维修经验，习惯断线检查，但数控设备上的线路板大多是双面金属孔板或多层化孔板，印刷线路细而密，一旦切断不易焊接，且切线时易切断相邻的线。而且对有的故障点，在切断某一根线时，并不能使其与线路脱离，需要同时切断几根线才行。

⑥ 不应随意拆换元器件。有的维修人员在没有确定故障元器件的情况下，只是凭感觉认为哪一个元器件坏了，就立即拆换，这样误判率较高，拆下的元器件人为损坏率也较高。

⑦ 拆卸元器件时应使用吸锡器及吸锡绳，切忌硬取。同一焊盘不应长时间加热及重复拆卸，以免损坏焊盘。

⑧ 更换新的元器件时，其引脚应做适当的处理，焊接中不应使用酸性焊油。

⑨ 记录线路上的开关，其跳线位置不应随意改变。进行两极以上的对照检查时，或互换元器件时，应注意标记各线路板上的元器件，以免弄错，致使好板不能工作。

⑩ 查清线路板的电源配置及种类，根据检查的需要，可分别供电或全部供电。应注意高压，有的线路板直接接入高压，或板内有高压发生器，需适当绝缘，操作时应特别注意。

# 参考文献


［1］ 孙静. 数控车削加工技术［M］. 北京：化学工业出版社，2023.
［2］ 耿国卿. 数控车削编程与加工项目教程［M］. 北京：化学工业出版社，2016.
［3］ 吕士峰，王士柱. 数控加工工艺［M］. 北京：国防工业出版社，2006.
［4］ 吴明友. 数控铣床考工实训教程［M］. 北京：化学工业出版社，2008.
［5］ 余英良. 数控车削加工实训及案例解析［M］. 北京：化学工业出版社，2007.
［6］ 向成刚，侯先秦. 数控车床编程与实训［M］. 北京：清华大学出版社，2009.
［7］ 王姬，徐敏. 数控车床编程与加工技术［M］. 北京：清华大学出版社，2009.